高等教育规划教材

操作系统实用教程（Linux版）

吴 艳 高 君 主编

李 玲 参编

机 械 工 业 出 版 社

本书从实用角度全面介绍了 Linux 操作系统。首先介绍操作系统的发展，Linux 操作系统的版本以及图形环境；接着介绍 Vi 编辑器的应用：Vi 编辑器的 3 种工作模式及之间的转换，文本文件的创建和编辑等操作；然后介绍 Shell 脚本的应用：常用命令的格式及功能，Shell 的控制语句；最后介绍 Linux 系统下的文件管理、系统管理、网络通信管理以及在该系统下软件开发应用等知识。

本书适合作为高等院校计算机、软件工程、物联网工程专业高年级本科生、研究生的教材，也可作为软件开发人员、广大科技工作者和研究人员的参考用书。

本书配有电子教案和习题解答，需要的教师可登录 www.cmpedu.com 免费注册，审核通过后下载，或联系编辑索取（QQ：2966938356，电话：010-88379739）。

图书在版编目（CIP）数据

操作系统实用教程：Linux 版 / 吴艳，高君主编. —北京：机械工业出版社，2018.2

高等教育规划教材

ISBN 978-7-111-58983-9

Ⅰ. ①操…　Ⅱ. ①吴…　②高…　Ⅲ. ①Linux 操作系统－高等学校－教材

Ⅳ. ①TP316.85

中国版本图书馆 CIP 数据核字（2018）第 009778 号

机械工业出版社（北京市百万庄大街 22 号　邮政编码 100037）

策划编辑：和庆娣　　责任编辑：和庆娣

责任校对：张艳霞　　责任印制：孙　炜

保定市中画美凯印刷有限公司印刷

2018 年 2 月第 1 版・第 1 次印刷

184mm×260mm・16.75 印张・406 千字

0001－3000 册

标准书号：ISBN 978-7-111-58983-9

定价：49.00 元

凡购本书，如有缺页、倒页、脱页，由本社发行部调换

电话服务

服务咨询热线：（010）88379833

读者购书热线：（010）88379649

网络服务

机 工 官 网：www.cmpbook.com

机 工 官 博：weibo.com/cmp1952

教育服务网：www.cmpedu.com

金　书　网：www.golden-book.com

出 版 说 明

当前，我国正处在加快转变经济发展方式、推动产业转型升级的关键时期。为经济转型升级提供高层次人才，是高等院校最重要的历史使命和战略任务之一。高等教育要培养基础性、学术型人才，但更重要的是加大力度培养多规格、多样化的应用型、复合型人才。

为顺应高等教育迅猛发展的趋势，配合高等院校的教学改革，满足高质量高校教材的迫切需求，机械工业出版社邀请了全国多所高等院校的专家、一线教师及教务部门，通过充分的调研和讨论，针对相关课程的特点，总结教学中的实践经验，组织出版了这套“高等教育规划教材”。

本套教材具有以下特点：

1）符合高等院校各专业人才的培养目标及课程体系的设置，注重培养学生的应用能力，加大案例篇幅或实训内容，强调知识、能力与素质的综合训练。

2）针对多数学生的学习特点，采用通俗易懂的方法讲解知识，逻辑性强、层次分明、叙述准确而精炼、图文并茂，使学生可以快速掌握，学以致用。

3）凝结一线骨干教师的课程改革和教学研究成果，融合先进的教学理念，在教学内容和方法上做出创新。

4）为了体现建设“立体化”精品教材的宗旨，本套教材为主干课程配备了电子教案、学习与上机指导、习题解答、源代码或源程序、教学大纲、课程设计和毕业设计指导等资源。

5）注重教材的实用性、通用性，适合各类高等院校、高等职业学校及相关院校的教学，也可作为各类培训班教材和自学用书。

欢迎教育界的专家和老师提出宝贵的意见和建议。衷心感谢广大教育工作者和读者的支持与帮助！

机械工业出版社

前 言

Linux 操作系统是一套供用户免费使用的软件，用户可以无偿得到其源代码，并且可以对其进行修改与完善。Linux 操作系统以高安全性著称，广泛应用于政府、金融、证券等领域。目前社会急需大量的 Linux 系统的应用、开发人才。

本书以目前使用较为广泛的 Linux 发行版本——Red Hat Linux 为例，对其进行深入剖析与讲述。章节中图文并茂地对 Linux 操作系统的发展、版本、图形界面以及字符界面进行讲述；并以丰富的实例对 Linux 常用 Shell 命令、Shell 脚本编程进行说明，通过案例的渗透以便读者更好地理解与掌握相关知识；同时介绍了 Linux 系统的文件管理、系统管理以及网络通信管理、软件开发及数据库的应用。此外，全书附有 8 个实训项目，通过实训项目的练习使读者对所学理论知识有更充分的认识与理解。

本书各章节的内容如下。

第 1 章操作系统概述，主要介绍操作系统的五大管理功能以及操作系统的发展历史，并简单介绍了目前较为常用的 3 种操作系统。

第 2 章 Linux 系统概述，简单介绍自由软件的概念、Linux 的发展历史；重点介绍 Linux 系统的安装过程以及简单的操作。

第 3 章　Linux 图形环境，详细介绍 X Window 图形界面，以及两种图形桌面环境的简单设置与操作：GNOME 图形环境和 KDE 图形系环境。

第 4 章 Vi 编辑器，主要介绍 Vi 编辑器的 3 种工作模式以及常用的一些命令。

第 5 章 Shell 介绍，主要介绍 Shell 命令以及 Shell 编程（两种程序设计结构）。

第 6 章文件管理，主要介绍 Linux 系统的文件及其类型，以及对文件的基本操作。

第 7 章系统管理，主要介绍用户和组的管理、软件包管理、进程管理和磁盘操作管理。

第 8 章网络通信管理，主要介绍网络通信管理的一些基本命令，Linux 的网络服务以及 Linux 系统的安全管理。

第 9 章 Linux 系统下软件开发应用，主要介绍 Linux 系统下的编程及数据库的应用。

附录 Linux 操作系统实验，结合理论知识，提供课程实验的相关内容。

本书的每一章节后均配有对本章内容的知识点总结——本章小结，对知识掌握程度的验证——思考题与实践，这些有助于提高读者的实际操作能力及运用能力。

本书由吴艳、高君主编，李玲参编。其中第 1～5 章由吴艳编写，第 6～8 章由高君编写，第 9 章及附录由李玲编写。全书由吴艳进行统稿。

由于编者水平有限，错误和疏漏之处在所难免，恳请广大读者批评指正。

编　者

目　录

第1章　操作系统概述

众所周知，1946 年第一台计算机诞生时并没有操作系统。计算机发展到今天，从微型机到巨型机，无一例外都配置一种或多种操作系统，操作系统已经成为现代计算机系统不可分割的重要组成部分，操作系统之重要性可见一斑。

1.1　操作系统简介

操作系统的理论是计算机科学中一个较为古老而又活跃的分支，是计算机科学与工程专业的核心课程，而操作系统的设计与实现则是软件工程的基础与核心，在计算机系统中占据着重要的地位。那么什么是操作系统？操作系统的作用是什么？实现这些作用的原理是什么？本章将对这些问题一一进行详细介绍。

1.1.1　计算机系统组成

一个完整的计算机系统（无论是大型机、小型机还是微型机）均是由硬件系统和软件系统两部分组成。计算机硬件系统一般是由运算器、控制器、存储器、输入设备和输出设备等部件组成，这些部件是用户操作计算机的物质基础和工作环境。没有任何软件支持的计算机称之为裸机，不能做任何工作，必须为其配置一些必要的软件才能使其工作。计算机系统所使用的各种软件的集合称为计算机软件系统。而软件是指为运行、维护、管理和应用计算机的所有程序和数据的总和。计算机的软件一般可分为两大类：系统软件和应用软件，其中系统软件的功能主要是用来管理计算机、维护计算机和某些功能的运行，以及对程序进行翻译、装入等服务工作，包括操作系统、程序设计语言程序以及工具软件等；应用软件是指那些为专门解决某一方面问题而编写的程序，或为用户的某一特定应用而设计的程序。

计算机是硬件和软件结合的产物，随着计算机技术的发展，计算机硬件的功能越来越强，软件资源也日趋丰富。计算机的硬件、软件以及应用之间是一种层次结构的关系，其结构如图 1-1 所示。

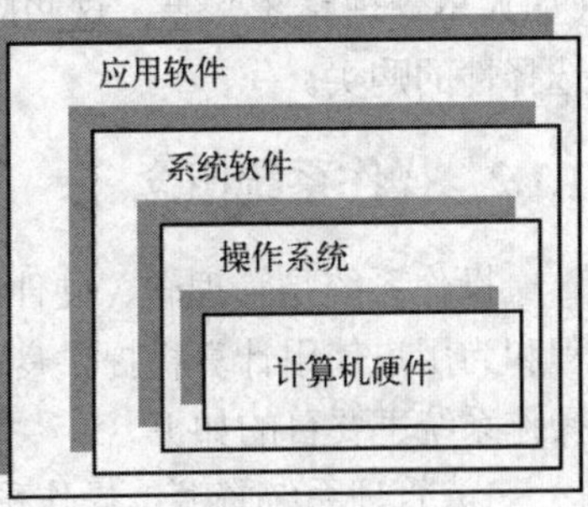

裸机（硬件）位于计算机系统的最内层，主要是计算机的各个硬件部分，是计算机工作的基础；与其紧邻的是操作系统，主要负责提供资源管理功能和服务功能，将系统各个部件有机地融合成为一个整体，从而使计算机成为功能强大、使用便捷的工具；其次是系统软件（操作系统除外），主要以操作系统为依托实现各类程序的编译、数据库的管理以及一些与计算机密切相关的程序的操作；最外层为各种应用软件（定制型、研发型），它们以操作系统作

图 1-1　计算机系统组成

为支撑环境，同时能够向用户提供完成其各个进程所需的各种服务。

下面来详细阐述这 4 部分的内容。

1．硬件

硬件是计算机应用的物质基础，主要由中央处理器（Center Processing Unit，CPU）、存储器、输入/输出（Input/Output，I/O）设备等组成。CPU 是一种能够解释指令、执行指令并控制操作顺序的硬件设备；存储器存放指令和数据，并能由 CPU 直接随机存取；I/O 设备主要负责信息的传输，包括将数据从外部传输到计算机内，或将主存中的信息传输到计算机的外部设备。

计算机的硬件结构是由著名数学家冯·诺依曼于 20 世纪 40 年代提出来的，也就是著名的冯·诺依曼原理：程序存储与程序控制。外界对计算机硬件的访问、资源的控制以及各种应用是通过指令系统来实现的，而指令系统与硬件系统的组织结构又是密切相关的。为了能使操作系统高效运行，对硬件系统的组织结构进行不断改进，指令系统也日益复杂和庞大，操作系统及其外层软件通过执行这些指令访问和控制各种硬件资源。

2．操作系统

操作系统是运行在裸机上的第一层软件，主要负责所有硬件的分配、控制等工作，同时也为上层软件的运行提供服务，从而为用户与计算机之间建立友好的界面。操作系统不仅是裸机上面的第一层软件，也是最基本的系统软件，是对硬件系统功能的首次扩充。计算机硬件结构对操作系统的实现技术有着一定的影响和制约，因此操作系统密切依赖于计算机硬件，直接管理系统中各种硬件和软件资源。操作系统还必须提供良好的、直观的用户界面以方便用户的使用，从而提高计算机的使用效率。

3．系统软件

系统软件与操作系统的核心程序有所不同，这些程序通常存放在磁盘上，只有在需要运行时才载入内存。该层的主要功能是为应用软件以及终端用户自己定制、编写的程序或数据提供服务。此外，计算机系统的管理员还可利用系统软件对系统进行日常维护。

系统软件是计算机系统的基本组成部分，通常由计算机系统的供应商提供，并随硬件及操作系统一起出售。常用的系统软件一般包括：文本编辑程序、装配程序、查错调试处理程序和程序设计语言。

4．应用软件

应用软件通常是由计算机用户或软件公司所编制，包括定制型和研发型两类。如数据库管理系统（如工资管理系统）、办公自动化系统（如 Office）、游戏软件以及事务处理系统（如人事管理系统）等。这些应用软件通常作为计算机系统的选件，根据用户需求而进行有选择性的购买。

1.1.2 操作系统概念

操作系统是管理软、硬件资源，控制程序执行，改善人机界面，合理组织计算机工作流程和为用户使用计算机提供良好运行环境的一种系统软件。根据操作系统的定义可知，引入操作系统主要目的如下。

1）管理系统资源：操作系统能够很好地管理系统中所有硬件、软件资源。

2）扩充机器功能：操作系统能够对硬件设施进行改造、扩充，扩大机器功能。

3）方便用户使用：操作系统附着在硬件之上，与系统软件比邻，使计算机系统使用起来方便、快捷。

4）构筑开放环境：操作系统支持体系结构的可伸缩性和可扩展性，支持应用程序在不同平台上的可移植性和可互操作性，从而构筑一个开放的环境。

5）提高系统效率：充分利用计算机系统的资源，提高计算机系统的效率。

由此可见，从系统管理人员的角度来看，引入操作系统是为了合理地组织计算机的工作流程；从用户的角度来看，引入操作系统是为了给用户使用计算机提供一个良好的界面，从而使用户无须了解有关硬件和系统软件的细节，就能方便灵活地使用计算机。其工作示意图如图 1-2 所示。

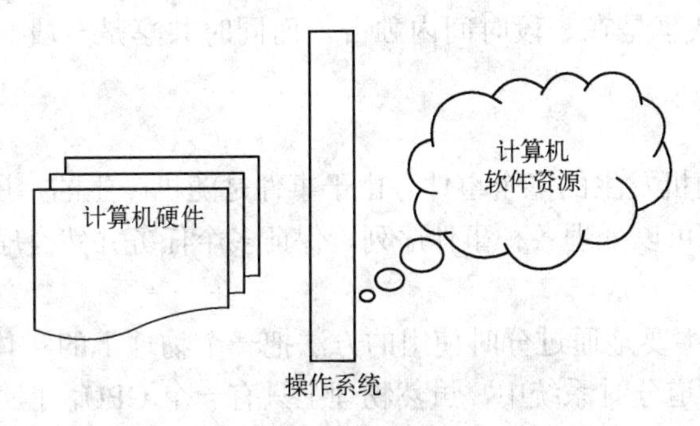

图 1-2　操作系统工作示意图

操作系统本身就是重要的系统软件，这种特殊的软件与其他的系统软件和应用软件有所不同，它有以下特性。

1．并发性

所谓并发，是指两个或两个以上的任务在同一时间间隔内同时发生。与并发相对应的还有一个概念——并行，所谓并行是指两个或两个以上的任务在同一时刻发生。在单处理器系统中通过采用多道程序设计技术，可以实现硬件之间的并行操作和程序之间的并发执行。

硬件之间的并行操作是一个微观概念，例如，当 I/O 设备在进行 I/O 操作的同时，CPU 也可以进行一些计算等的工作；而程序之间的并发执行则是一个宏观上的概念，也就是说，从宏观上看，一段时间内有多道程序在同时运行，但从微观上看，任意时刻处理器上最多只能有一道程序运行。即宏观上多道程序在并发运行，而微观上这些程序却是在交替运行。

通常把能够并发执行的程序称为并发程序，相应的系统称为并发系统。现代计算机系统是一种并发系统。操作系统作为并发系统的管理者，必须支持程序中的并发执行。操作系统的并发性有效地提高了系统资源的利用率和系统的吞吐量，但也导致了操作系统的复杂化，使得操作系统必须具有控制和管理各种并发活动的能力。

2．共享性

所谓共享，是指系统中的资源不为某一用户所独占，而是提供给多个用户共同享用。操作系统是一种资源管理程序，对于多个用户在活动期间所提出的各类系统资源请求（如 CPU 请求，数据的输入/输出请求等），其要负责对这些请求进行协调和分配。当多个用户对同一个资源进行请求时，需要实现共享，由于系统资源的属性不同，那么对资源的共享方式也有所不同，一般分为互斥共享和同时共享两类。

（1）互斥共享

系统中的资源，可以提供给多个用户作业使用，但是有一些资源在一段时间内只允许并且只能有一个用户作业使用，其他需要访问该资源的作业必须等待其释放该资源后，才允许对该资源进行访问。在一段时间内只允许一个用户作业访问的资源称为临界资源（如打印机），临界资源只能被互斥共享。

（2）同时共享

同时共享是指在一段时间内，多个用户作业可以同时使用系统中的某个资源。事实上，所谓“同时”也只是宏观上的概念，微观上仍然是多个作业交替地对资源进行访问（如对磁盘存储设备的访问）。

简而言之，互斥共享是在一段时间内独占，而同时共享是一段时间内由多个作业同时使用。

3．不确定性

操作系统能处理随机发生的多个事件，由于事件是随机产生的，所以事件的先后顺序会有多种可能，操作系统可以处理各种事件序列，保证多个任务井然有序地执行。

4．虚拟性

所谓的“虚拟”，主要是通过分时使用的方法把一个物理上的实体映射为若干个逻辑上的对应物。例如，在多道分时系统中，虽然物理上只有一个 CPU，但每个终端用户却都认为自己拥有一个单独的 CPU 在为其服务。这种虚拟性还可在系统其他地方出现，如虚拟存储器、虚拟设备等。

1.1.3　操作系统发展简介

操作系统是因为客观需求而诞生的，随着科学技术以及计算机技术的不断发展而逐步完善，其功能逐步强大，在计算机系统中的地位也不断提高。如今，操作系统已成为计算机系统必不可少的部分，并且成为计算机系统的核心。

根据计算机体系结构中逻辑元件的发展可将计算机的发展过程划分为 4 个阶段：电子管、晶体管、集成电路及大规模和超大规模集成电路，而操作系统的发展与计算机的体系结构是息息相关的。与计算机的发展相适应，操作系统也经历了人工操作系统、批处理系统、多道程序系统、分时操作系统、实时操作系统、通用操作系统、网络操作系统及分布式操作系统等阶段，下面就简单介绍一下计算机操作系统的发展历史。

1．人工操作系统

第一代计算机结构的主要元器件是电子管，其运算速度慢，没有操作系统，甚至也没有任何软件，用户对机器的操作是通过直接用机器语言或汇编语言编写程序来实现的，某一用户上机后就开始独占系统所有资源。

上机操作的大致过程如下：编好的程序或数据先经穿孔机送到纸带或卡片上，然后将纸带或卡片装入纸带输入机或卡片输入机等输入设备上；经手工启动输入设备，把程序和数据输入计算机内存，再通过控制台启动程序。若在程序运行过程中出现问题，可借助扳键和显示查找问题，并利用扳键进行修改，然后再次启动程序运行；程序运行完毕，打印机输出计算结果，用户取走并卸下纸带或卡片，然后才能让下一个用户上机操作。

可见，用户对计算机的操作基本采用人工操作方式。人工操作方式的特点如下。

1）用户独占资源。一台计算机的全部硬件资源均由一个用户所占用，不会出现资源被其他用户占用而引起的等待现象。

2）工作方式为串行。用户与用户之间，程序与程序之间，操作与计算机运行、计算机各部件之间都是串行工作，系统资源的利用率极低。

3）CPU 利用率不高。计算机在人的直接联机干预下工作，当用户进行人工操作时，CPU 及内存等资源需空闲等待。

人工操作降低了计算机系统资源的利用率。同时，随着计算机硬件技术的快速发展，CPU 的高速度与 I/O 设备的低速度之间矛盾日益激化。后来引入脱机的输入/输出技术，在一定程度上缓解了这样的矛盾。

2．批处理

在人工操作阶段，计算机系统中没有任何管理软件，用户直接承担所有的运行管理和具体操作。随着计算机技术的发展，计算机的运行速度有了很大的提高，组成计算机系统的部件和设备日益增多，规模日益庞大，导致人机矛盾日趋严重，如何减少系统的空闲时间，提高 CPU 的利用率成为十分迫切的任务。

为了提高主机的使用效率，解决人机矛盾，20 世纪 50 年代末到 60 年代初出现了批处理系统。所谓批处理，是把用户作业成批提交给系统，然后由系统根据监督程序进行作业运行的监控，使作业能够条理、有序执行。早期的批处理可分为联机批处理和脱机批处理两种方式。

（1）联机批处理

联机批处理是将输入/输出（I/O）设备和主机直接相连，这种批处理方式由于作业可以进行自动转接，所以在一定程度上减少了作业建立和人工操作的时间。但是输入/输出设备和主机之间仍处于串行工作，两者的速度相差悬殊，因此，在作业的输入和执行结果的输出过程中，主机 CPU 仍然需要停止等待，这样导致 CPU 资源存在着很大的浪费。

（2）脱机批处理

脱机批处理是在主机与输入/输出设备之间增加了一个卫星机，专门用来与低速的输入输出设备打交道。其具体操作过程：

1）低速的输入设备通过卫星机把作业输入到输入磁带。

2）输入磁带将信息送到主机。

3）主机工作，直到作业完成。

4）主机将结果送给输出磁带。

5）输出磁带通过卫星机将作业执行结果输出到输出设备。

该处理机制中高速的主机只需与速度相对较快的磁带机相互通信，这样主机与卫星机就可以并行工作，由此大大提高系统的处理能力。

批处理系统每次只调用一个用户程序进入内存进行运行，称之为单道运行。由于计算机系统对作业的处理是按顺序一道一道处理用户的作业，因此可能出现两种情况：

- 以计算为主的作业，由于输入/输出数据量少，导致外围设备空闲。
- 以输入/输出为主的作业，由于计算工作量少，导致主机空闲。

因此，计算机资源使用的效率仍然不高，为此出现了多道程序系统。

3．多道程序系统

多道程序系统是指在内存中允许同时存放多道作业，并允许这些作业合理搭配，交替运行，充分利用资源，提高效率。在批处理系统中采用多道程序设计技术，形成多道批处理系统。该系统将作业提交给系统，这些要处理的作业都存储在外部存储器中形成“后备队列”，等待运行。需要调入作业时，系统根据一定的调度原则从后备队列中选取多个作业调入内存运行。某个作业完成后，再调入一个或几个作业，依次反复。这样系统运行时，总是有作业不断地进入系统、退出系统，形成作业流，从而大大提高了系统资源的利用率。

由此可见，多道批处理系统的优点是资源利用率高，系统的吞吐量大。多道程序系统标志着操作系统日渐成熟，操作系统先后出现了作业调度管理、处理器管理、存储器管理、外部设备管理及文件系统管理等功能。但是，在多道程序系统中，并行运行的程序共享计算机系统的所有硬件、软件资源，从而导致资源竞争现象的出现。因此，同步与互斥机制成为操作系统设计中的重要问题。

4．分时操作系统

随着计算机技术和软件技术的发展，针对多道批处理系统的不足，20 世纪 60 年代中期产生了分时操作系统。分时技术就是把处理器的运行时间分成很短的时间片，按照时间片轮流把处理器分配给各个联机作业使用，分时技术的应用是提高资源利用率的重要手段。早期著名的分时操作系统是 1963 年美国麻省理工学院研制的兼容分时系统（Compatible Time-Sharing System，CTSS）和 1965 年在 ARPA 的支持下 MIT、贝尔实验室和通用电气公司联合开发的多路信息与计算服务（Multiplexed Information and Computing Service，MULTICS）系统。

分时操作系统是基于主从式多终端的计算机体系结构。一台功能强大的主计算机可以同时连接多个终端，满足多个用户同时上机操作。每个用户通过自己所操作的终端，把用户程序上传至主计算机，主计算机反过来也通过终端向各用户反馈其程序的运行情况。主计算机为各个终端上的用户服务，采用的是时间分片的方式。虽然实际上只有一台主计算机，但是每一个用户在使用主计算机时都可以得到及时的服务响应，就感觉主计算机是在专门为自己服务，这就是分时操作系统。

分时操作系统中的分时概念不同于硬件设计中分时使用某个设备或部件，它是将主计算机 CPU 的运行时间分割成一个个微小时间片，把这些时间片依次轮流地分配给各个终端用户的程序执行。虽然在微观上用户程序运行时是不连续的，但在宏观上，多个用户在共同使用主计算机，享受着主计算机为自己所提供的服务。分时操作系统具有多路性、独立性、及时性以及交互性等优点，但是分时时间片的长短是权衡分时操作系统性能的重要指标，如何确定时间片的长短是操作系统发展过程中要解决的主要问题。

5．实时操作系统

随着生活质量的提高，在计算机的应用中人们对计算机响应用户事件的时间上又提出了及时响应的需求，为满足这一需求问题，在 20 世纪 60 年代中期产生了实时操作系统。“实时”就是立即、及时的意思。实时操作系统是一种能在限定时间内对输入数据进行快速处理并做出响应的计算机处理系统，而且能够对所有实时设备和实时任务进行协调操作。实时操作系统主要应用于需要对外部事件进行及时响应并及时处理的领域，要求系统对输入的及时响应，对输出的按需提供，无延迟的处理。因此，响应时间对实时操作系统来说是最关键的性能指标。实时操作系统的主要特点是提供即时响应、独立、多路、交互以及高可靠。

实时操作系统可以分为实时控制系统（自动数据采集及监测系统）和实时信息系统（航空订票系统），两者的区别在于服务对象的不同和对响应时间的要求不同。

6．通用操作系统

随着计算机应用的日益广泛，以多道批处理系统、分时操作系统以及实时操作系统为基础，逐步出现了通用操作系统。

通用操作系统同时兼有多道批处理、分时处理及实时处理的功能。UNIX 系统就是一个通用的多用户分时交互型的操作系统的典型案例，其核心功能足以与许多大型的操作系统相媲美，核心层以外可以支持庞大的软件系统。目前，广泛使用的各种工作站级的操作系统，如 SUN 公司的 Solaris、IBM 公司的 AIX，都是基于 UNIX 的操作系统；Microsoft 公司的 Windows 系列操作系统，主要原理也是基于 UNIX 系统的；目前较为流行的 Linux 系统也是从 UNIX 演变而成的。

7．网络操作系统

随着计算机技术和网络技术的不断发展和完善，将不同地域的具有自治功能的多个计算机系统通过通信设备互相连接起来，实现信息交换、资源共享、可互操作以及协作处理，构成计算机网络。连入网络中的计算机不但能使用网络上的其他资源，也可以使本机资源成为网络上诸多用户的共享资源。网络环境的开放性打破了单机的封闭性，方便了用户使用网络，实现了用户间的通信、资源共享，并提高了网络资源的利用率，促进了网络操作系统的诞生。

网络操作系统是使网络上各计算机能方便而有效地共享网络资源，为网络用户提供各种服务的软件和有关规程（如协议）的集合。网络操作系统除了具备普通操作系统的功能之外，还具有网络通信、资源管理、网络服务、网络管理以及网络互联的特殊功能。Linux 是当今较为流行的网络操作系统。

8．分布式操作系统

随着程序设计环境、人机接口和软件工程等技术的不断发展，逐步出现了分布式操作系统，它是由高速局域网连接起来的多台计算机（需要配置相应的操作系统——分布式操作系统）所组成。分布式操作系统与计算机网络很相似，分布式操作系统也是通过通信设备将独立功能的数据处理系统或计算机系统互连起来，可实现信息交换、资源共享和协作完成任务等。

分布式操作系统有以下几方面的特点。

1）极强的系统处理能力。分布式操作系统为用户提供存取系统中各软件、硬件资源的能力，因此，处理器上一个用户可以使用其他处理器上的资源，使资源共享更加方便、有效。

2）极快的处理速度。分布式操作系统能够将待运行的进程分布到若干处理器上实现并发执行，极大地提高了处理速度。此外，还可以利用负载均衡机制将在某处理器上过载的进程，分散到负载较轻的处理器上运行，提高处理速度。

3）高可靠性。当系统中某台处理器由于软件或硬件故障而不能正常工作时，其他处理器会主动承担该台处理器的工作，使整个系统正常运行下去。一旦故障修复后，操作系统就会将该处理器立即添加到系统中，并使整个系统均衡工作。

1.2 操作系统的功能

操作系统是最基本的系统软件，它主要负责管理和控制计算机系统中的硬件、软件资源，合理地组织计算机工作流程，并为用户提供一个良好的工作环境和友好的接口。计算机系统的硬件资源主要包括处理器（CPU）、存储器（Memory）、外存储器（External Memory）、输入/输出（Input/Output）设备等；软件资源一般是以文件形式存储在外部存储器中。为使系统中的程序与设备能够有条不紊地工作，并提供给用户一个良好界面，要求操作系统应具备以下 5 方面的功能：处理器管理、存储管理、设备管理、文件管理和作业管理。下面来详细介绍各个功能。

1.2.1 处理器管理

处理器（CPU）是整个计算机系统硬件资源的核心，其性能和使用情况对整个计算机系统的性能有着至关重要的影响。处理器的速度一般比其他硬件设备的工作速度要快得多，其他设备的正常运行往往也离不开处理器。因此，有效利用和管理处理器，充分利用处理器资源是操作系统最重要的管理任务。

在计算机系统中，经常出现多个用户同时竞争处理器的情况，那么对于唯一的一个 CPU 要满足所有用户的请求，如何进行处理器分配，分配多长时间给一个用户，下一次把 CPU 使用权分配给哪一个用户等很多的问题。因此，为了能够清晰地描述出多个程序的同时运行问题，操作系统中引入了进程的概念。

在多道程序的环境中，处理器分配的主要对象是进程。进程是指程序在并发环境下的一次运行过程。操作系统通过进程调度选择一个合适的进程分配处理器，因此，处理器管理实际上就是进程管理。操作系统有关进程方面的管理很多，主要包括进程控制、进程同步与互斥、进程调度、进程通信及死机检测与处理等。

1．进程控制

当要运行用户程序时，应为之创建一个或多个进程，分配除处理器之外的必要资源并放入进程就绪队列中。当进程运行完成时，立即撤销该进程，以便操作系统回收其所占有的资源。进程控制的基本功能就是创建和撤销进程以及控制进程的状态转换。

2．进程同步

进程同步是指两个或两个以上进程要协作完成一个任务时直接发生相互作用的关系。在多道环境下，这种进程间在执行次序上的协调是必不可少的，因为它们之间需要互相配合与协调，即进程之间在时序上要有一定的关系。

3．进程互斥

进程互斥是主要源于资源共享，是进程之间的间接制约关系，指在两个或两个以上的进程竞争某些资源（临界资源）情况下，进程互斥地使用这类资源。在多道系统中，进程互斥就是为保证每次只有一个进程使用临界资源。

4．进程通信

相互合作的进程运行时，它们之间往往要交换一定的信息，这种进程间进行的信息交换称为进程通信。

5．进程调度

进程调度是指按一定算法从进程就绪队列中选出某个进程，把处理器分配给它，使其投入运行。当一个正在执行的进程已经完成，或者因为某种原因导致该事件无法继续执行下去时，系统应进行进程调度，重新分配处理器。现代操作系统大多是线程级操作系统，进程调度的对象是线程。

1.2.2 存储管理

存储器（是指计算机内存）是计算机的记忆部件，是计算机系统中重要的资源。存储器是程序运行的舞台，一个程序要在处理器上运行，其代码和数据就要全部或部分地进驻于内存。除操作系统要占相当大的内存空间外，在多道程序系统中，并发运行的程序都要占有自己的内存空间。因此，内存资源非常紧张。

操作系统的存储管理功能其实就是管理有限的内存空间，保证内存的利用率。在现代计算机系统中，并发运行的进程越来越多，并且单个进程也越来越大。尽管内存在不断地扩大，但还是不能满足系统中快速增长的并发进程对内存的需求。为了解决这个问题，让更多的进程在系统中并发运行，满足用户需求，操作系统采用了虚拟存储管理技术，为进程提供大于实际物理内存的存储空间，利用地址交换技术，响应并行进程的需求。

归根结底，存储管理的主要工作就是分配内存、保护内存以及内存扩充。存储管理的功能包括以下几方面。

1）分配内存。多道程序并发执行的首要条件是要求不同的程序有自己的内存空间，而存储管理就需要完成合理分配内存的任务，以避免系统及用户程序的存储区之间产生冲突。

2）回收内存。程序运行结束后，必须释放其占用的存储空间，以便再分配，从而提高内存的利用率，这些是由存储管理程序来完成的。

3）保护内存。整个内存空间一般划分为两部分：系统区和用户区。系统区是操作系统本身的程序和数据驻留区；用户区是用户的程序和数据驻留区。为保证进程都能在各自的内存空间运行而互不干扰，要求进程在执行时，时刻检查对内存的访问是否合法。必须防止因某进程的错误而扰乱了其他进程的运行（即每个进程只能在自己的存储区域内活动），尤其应防止用户进程非法访问操作系统的内存区。

4）地址映射。为了保证 CPU 执行指令时可正确访问存储单元，需将用户程序中的逻辑地址转换为运行时由机器直接寻址的物理地址，这一过程称为地址映射。操作系统必须提供地址映射机构，把进程地址空间中的逻辑地址转换为内存空间对应的物理地址，这样可使用户不必过问物理存储空间的分配细节，简化用户编程工作。

5）扩充存储。由于内存资源有限，而要满足用户对内存容量的需求，满足大型程序或多进程并发执行的需要，必须扩充内存容量。由于硬件发展的限制不可能仅从硬件上进行扩充，所以操作系统利用软件技术来解决该问题。通过采用虚拟存储技术获得内存扩充的效果，使系统的逻辑内存远远大于物理内存，以满足用户对大内存的需求。

1.2.3 设备管理

计算机系统的外部设备品种繁多，用法各异，控制与管理起来非常烦琐。常见的外部设备有终端、屏幕、打印机、绘图仪、扫描仪、硬盘、软盘、光盘、串/并行口和通信口等。

相对处理器来说，这些外部设备的运转速度比较慢。处理器与外部设备间的速度问题，长期以来一直是操作系统要解决的主要问题。

由于系统要支持众多的各种设备，而且各类设备的控制和信息传输操作差别极大，因此，设备管理的代码在操作系统核心中占有相当大的部分。而它的主要任务就是充分利用各种设备资源，包括缓冲管理、设备独立性、虚拟设备、设备分配、设备驱动、设备的控制和信息传输技术等。

1．缓冲管理

当处理器和外部设备进行交换信息时，通常是利用缓冲区来缓解处理器和外部设备间速度不匹配的矛盾，实现处理器与设备、设备与设备间操作的并行程序，提高处理器和外部设备的利用率。

2．设备分配

用户程序在其运行期间随时会需要使用外部设备，当向操作系统提出设备申请时，系统根据用户程序所请求的设备类型，按某一个分配算法对设备进行分配，建立从外设到内存之间传输信息的通路；当进程的输入/输出完成后，应及时回收设备，以便重新分配给其他进程使用；将未获得所需设备的进程放进相应设备的等待队列中。

3．设备驱动

设备驱动的任务是将逻辑设备名转换成设备的物理地址，启动指定的 I/O 设备，完成用户指定的 I/O 操作，对设备发来的中断请求做出及时响应，根据中断类型进行相应的处理。

4．虚拟设备

把一次仅允许一个进程访问的设备称为独占设备。独占设备使得系统效率降低，并可能产生死锁。系统通过虚拟技术将一台独占设备改造成能被多个进程共享的设备（虚拟设备），使每个用户都感觉自己在独占该设备，从而提高设备的利用率。

5．设备独立性

即设备的无关性。由于外部设备的种类繁多，数量也不同，设备管理对各种设备操作提供了统一的操作接口，用户在编制程序时，应避免直接使用实际的设备名而使用逻辑设备名，这样可以方便用户编程，有利于解决外部设备的故障和增加设备分配的灵活性。

1.2.4 文件管理

文件是各种程序和数据的集合，也是用户存放在计算机中最重要资源，称为计算机系统中的软件资源。文件管理的功能有文件存储空间的分配和回收、目录管理、文件的存取控制、文件的安全与维护、文件逻辑地址与物理地址的映射及文件系统的安装、卸载和检查等，具体如下。

（1）文件的组织

系统按照文件的组织方式，可以有效地分配和回收文件的存储空间，在存取文件时能够确切地掌握文件所在的存取位置。

（2）文件的保护

在计算机外部存储器上存放着很多的用户文件和操作系统，为了保证这些文件的安全和保密，避免非法用户访问，操作系统对文件采取了严格的保护措施，以免文件被破坏。

（3）文件的共享

为了保证软件资源的利用率，系统在实现文件保护的同时也允许多个用户同时访问某些文件，实现资源的共享。

（4）文件操作接口统一

为了便于用户对文件操作，用户不需要掌握操作文件的详细信息便可对文件进行访问，操作系统提供了统一的接口，便利用户通过文件名即可访问文件。

1.2.5 作业管理

作业是指用户要求计算机系统处理的一个问题。任何一个作业都要经过若干个加工步骤才能得到结果，把作业的每一个加工步骤称为一个“作业步”。作业管理包括作业的输入和输出，作业的调度与控制（根据用户的需要控制作业运行的步骤）。作业管理是用户提交的诸多作业进行管理，包括作业的组织、控制、和调度等，尽可能高效地利用整个系统的资源。

（1）作业控制

用户可以根据某种形式向操作系统发出各种命令，以便对自己的作业加工与管理，一般包括批处理方式和交互方式。

（2）作业调度

当有多个作业等待处理时，系统可以根据本身的能力和当前正在运行作业的情况，按照一定的算法，从后备作业队列中选出一批作业，为它们分配所需的计算机资源，调入内存以等待处理器处理。

（3）作业控制与管理

当有多个用户作业提出请求时，作业管理需要按照用户的要求和作业的性质调度其中某些作业进入计算机系统内运行。

1.3 常用操作系统简介

操作系统的种类繁多，各种设备安装的操作系统也是可简可繁。按照应用领域来划分操作系统，其主要包括 3 类：桌面操作系统、服务器操作系统和嵌入式操作系统。

1．桌面操作系统

桌面操作系统主要用于个人计算机。个人计算机市场从硬件架构上来说主要分为两大阵营：PC 与 Mac；从软件上可主要分为两大类，类 UNIX 操作系统和 Windows 操作系统。

2．服务器操作系统

服务器操作系统一般是指安装在大型计算机上的操作系统，比如 Web 服务器、应用服务器和数据库服务器等。服务器操作系统主要包括 UNIX 系列、Linux 系列和 Windows 系列。

3．嵌入式操作系统

嵌入式操作系统是应用在嵌入式系统的操作系统。嵌入式系统广泛应用在生活的各个方面，如手机、家电或平板电脑等消费电子产品的操作系统，如 Android、iOS 等。

下面就简单介绍 3 种常用的操作系统：Windows 操作系统、UNIX 操作系统和 Linux 操作系统。

1.3.1 Windows 操作系统简介

Microsoft Windows（在中文地区常以其英文名称呼，有时也称作“微软窗口操作系统”或“微软视窗操作系统”）于 1985 年由微软公司推出。起初，Windows 仅仅是 MS-DOS 操作系统的桌面环境，随着科学与技术的发展，后续版本逐渐发展成为个人计算机和服务器用户设计的操作系统，并最终占据世界个人计算机操作系统软件的垄断地位。视窗操作系统可以在几种不同类型的平台上运行，如个人计算机、服务器和嵌入式系统等，其中在个人计算机的领域应用内最为普遍。

Windows 系统采用了双模式结构来保护操作系统本身，操作系统核心运行在内核模式（Kernel Mode）下，应用程序的代码运行在用户模式下。当应用程序需要用到系统内核或内核驱动程序提供的服务时，应用程序可以通过硬件指令从用户模式切换到内核模式，当系统内核完成了用户请求的服务后，控制权又回到用户模式。这种设计结构在一定程度上避免了应用程序的错误波及系统本身，用户代码和内核代码有各自的运行环境，而且它们可以访问的内存空间也不相同。

Windows 系统内核分为 3 层，与硬件直接打交道的这一层称为硬件抽象层（Hardware Abstraction Layer，HAL），即把所有与硬件相关的代码逻辑隔离到一个专门的模块中，从而使上面的所有层尽可能做到独立于硬件平台。

HAL 以上相邻的是内核层，也称为微内核（Micro-kernel），这一层包含了基本的操作原理和功能，如线程、进程、线程调度、中断和异常的处理、同步对象和各种同步机制。

在内核层以上的则是执行体层，这一层是提供一些可供上层应用程序或内核驱动程序直接调用的功能。Windows 系统内核的执行体包含一个对象管理器，用于一致地管理执行体中的对象。Windows 系统的内核结构如图 1-3 所示。

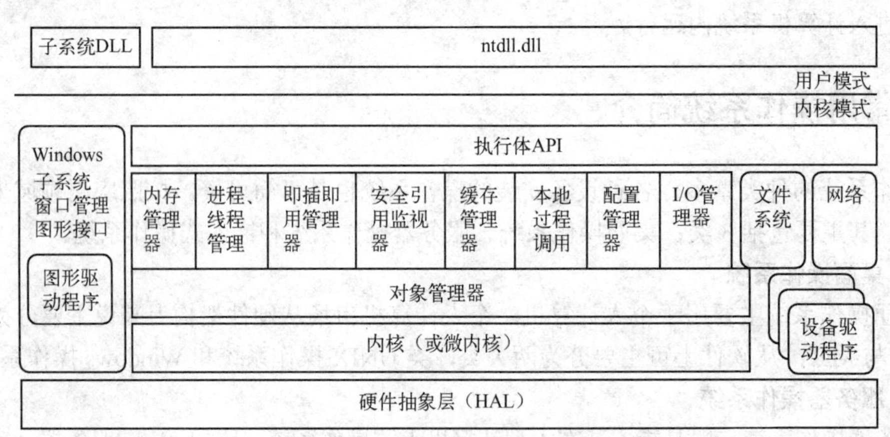

图 1-3 Windows 系统的内核结构

Windows 操作系统的主要特点如下。

- 直观、高效的图形化界面。
- 用户界面良好，易学易用。
- 多任务。
- 良好的网络支持。

● 多媒体功能。
● 良好的硬件支持，设备无关性。
● 良好的集成开发环境。

1.3.2 UNIX 操作系统简介

UNIX 是一个强大的多用户、多任务操作系统，支持多种处理器架构，最早由 Ken Thompson、Dennis Ritchie 和 Douglas McIlroy 于 1969 年在 AT&T 的贝尔实验室开发。经过长期的发展和完善，目前已成长为一种主流的操作系统。目前它的商标权由国际开放标准组织拥有，只有符合单一 UNIX 规范的 UNIX 系统才能使用 UNIX 这个名称，否则只能称为类 UNIX（UNIX-like）。

1965 年 Bell 实验室加入了 MIT（麻省理工学院）和 GE（通用电器公司）合作开发的一个项目，由于某些状况的发生使开发终止了一段时间。直到 1971 年 UNIX 系统得以在 Bell 实验室实现，第一版本的 UNIX 操作系统是完全使用汇编语言在 PDP-11/20 硬件上开发完成的。它包含了基本文件系统，以及 fork、roff 和 ed 三个工具，当时它的用途就是为 Bell 实验室专利部门的文档准备工作提供字处理工具。

UNIX 系统一般分为 5 层：最底层是裸机（即硬件部分）；第二层是 UNIX 的核心，它直接建立在裸机的上面，实现了操作系统重要的功能（如进程管理、存储管理、设备管理、文件管理、网络管理等），用户不能直接执行 UNIX 内核中的程序，而只能通过一种称为“系统调用”的指令，以规定的方法访问核心，获得系统服务；第三层系统调用构成了第四层应用程序层和第二层核心层之间的接口界面；应用层主要是 UNIX 系统的核外支持程序，如文本编辑处理程序、编译程序、系统命令程序、通信软件包和窗口图形软件包、各种库函数及用户自编程序；UNIX 系统的最外层是 Shell 解释程序，它作为用户与操作系统交互的接口，分析用户输入的命令和解释并执行命令，Shell 中的一些内部命令可不经过应用层，直接通过系统调用访问核心层。UNIX 操作系统结构如图 1-4 所示。

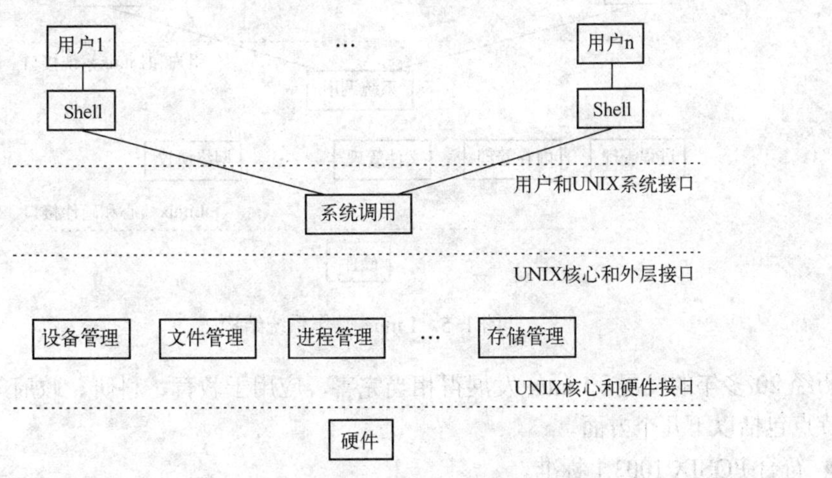

图 1-4 UNIX 操作系统结构

UNIX 操作系统几乎可以应用在所有 16 位及以上的计算机上，包括微机、工作站、小型机、多处理器和大型机等，其特点如下。

- 多任务、多用户。
- 并行处理能力。
- 管道机制。
- 安全保护机制。
- 功能强大的 Shell。
- 强大的网络支持是 Internet 上各种服务器的首选操作系统。
- 稳定性好。
- 系统源代码用 C 语言写成，移植性强。
- 出售源代码，软件厂家自己增删。

1.3.3 Linux 操作系统简介

Linux 是当前最具有发展潜力的计算机操作系统之一，Linux 的自由与开放的特性，加上它强大的网络功能，使 Linux 在 21 世纪有着无限广阔的发展前景。

1991 年 Linux 第一版面市，是一个多用户多任务的操作系统。它与其他商业化的网络操作系统不同，它是由以 Linux Torvalds 为首的一批 Internet 上的志愿者开发的，完全免费，并与 UNIX 完全兼容，是一个功能强大、性能稳定、便于操作的网络操作系统。

与 UNIX 系统相似，Linux 系统大致可分为 3 层：靠近硬件的底层是内核，即 Linux 操作系统常驻内存部分；中间层是内核之外的 Shell 层，亦即操作系统的系统程序部分；最高层是应用层，即用户程序部分，包括各种正文处理程序、语言编译程序以及游戏程序等。内核是 Linux 操作系统的主要部分，它实现进程管理、内存管理、文件系统、设备驱动和网络系统等功能，从而为核外的所有程序提供运行环境。Linux 操作系统结构如图 1-5 所示。

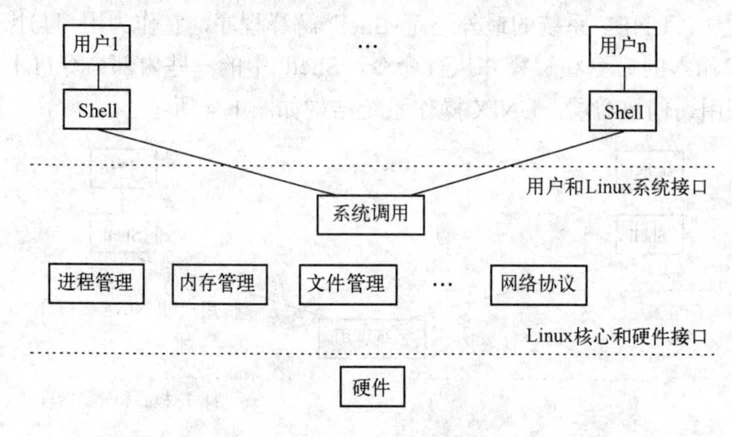

图 1-5　Linux 操作系统结构

历经 20 多年的发展，Linux 发展得相当完善，应用于教育、科研、政府等各个行业，其主要特点包括以下几个方面。

- 符合 POSIX 1003.1 标准。
- 支持多用户访问和多任务编程。
- 采用页式存储管理。
- 支持动态链接。

- 支持多种文件系统。
- 支持 TCP/IP、SLIP 和 PPP。
- 支持多种硬件平台。
- 安全、稳定的性能。

随着科技的发展，操作系统技术也在不断地发展与完善。

本章小结

本章主要介绍了操作系统的基础知识，包括：计算机的基本组成，操作系统基本功能，操作系统的发展，几种常用操作系统 Windows 系列、Linux 操作系统以及 UNIX 操作系统的各自优缺点。通过本章的学习，读者可以对操作系统的基础知识了深入的了解，为后续学习 Linux 操作系统奠定基础。

思考题与实践

一、填空题

1）操作系统应具备以下 5 方面的功能：____________________、存储管理、____________、文件管理和____________________。

2）计算机硬件系统一般由________________、控制器、________________、输入设备和输出设备等部件组成，这些部件是用户操作计算机的物质基础和工作环境。

3）按照应用领域来划分操作系统，其主要把包括 3 类：____________________、服务器操作系统和__________________________。

4）Windows 系统内核分为 3 层，与硬件直接打交道的这一层称为______________；该层以上与其相邻的是______________；在该层以上的则是__________________。

5）计算机的软件一般可分为两大类：______________和__________________。

二、简答题

1）简单阐述操作系统的概念，以及引入操作系统的目的。

2）简单阐述存储管理的主要功能。

3）简单阐述 Linux 操作系统的主要优点。

4）简单阐述 UNIX 操作系统五层结构的功能。

第2章 Linux操作系统概述

Linux 操作系统是当前最具发展潜力的计算机操作系统之一，Internet 的发展、普及和Linux 本身的自由、开放等特性，使 Linux 操作系统在 21 世纪有着不可估量的发展前景。

2.1 自由软件简介

自由软件是基于信息技术的发展所引发的一场信息革命，主要以开放创新、共同创新为特点的创新 2.0 模式推动 IT 行业发展。自由软件的提出与知识社会的大发展相符合，其根本的意义在于——自由软件的提出更有利于人类之间的交流、合作和发展，促进科技进步。

2.1.1 自由软件含义

1984 年麻省理工学院（Massachusetts Institute of Technology，MIT）的研究员理查德·马修·斯托曼（Richard Stallman）提出："计算机产业不应该以技术垄断为基础赚取高额利润，而是应该以服务为中心。在计算机软件源代码开发的基础上，为用户提供综合的服务，与此同时取得相应的报酬。"简单地说，Richard Stallman 认为一个好的软件，就应该自由自在地让需要的人取用。在此思想基础上他提出了自由软件（Free Software）的概念，并成立自由软件基金会（Free Software Foundation，FSF）实施 GNU（GNU's Not UNIX）计划。

自由软件基金会还提出了通用公共许可证（General Public License，GPL）原则，它与软件保密协议截然不同。GPL 允许用户自由下载、分发、修改和再分发源代码公开的自由软件，并允许用户在分发软件的过程中收取适当的成本费用和服务费用，但绝不允许任何人将该软件占为己有。

目前，全世界范围内已经有许许多多的自由软件开发志愿者加入 GNU 计划，GNU 计划主要包括两大类产品：操作系统和开发工具。

2.1.2 自由软件相关词语

自由软件中包含了以下一些相关的术语。

开放源代码（Open Source）软件：与自由软件是两个不同的概念，只要符合开源软件定义的软件就能称为开放源代码软件。

自由软件："自由"就是自由软件的精髓，原意就是给予使用者运用软件的自由，它是一个比开源软件更严格的概念，因此所有自由软件都是开放源代码的，但不是所有的开源软件都能称为"自由"。

这里指的自由，并不是价格上的免费（价格无关性），而是软件对所有的用户来说使用是自由的，在软件发行时要求附上源程序代码，并允许用户对其进行更改。

GPL 通过如下途径实现这一目标。

1）软件以源代码的形式发布，并允许任何用户将软件以源代码的形式复制、转发给其他用户。

2）若用户开发的软件使用某一软件的一部分，而这一软件又是受 GPL 保护的，那么该软件就成为 GPL 软件，必须随应用程序一起发布源代码。

3）GPL 并不排斥对自由软件进行商业性质的包装和发行，也不限制在自由软件的基础上打包发行其他非自由软件。

GNU 包含以下 3 个协议条款。

- GPL：GNU 通用公共许可证（GNU General Public License）。
- LGPL：GNU 较宽松公共许可证（GNU Lesser General Public License），旧称 GNU 库通用公共许可证（GNU Library General Public License）。
- GFDL：GNU 自由文档许可证（GNU Free Documentation License）。

2.2 Linux 的发展和软件体系结构

1991 年对于全球计算机界而言是一个不寻常的年份，这一年发生了一件对计算机界来说极具影响力的一件事情：芬兰赫尔辛基大学的一位名叫 Linus Torvalds 大学生为完成自己操作系统课程的作业，开始基于 Minix（一种免费的小型 UNIX 操作系统）编写一些程序，当作业完成之后，他惊喜地发现自己的这些程序已经能够完全实现一个操作系统的基本功能。于是，他将这个操作系统的源代码发布在 Internet 上，并邀请所有对此感兴趣的人发表评论或者共同修改代码。随后，Linus Torvalds 将这个操作系统命名为 Linux，也就是 Linus's unix 的意思，并且以可爱的胖企鹅（如图 2-1 所示）作为其标志，这是因为企鹅是南极洲的标志性动物，而根据国际公约规定南极洲不属于任何一个国家而是属于世界的，正好与 Linux 自由、开放的宗旨相符合。随着时间的推移，在众多程序员的共同努力、不断完善下，到 1994 年，Linux 已经成长为一个功能完善、稳定可靠的操作系统。

图 2-1　Linux 操作系统标志

随着开发研究的不断深入，Linux 的功能日趋完善，并已经成为世界上主流的操作系统之一。与其他操作系统相比，Linux 继承了 UNIX 操作系统的优秀设计思想，几乎拥有最新 UNIX 系统的全部功能，其主要特点如下。

1. 真正的多用户多任务

Linux 是一款真正的多用户多任务的操作系统。多用户是指各个用户对于自己的文件、设备等有自己特殊的权限，保证了各用户之间互不影响。多任务则是指多个程序在 Linux 系统中同一时间段内彼此独立地运行。

2. 良好的兼容性

Linux 完全符合 IEEE 的面向 UNIX 的可移植操作系统（Portable Operating System for UNIX，POSIX）标准。在 Windows 系统、UNIX 系统下可以执行的程序，几乎不需要做变更就完全可以在 Linux 系统上运行。

3. 强大的可移植性

Linux 是一款具有很强的可移植性的操作系统，迄今为止，Linux 是支持最多硬件平台的操作系统，无论是掌上电脑、机顶盒、游戏机、个人计算机、小型机，还是中型机，甚至是大型计算机上都可以运行 Linux 操作系统。

4．高度的稳定性

Linux 继承了 UNIX 的优良特性，可以连续数月、数年运行而无须重新启动。

5．可靠的安全性

在过去十几年的广泛使用中只有屈指可数的几个病毒感染过 Linux，这种高可靠性、强免疫性可归功于 Linux 系统健壮的基础架构。Linux 的基础架构是由相互无关的层组成，每层都有特定的功能和严格的权限许可，从而保证最大限度地安全运行。

6．友好的用户界面

Linux 提供的用户界面包括字符界面和图形化用户界面两种。在字符界面，用户需要输入要执行的相关命令才能完成对应的操作。字符界面的这种操作方式运行效率很高，但是因为需要记忆大量的命令给用户带来了很多的不方便。

Linux 的图形化用户界面整合了大量的应用程序和系统管理工具，并且可以通过鼠标的使用来进行各种操作。用户在图形化用户界面下能够方便、快捷地使用各种资源，完成各项工作。两种界面各有特色，因此现在均在使用。

7．丰富的网络功能

在 Linux 系统中，用户可以轻松实现网页浏览、文件传输、远程登录等工作，并且可以作为服务器提供 WWW、FTP、E-Mail 等服务。

2.2.1 Linux 的发展

Linux 是一种类 UNIX 的操作系统，由 Linus Torvalds 为首的一批 Internet 志愿者创建开发。Linux 操作系统与其他商业性操作系统最大的区别在于它的源代码是完全公开的。

由于 Linux 从最初就加入了 GNU 计划，其软件发行遵循 GPL 原则，也就是说 Linux 与 GNU 计划中的其他软件一样都是自由软件。虽然目前很多 Linux 发行版本都可以通过 Internet 下载，除了网络费用和刻录光盘的费用，无须其他花费。但是按照 GPL 原则，生产 Linux 产品的公司和程序员是可以要求收取一定服务费用的。

近十年来，我国嵌入式系统事业快速发展、壮大起来，嵌入式软件技术得到飞速发展。2016 年，在嵌入式产品研发的软件开发平台的选择上，嵌入式 Linux 以 55%的市场份额遥遥领先于其他嵌入式开发软件平台，比去年增长 13%，这已经是连续 4 年以此比例增长。由此可见，Linux 凭借其得天独厚的优势和广泛的应用领域，已然成为众多嵌入式企业研发团队的首选。

从行业市场大环境来看，随着物联网、云计算等新兴领域日益成为信息产业的主旋律，作为这些产业应用技术中最核心部分的嵌入式系统，更是受到普遍的关注。可见，Linux 的发展前景是十分广阔的。

这里所说的 Linux 实际上有狭义和广义两层含义。狭义的 Linux 是指 Linux 的内核（Kernel），它完成内存调度、进程管理、设备驱动等操作系统的基本功能，但是并不包括应用程序。广义的 Linux 是指以 Linux 内核为基础，包含应用程序和相关的系统设定与管理工具的完整操作系统。

到目前为止，Linux 的内核仍由 Linus Torvalds 领导下的开发小组负责开发。因为 Linux

内核可自由获取，并且允许厂商自行搭配其他应用程序，所以不同厂商将 Linux 发行套件，即广义的 Linux。因此，Linux 的版本可分为两种：内核版本和发行版本。

1．Linux 的内核版本

Linux 的内核版本号由 3 个数字组成，一般表示形式：X.Y.Z。

- X：表示主版本号，通常在一段时间内不改变，比较稳定。
- Y：表示次版本号，若是偶数，则代表这个内核版本是正式版本，可以公开发行；若是奇数，则代表这个内核版本是测试版本，还不太稳定仅供测试。
- Z：表示修改号，这个数字越大，则表示该版本修改的次数越多，版本相对更完善。

Linux 的正式版本一般只针对它的上个版本中的某些缺陷进行修改，而测试版本则是在正式版本的基础上继续增加一些新的功能，然后进行试用，试用稳定后就成为正式版本。正式版本和测试版本之间是相互关联的，主要是完善内核的功能。

2．Linux 的发行版本

由于 Linux 源程序公布在网上，每个爱好者都可以对其进行修改、完善，截至目前为止大约有 2000 多个版本，能使用的数量已达到近 400 种，而且还在不断地增加。发行版本之间的差别主要在于包含的软件种类和数量的不同。下面简单介绍一下几种较为常见 Linux 的发行版本。

（1）最好的回归发行版：open SUSE

开发 open SUSE 版本的 SUSE 公司是最老的 Linux 企业。它成立于 Linus Torvalds 发布 Linux 的一年后，早于 Red Hat 的诞生，用户可以使用超稳定的 open SUSE Leap 和始终保持最新的 open SUSE Tumbleweed。

（2）最可定制的发行版：Arch Linux

Arch Linux 是现阶段最好的滚动发行版，用户始终使用最新的软件包，并且它们还可以通过稳定的存储库运行预发布软件。它所提供的包和软件均可以在任何 Linux 发行版上运行。

（3）最好看的发行版：Elementary OS

不同的 Linux 发行版有不同的侧重点，在大多数情况下都是技术差异。Elementary OS 非常严格要求整体的外观和感觉。开发者创建了包括桌面环境在内的自己的组件，此外，他们只选择那些符合自己设计模式的应用程序。

（4）最佳新人：Solus

Solus 操作系统于 2015 年诞生，并逐渐获得关注，它并不是 Debian 或 Ubuntu 的衍生物，而是一个从头开始创建的前瞻性操作系统。为集成 GNOME，它搭配了从头开始构建的 Budgie 桌面环境。

（5）最好的教育操作系统：ezgo Linux

ezgo 是一套开源、公益、免费、面向教育的操作系统，基于 Linux 而开发，它包含有丰富的互动教学软件和开放教材、知识，涵盖了数学、物理、化学、天文、地理、生物、计算机等多个学科。

（6）最好的云操作系统：Chrome OS

Chrome OS 是一个为在线活动而设计的基于浏览器的操作系统。它的源码可供所有用户编译，极具吸引力。

（7）最好的笔记本电脑操作系统：Ubuntu MATE

Ubuntu MATE 是一个轻量级的、优秀的操作系统，它还提供很多的内容给用户体验。

（8）最好的旧硬件支持系统：Lubuntu

Lubuntu 使用 LXDE 桌面环境，它是一款适合旧硬件的操作系统。

（9）最好的物联网操作系统：Snappy Ubuntu Core

Snappy Ubuntu Core 是最好的物联网以及其他类似设备的基于 Linux 的操作系统，具有良好的软件管理功能，同时安全性方面相对其他版本有了极大的提升。该操作系统有很大的潜力，将几乎所有的东西都变成智能设备，比如咖啡机、无人驾驶飞机等。

（10）最好的台式机操作系统：Linux Mint Cinnamon

Linux Mint Cinnamon 是最好的台式机操作系统，它对硬件强大的笔记本电脑也很适用。

（11）最好的游戏系统：Steam OS

Steam OS 操作系统于 2015 年年底研发成功，主要是为了解决桌面版 Linux 在游戏方面的缺陷。

（12）最好的隐私保护操作系统：Tails

Tails 是基于 Debian 的设计用来实现隐私保护和匿名化的操作系统。

（13）最好的多媒体制作系统：Ubuntu Studio

多媒体制作是基于 Linux 的操作系统的主要缺点之一，Linux 上却没有像样的音频/视频制作软件，但一个多媒体制作系统需要的不仅仅是像样的应用程序。而 Ubuntu Studio 操作系统使用 Xfce 桌面环境并配备了众多的音频、视频和图像编辑等多媒体制作应用程序。

（14）最好的企业级系统：SLE/RHEL

Red Hat Enterprise Linux 或者 SUSE Linux Enterprise 这两个名字是企业级系统的代名词。RHEL 最大的优点是稳定、好用。

（15）最好的服务器操作系统：Debian/CentOS

Debian 或 CentOS 是较好的服务器操作系统，这些发行版是社区主导的服务器版本，它们有着黄金标准，而且它们的支持周期很长。

（16）最好的移动操作系统：Plasma Mobile

尽管基于 Linux 的操作系统——Android 正在主宰移动领域，但在 2015 年，KDE 社区发布 KDE 的 Plasma Mobile 系统，该系统在移动设备上提供传统的 Linux 桌面应用程序。

（17）最好的 ARM 设备发行版：Arch Linux ARM

Arch Linux ARM（ALARM）是一个纯粹由社区主导的基于 Arch Linux 的发行版，这个发行版允许用户安装许多可能在其他发行版上无法获得的应用程序。

2.2.2 Linux 软件体系结构

Linux 的软件体系结构主要包括：设备驱动程序、内核、系统调用接口（System Call Interface，SCI）、C 库、Shell 和应用程序六大组成部分，其中内核是所有组成部分中最为基础、最为重要的部分。

1．设备驱动程序

该层的程序主要是和计算机硬件设备打交道，用于控制特定的硬件设备。

2．内核

内核（Kernel）是整个操作系统的核心，控制整个计算机的运行，提供相应的硬件驱动程序、网络接口程序，并管理所有应用程序的执行。Linux 内核采用模块化的结构，主要是由 C 语言编写的，其主要模块包括：存储管理、CPU 和进程管理、文件系统管理、设备管理和驱动、网络通信等。Linux 内核的源代码通常安装在/usr/src/linux 目录，可供用户查看和修改。

3. SCI

系统调用接口层主要是为了给用户空间提供一套标准的系统调用函数来访问 Linux。

4. C 库

C 库层主要存放的是一组预先写好和测试过的可以被程序员直接用来开发软件的函数，为程序员开发程序节省大量的时间。

5. Shell

Shell 是 Linux 系统的用户界面，负责将用户的命令解释为内核能够接受的低级语言，并将操作系统响应的信息以用户能理解的方式显示出来。当用户启动 Linux，并成功登录到 Linux 后，系统就会自动启动 Shell。从用户登录到用户退出登录，用户输入的每个命令都要由 Shell 接收，并由 Shell 解释输入的命令。如果用户输入的命令正确，Shell 会去调用相应的命令或程序，并由内核负责其执行，从而实现用户所要求的功能。

Linux 中可使用的 Shell 有许多种，但各种 Shell 的最基本功能是相同的，比较常用的 Shell 如下。

- Bourne Shell（又称 B Shell）是最流行的标准 Shell 之一，几乎所有的 UNIX/Linux 都支持。不过 B Shell 功能较少，用户界面也不太友好。它由贝尔实验室的 S R Bourne 开发，并由此得名。
- C Shell，因其语法类似 C 语言而得此名，C Shell 易于使用并且交互性强，由加利福尼亚大学伯克利分校的 Bill Joy 开发。
- Korn Shell（又称为 K Shell）也是常见的标准 Shell，由 David Korn 开发并由此得名。
- Bourne-Again Shell（又称 Bash），是专为 Linux 开发的 Shell。它在 B Shell 的基础上增加了许多功能，同时还具有 C Shell 和 K Shell 的部分优点。Bash 是 Linux 默认采用的 Shell。

Shell 不仅是一种交互式命令解释程序，而且还是一种程序设计语言，该部分内容将在第 5 章进行详细介绍。

6. 应用程序

随着 Linux 的普及和发展，Linux 的应用程序还在不断增加，Linux 环境下可使用的应用程序种类越来越丰富，数量越来越繁多，主要包括办公软件、多媒体软件、Internet 相关软件等，它们有的运行在字符界面，有的运行在 X Window 图形化用户界面。

Linux 的应用程序主要来源于以下几个方面：

- 专门为 Linux 开发的应用程序，如 gaim、OpenOffice.org 等。
- 原本是 UNIX 的应用程序移植到 Linux，如 vi。
- 原本是 Windows 的应用程序移植到 Linux，如 RealOne 播放器、Oracle 等。

2.2.3 Linux 的功能

Linux 作为一种操作系统，当然具有操作系统的所有基本功能：CPU 管理、存储管理、文件管理以及设备管理，从而实现对整个系统资源的管理。

1. CPU 管理

CPU 是计算机最重要的资源，对 CPU 的管理就是操作系统最核心的功能。Linux 对 CPU 的管理主要体现在对 CPU 运行时间的合理分配管理上。

Linux 是多用户多任务的操作系统，主要采用分时方式管理 CPU 的运行时间，也就是说 Linux 将 CPU 的运行时间划分为若干个很短的时间片，CPU 依次轮流处理等待完成的任务，每项任务在分配给它的一个时间片内不能执行完成的话，就必须暂时中断，等待下一轮 CPU 对其进行处理，而此时 CPU 转向处理另一个任务。由于时间片的时间非常短，在不太长的时间内所有的任务都能被 CPU 执行到，都有所进展。从人的角度看，CPU 在“同时”为多个用户服务，并“同时”处理多项任务。

Linux 在分时的基础上，对 CPU 的管理还涉及 CPU 的运行时间在各用户或各任务之间的分配和调度，其具体体现为进程和作业的调度和管理。

2. 存储管理

存储器分为内存与外存两种，内存用于存放当前执行中的程序代码和正在使用的数据。外存，包括硬盘、软盘、光盘、U 盘等设备，主要用来保存数据，这里的存储管理主要是指对内存的管理。

Linux 采用虚拟存储技术，也就是利用硬盘的空间来扩充内存空间，从而为程序的执行提供足够的空间。根据程序的局部性原理，Linux 环境下任何一个程序执行时，只有那些确实用到的程序段和数据才会被写系统读取到内存中。当一个程序刚被加载执行时，Linux 只为它分配虚拟内存空间，而只有当运行到那些必须被用到的程序段和数据时才会为它分配物理内存空间。

Linux 遵循页式存储管理机制，虚拟内存和物理内存皆按页为单位加以分割，页的大小固定不变。当需要把虚拟内存中的程序段和数据调入或调出物理内存时，皆是以页为单位进行。虚拟内存中某一页与物理内存中某一页的对照关系保存在页表中。

当物理内存已经全部被占据，而系统又需要将虚拟内存中的部分程序段或数据调入物理内存时，Linux 采用最近最少使用（Least Recently Used Algorithm，LRU）算法淘汰的物理页有以下两种处理方法。

- 如果此页内容被调入物理内存后没有改动，则直接抛弃。如果今后需要还可以从虚拟内存复制。
- 如果此页内容被调入物理内存后改动过，那么系统会将这一页的内容保存到磁盘的交换分区（swap 分区）。如果今后需要则从交换分区恢复到物理内存。

3. 文件管理

文件管理就是对外存上的数据实施统一管理。外存上所记录的信息，不管是程序还是数据都以文件的形式存在。操作系统对文件的管理依靠文件系统来实现。文件系统对文件存储位置与空间大小进行分配，实施文件的读写操作，并提供文件的保护与共享。

Linux 采用的文件系统与 Windows 完全不同。目前 Linux 主要采用 ext3 或 ext2 文件系统，也可以采用 ReiserFS、XJF 等文件系统。ext2 是所有 Linux 发行版本的基本文件系统，其方便安全，存取文件的性能也非常好。ext3 是 ext2 的增强版本，它在 ext2 的基础上加入了记录元数据的日志功能，当系统非正常关机或重新启动后，ext3 文件系统能够快速恢复系统。

由于采用了虚拟文件系统（Visual File System）技术，Linux 可以支持多种文件系统，其中包括 DOS 的 MS-DOS，Windows 2000 的 FAT32（在 Linux 中称之为 vfat），光盘的 ISO9660，甚至还包括实现网络共享的 nfs 等文件系统。

所谓虚拟化文件系统是操作系统和真正文件系统之间的接口。它将各种不同文件系统的信息进行转化，形成统一的格式后交给 Linux 操作系统处理，并将处理结果还原为原来的文件系统格式。对于 Linux 而言，它所处理的是统一的虚拟文件系统，而不需要知道文件所采用的真实文件系统。

Linux 将文件系统通过挂载操作将其放置于某个目录，从而让不同的文件系统结合成为一个整体，可以方便地和其他操作系统共享数据。

4．设备管理

操作系统对计算机所有的外部设备进行统一的分配和控制，对设备驱动、设备分配与共享等操作进行统一的管理。

Linux 操作系统把所有外部设备按其数据交换的特性分成以下 3 大类。

（1）字符设备

字符设备是以字符为单位进行输入/输出的设备，如打印机、显示终端等。字符设备大多连接在计算机的串行接口上。CPU 可以直接对字符设备进行读写，而不需经过缓冲区。

（2）块设备

块设备是以数据块为单位进行输入/输出的设备，如磁盘、磁带、光盘等。数据块可以是硬盘或软盘上的一个扇区，也可以是磁带上的一个数据段。数据块的大小可以是 512 字节、1024 字节或者 4096 字节等。CPU 不能直接对块设备进行读写，无论是从块设备读取还是向块设备写入数据都必须首先将数据送到缓冲区，然后以块为单位进行数据交换。

（3）网络设备

网络设备是以数据包为单位进行数据交换的设备，如以太网卡。网络数据传送时必须按照一定的网络协议对数据进行处理，对数据进行压缩后，再加上数据包头和数据包尾形成一个较为安全的传输数据包后，才进行网络传输。

无论是哪种类型的设备，Linux 都把它统一当作文件夹处理，只要安装了驱动程序，任何用户都可以像使用文件一样来使用这些设备，而不必知道它们的具体存在形式。

2.3 Linux 的安装准备

Red Hat 公司推出的各 Linux 发行版本是目前世界上较为广泛的 Linux 发行版本。本书以 Red Hat Linux 9.0 为操作环境，下面简单介绍一下安装前的准备。

2.3.1 硬件需求

Linux 操作系统的安装对硬件环境（内存、硬盘等）有一定的要求。

1．内存和硬盘的要求

内存一般要求至少有 256 MB，如果计算机的内存不足 256 MB，系统启动时会出现提示信息但仍然可以运行，不过速度会受到影响。而硬盘空间的大小是由安装过程中选择安装的软件包数量和大小所决定，用户可采用的软件包安装方式包括以下几种。

- 全部安装：就是指安装安装盘中的所有软件包，大约需要硬盘空间为 4069 MB。

- 最小安装：就是指仅安装 Red Hat 所必需的最少软件包，大约需要硬盘空间为 646 MB。

> 📖 注意：若选择最小安装，则计算机功能非常少，一般只有在安装小型路由器或防火墙计算机时使用。

- 默认安装：就是指安装实现系统桌面应用和服务器基本功能所需软件包，大约需要硬盘空间为 1530 MB。
- 定制安装：是指用户可根据个人需求，有选择地安装软件包，大约所需要的磁盘空间为 646～4069 MB。

另外，由于用户自身所需文件还将占据一定硬盘空间，实际需要的硬盘空间将大于上述参考值。一般而言，2 GB 以上的空间可以基本满足用户桌面应用和服务器管理的需求，而 5 GB 以上的空间可以方便用户选择性地使用多种应用程序。

2．对主板和 CPU 的要求

Linux 目前支持的 CPU 包括所有的 x86 及奔腾系列，其他非 Intel 的机器如 AMD 和 Cyrix 处理器等也可以运行 Linux。系统主板必须用 ISA 或 EISA 总线结构，以此决定系统与外部设备之间的连接界面。目前大部分市面上所售的系统使用的都是 ISA 或 EISA 总线。

3．对显示器和 Video 适配器的要求

Linux 支持所有标准的 VGA、CGA、IBM monochrome 及 superVGA 卡和文本显示器。一般来说，如果一个显卡和显示器在诸如 MS-DOS 等其他操作系统上可以配合工作，它也就能在 Linux 下工作。对于 Linux 系统而言，在字符终端方式下，所有的显卡都支持。但是如果用户要想让自己的显示器工作在 X-Window 图形界面下，就需要根据显卡的不同进行相应的设置。大部分显卡都能够自动完成设置。

4．对网卡的要求

支持 WE2000 兼容网卡，大部分 PCI 网也支持得较好。

5．对声卡的要求

在 Red Hat Linux 9.0 中提供了对多数声卡的支持。

6．检查硬件兼容性

检查系统硬件兼容性的最佳方式是找到欲安装 Linux 版本厂商所提供的兼容硬件列表，几乎所有的 Linux 开发商都有这样的兼容硬件列表。如果没有找到自己要安装 Linux 版本的兼容硬件列表，Linux Mandrake 站点可以提供最新的兼容硬件列表。尽管该站点列出的硬件都只经过了 Linux-Mandrake 的测试，但它适用于大多数 Linux 安装版。

ZDNet Linux 硬件数据库（LhD）是另一个非常好的安装 Linux 硬件兼容资源站点，用户可以在这个地方找到大量有关 LhD 的信息，从驱动程序升级到 Linux 下特定产品工作情况的用户报告等一应俱全。

2.3.2 安装软件的获取

获取 Red Hat 软件主要有两种方法：网上下载和购买光盘。

1．网上下载

如今 Linux 操作系统的各种最新版本安装程序的 ISO 镜像文件在网上均可以免费下载，用户可以根据需求选择所需版本，将 ISO 文件下载到本地，然后可以选择在硬盘上直接进行虚拟安装，也可以选择把 ISO 文件刻录到光盘上再进行安装。

2．购买光盘

用户也可以购买正版发行的安装光盘，安装光盘包括源程序盘和用户手册，购买的正版光盘可以到网上不定期地下载更新包进行更新。

2.3.3 安装方式

Red Hat Linux 9.0 的安装方式有以下 5 种：

- 本地光盘安装。
- 本地硬盘安装。
- NFS 安装。
- FTP 安装。
- HTTP 安装。

一般常用的方式是本地光盘安装。若用户的硬盘空间足够大也可以选择本地硬盘安装（就是先将光盘上的内容复制到硬盘中，然后通过硬盘安装）。如果计算机是连接网络的话，也可以选择网络安装方式——NFS、FTP 和 HTTP。

2.4 Linux 操作系统的安装

本节主要介绍利用虚拟机安装 Linux。

2.4.1 用虚拟机安装 Linux

安装 Linux 操作系统的具体安装步骤如下。

1．安装前的准备

1）把光盘放进光驱，从光驱引导系统，如图 2-2 所示。

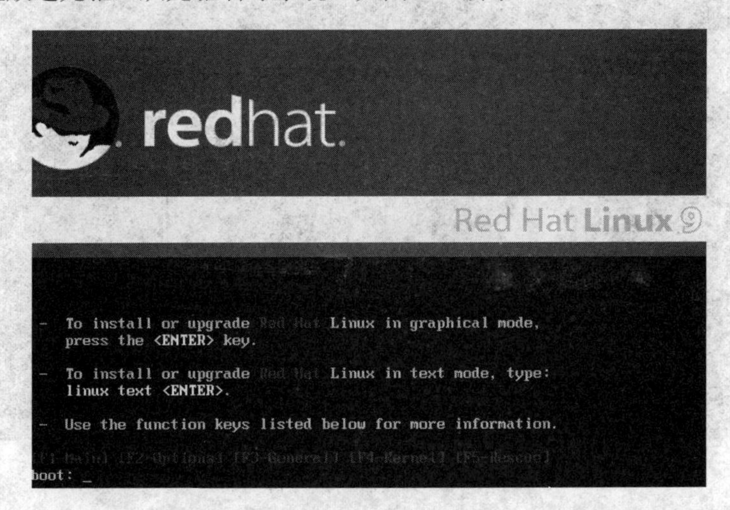

图 2-2 安装初始界面

图中给出以下 3 个选项。

● 安装或更新 Red Hat Linux 以图形界面启动的直接按〈Enter〉键。
● 安装或更新 Red Hat Linux 以字符界面启动的输入：linux text 然后按〈Enter〉键。
● 使用功能键〈F1〉～〈F5〉，进行选择。

在这里直接按〈Enter〉键即可，如图 2-3 所示。

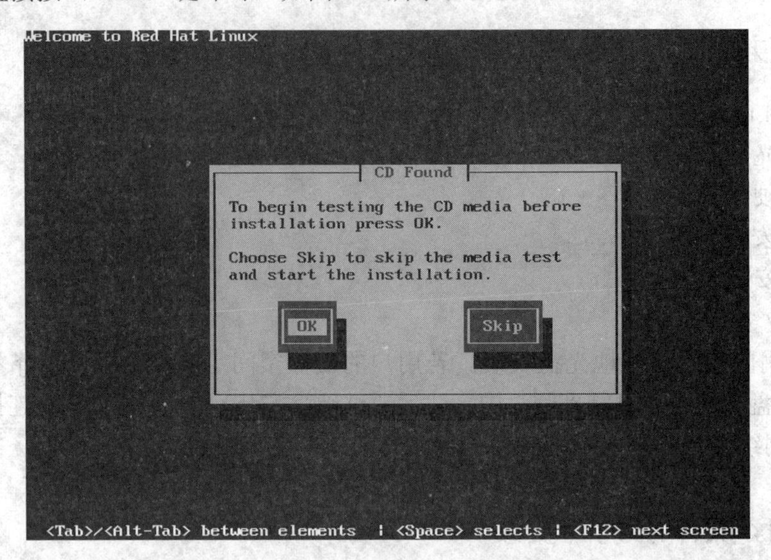

图 2-3 安装盘检测界面

2）单击“OK”按钮开始测试安装 CD，如果是第一次安装的话推荐用户测试安装 CD，单击“OK”按钮后按〈Enter〉键，出现如图 2-4 所示界面。

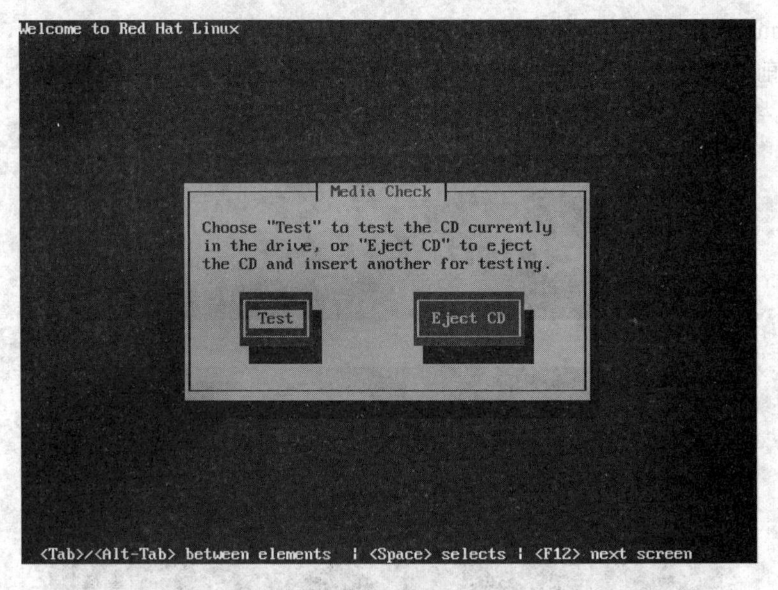

图 2-4 安装盘测试与否界面

3）单击“Test”按钮，测试安装光盘的文件，否则，单击“Eject CD”按钮测试其他 CD 盘。单击“Test”按钮后，出现如图 2-5 所示界面。

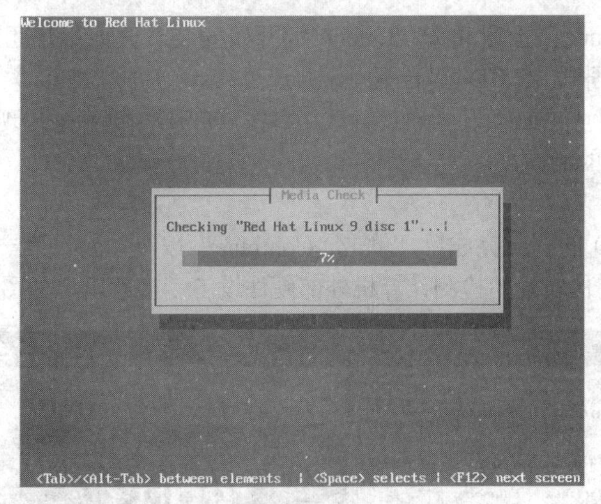

图 2-5　安装盘测试过程界面

正在测试第一张安装 CD，测试完后显示如图 2-6 所示界面。在如图 2-3 所示的界面，单击“Skip”按钮，不测试安装 CD，也会出现如图 2-6 所示界面。

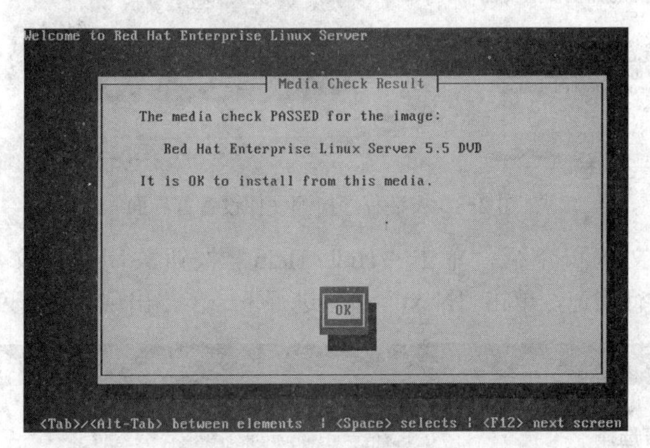

图 2-6　首张安装盘测试完毕界面

4）看到图 2-6 中最后一行英文“It is OK to install from this media.”说明这张安装 CD 是可以的，直接按〈Enter〉键后，出现如图 2-7 所示界面。

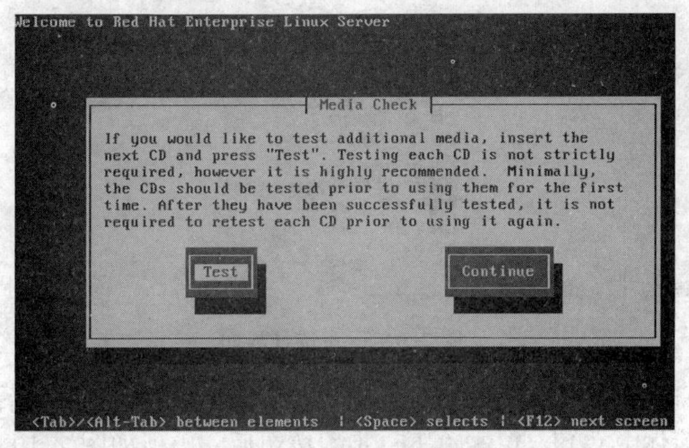

图 2-7　继续进行安装盘测试界面

5）单击“Continue”按钮并按〈Enter〉键开始安装。假如用户还想测试余下的两张安装 CD，请放入下一张安装 CD 到光驱中，并选“Test”后按〈Enter〉键即开始测试，完成后再次出现如图 2-6 所示画面表示通过测试，再按〈Enter〉键后又出现图 2-7，重复步骤直到完成全部安装 CD 的测试。

2. 安装开始

1）全部安装 CD 的测试完成后，单击“Continue”按钮并放入第一张安装 CD 到光驱后按〈Enter〉键，安装程序开始检测计算机外部硬件设备，接着出现如图 2-8 所示界面。

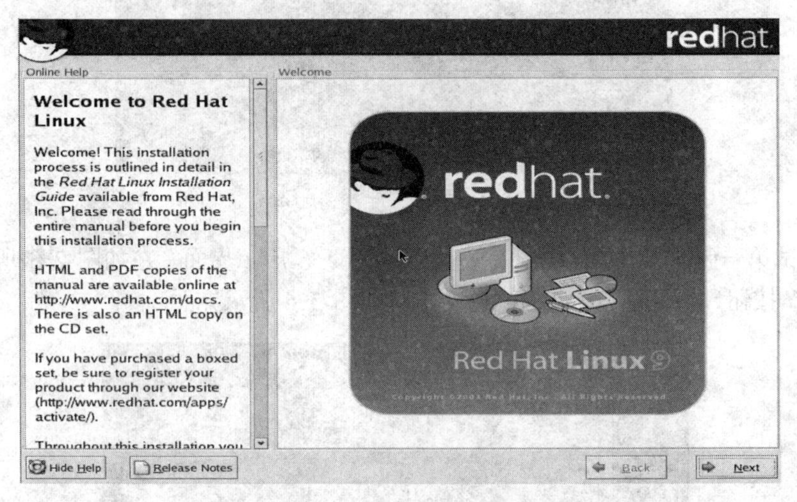

图 2-8　安装程序检测硬件设备首界面

2）出现帮助文本和介绍，单击“Hide Help”按钮关闭帮助文本，单击“Release Notes”按钮显示发行注记，单击“Next”按钮进行下一步，出现如图 2-9 所示界面。

图 2-9　语言选择界面

3）这时鼠标可以使用，这一步选择安装向导所用语言（不是安装系统所用语言），这里选择“简体中文（简体中文）”，单击“下一步”按钮后，出现如图 2-10 所示界面。

图 2-10　键盘配置界面

4）选择键盘类型，一般的键盘多为美式键盘“U.S.English”，选择好后，单击“下一步”按钮，出现如图 2-11 所示界面。

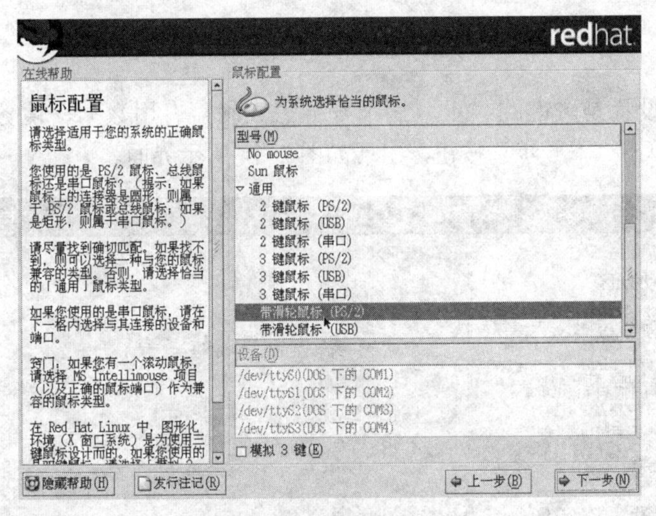

图 2-11　鼠标配置文件

5）根据用户的鼠标类型进行选择，然后单击“下一步”按钮，出现如图 2-12 所示界面。

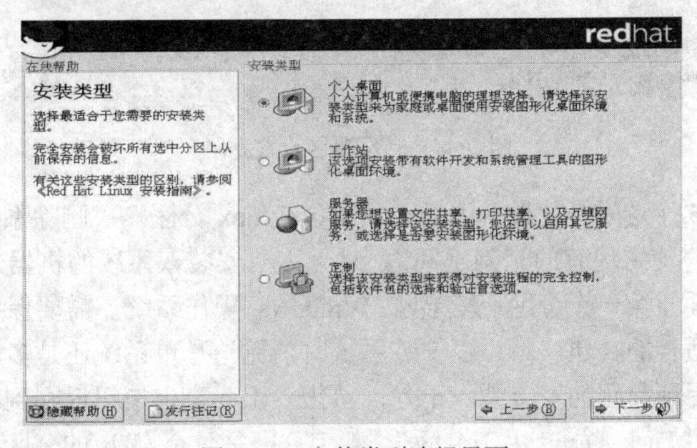

图 2-12　安装类型选择界面

6）选择安装类型，这里以选“个人桌面”为例，单击“下一步”按钮，出现如图 2-13 所示界面。

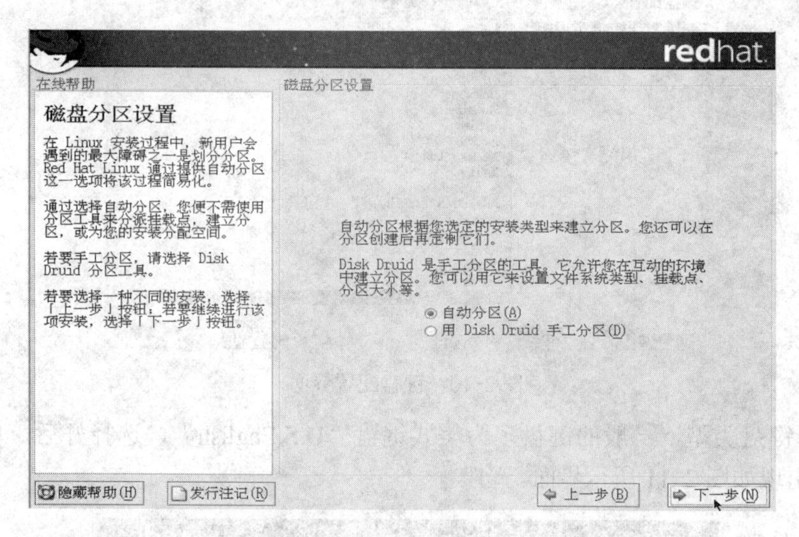

图 2-13　磁盘分区类型选择界面

7）磁盘分区设置是关键的一步，搞不好会丢失硬盘有用数据，请务必小心。如果选“自动分区”后，单击“下一步”按钮，出现如图 2-14 所示界面。

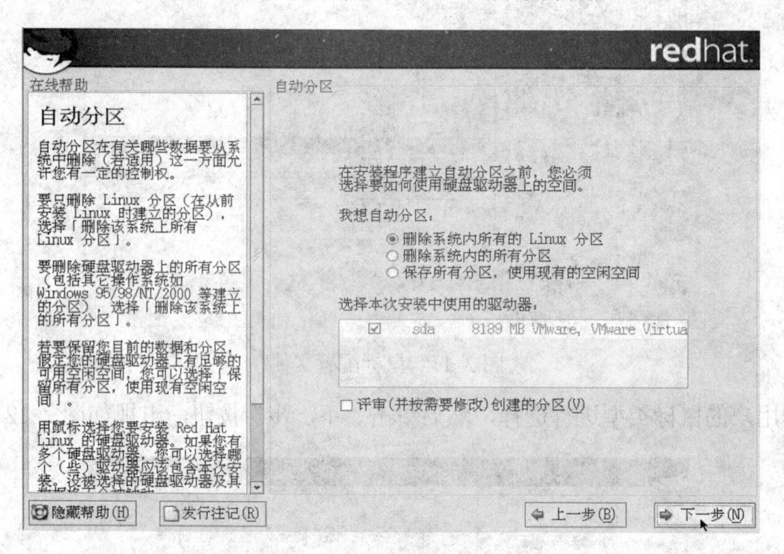

图 2-14　自动分区设置界面

自动分区包含 3 个选项：“删除系统内所有的 Linux 分区”“删除系统内的所有分区”和“保存所有分区，使用现有的空闲空间”。对于需要安装双系统的机器来说，因为用户的硬盘有多个分区，而且第一个分区已安装了 Windows 操作系统，需要保留已经安装系统，所以这种选择是不适合的。建议用户在安装系统时，无论是单系统还是多系统最好都选择手工分区，这样可以保证起码的安全性。于是，单击“上一步”按钮返回到如图 2-13 所示画面后再重新选择“用 Disk Druid 手工分区”，手工分区是一个 GUI 的分区程序，它可以对磁盘的分区进行删除、添加和修改属性等操作，它比以前版本中使用的字符界面 Fdisk 程序的界面更加友好，操作更加直观。单击“下一步”按钮，出现如图 2-15 所示界面。

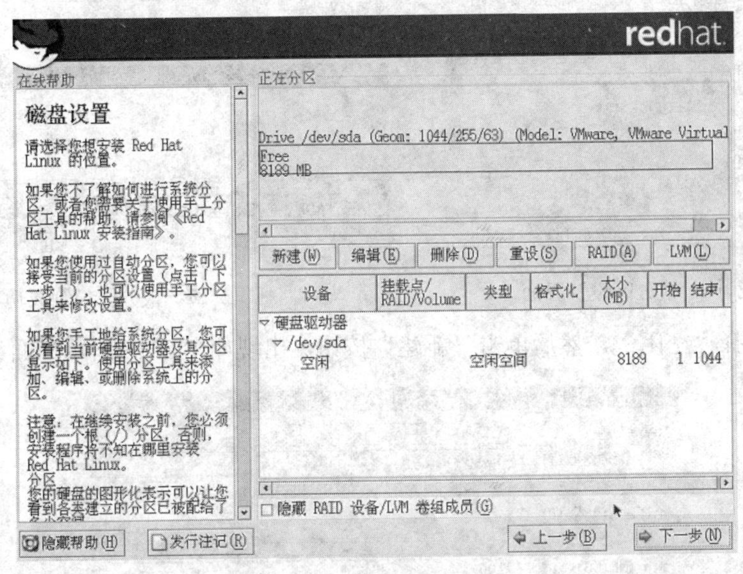

图 2-15　磁盘分区界面

手工分区程序中有“新建”“编辑”“删除”“重设”等按钮，用户可以直观地对磁盘进行操作。在使用 DISK DRUID 对磁盘分区进行操作时，有 4 个重要的参数需要仔细设定：挂载点、文件系统类型、大小、允许的驱动器。

挂载点：指定该分区对应 Linux 文件系统的目录，Linux 允许将不同的物理磁盘上的分区映射到不同的目录，这样可以实现将不同的服务程序放在不同的物理磁盘上，当其中一个物理磁盘损坏时不会影响到其他物理磁盘上的数据。

文件系统类型：它指定了该分区的文件系统类型，可选项有 ext2、ext3、reiserfs、jfs、swap 等。Linux 的数据分区创建完毕后，有必要创建一个 swap 分区，它实际上是用硬盘模拟的虚拟内存，当系统内存使用率比较高时，内核会自动使用 swap 分区来模拟内存。

大小：指分区的大小，以 MB 为单位，Linux 数据分区的大小可以根据用户的实际情况进行填写，而 swap 大小根据经验可以设为物理内存的两倍，但是当物理内存大于 1 GB 时，swap 分区可以设置为 2 GB。

允许的驱动器：如果计算机上有多个物理磁盘，就可以在这个菜单选项中选择需要进行分区操作的物理磁盘。

图 2-15 中列出了硬盘的所有分区，选用空闲作为安装 Linux 系统所必需的两个分区：交换分区（swap 分区）和/分区（根分区）。即用/dev/sda 作挂载点安装系统，用空闲（8189 M）做交换分区和根分区。选择“设备”下的“空闲”选项，单击“新建”按钮，弹出如图 2-16 所示界面。

8）挂载点选根分区“/”即可，当前文件系统类型是“ext3”，当然用户也可以选择文件系统的类型为“ext2”，但是推荐用户选择“ext3”。大小位置输入“7400”，其他大小选项不需要改动，然后单击“确定”按钮，在分区表中可见到已创建了挂载点，出现如图 2-17 所示的根分区设置成功的界面。

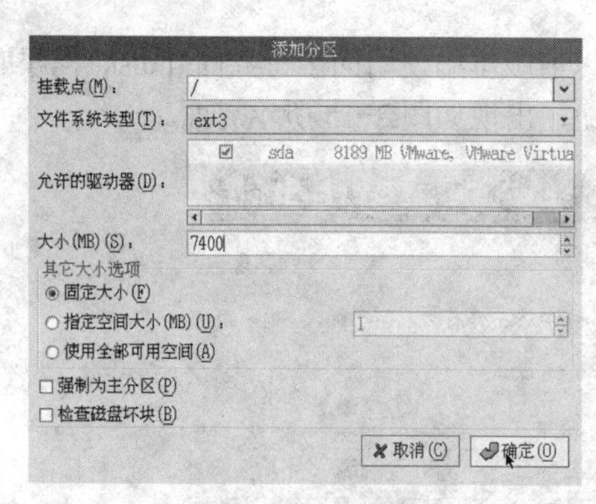

图 2-16　根分区设置界面

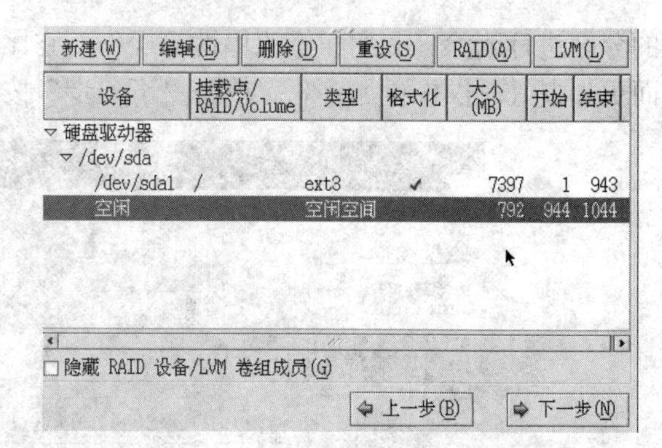

2-17　根分区设置成功界面

9）继续选择“空闲”，然后单击“新建”按钮，出现如图 2-18 所示界面。

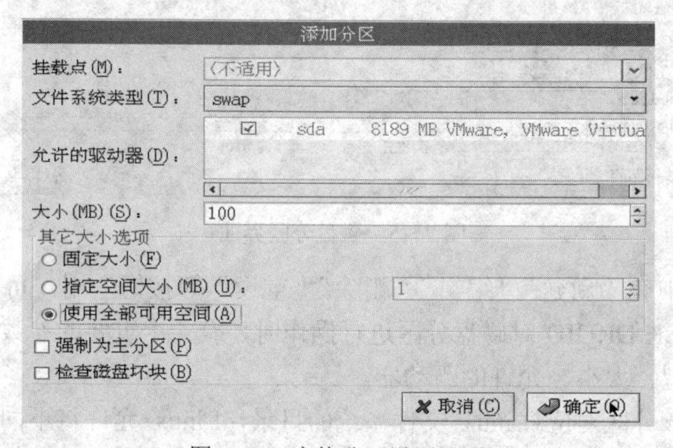

图 2-18　交换分区设置界面

“文件系统类型”位置选择“swap”，这时挂载点显示“不适用”，在“大小”处可以直接输入也可以通过调节上下箭头来实现增加或是减少空间，这里用户可以不输入，在“其他大小选项”选项组中选中“使用全部可用空间”单选按钮，单击“确定”按钮，结果如图 2-19 所示。

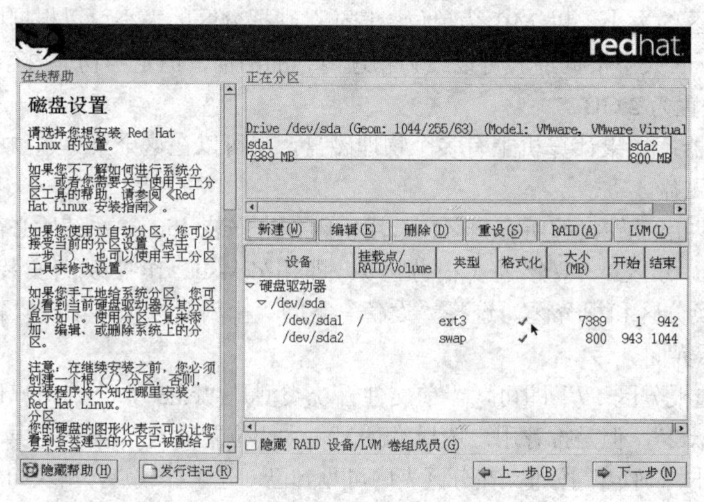

图 2-19　分区界面

因/dev/sda 是作为交换分区，所以挂载点一栏不用选，只选“将分区格式化成 swap”，在图中可见到/dev/sda1 和/dev/sda2 的分区类型已经更改成功。然后单击“下一步”按钮，显示引导装载程序配置界面，如图 2-20 所示。

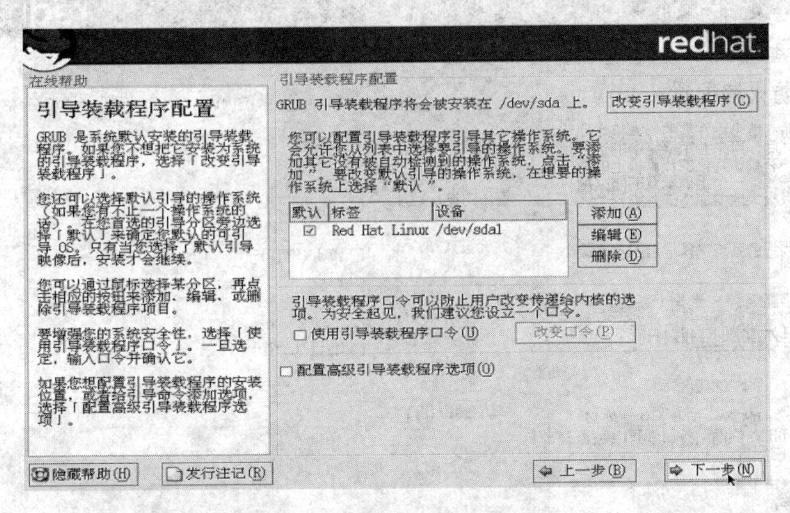

图 2-20　引导装载程序配置界面

10）引导装载程序配置，默认将系统引导信息写到硬盘主引导扇区，可通过单击右上角的“改变引导装载程序”按钮进行设置，如图 2-21 所示。

在“改变引导装载程序”界面中保持系统默认“以 GRUB 为引导装载程序”，单击“确定”按钮，返回如图 2-20 所示界面，然后单击“下一步”按钮，出现如图 2-22 所示界面。

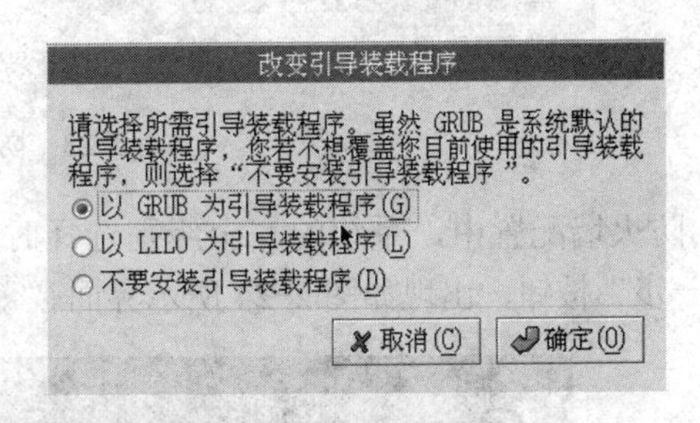

图 2-21　改变引导装载程序界面

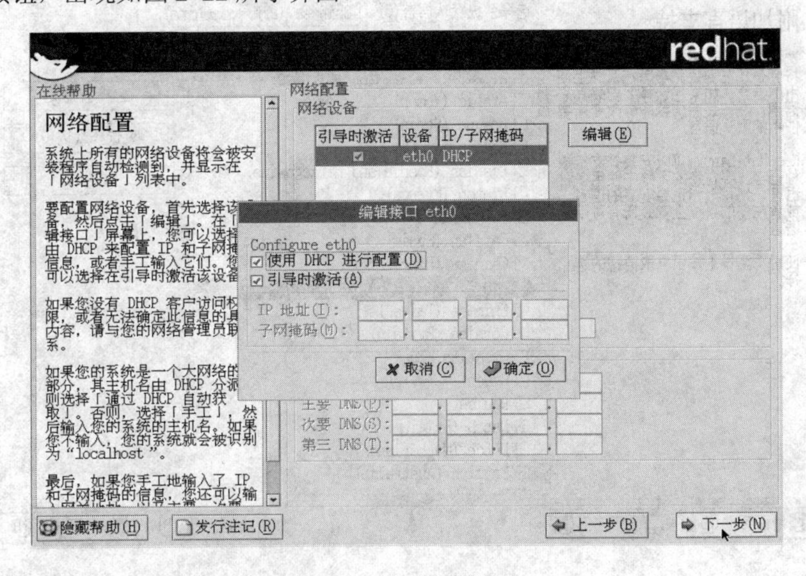

图 2-22　网络配置界面

11）设置网络，如果用户不清楚也可进入系统后再配置，单击“下一步”按钮，出现如图 2-23 所示界面。

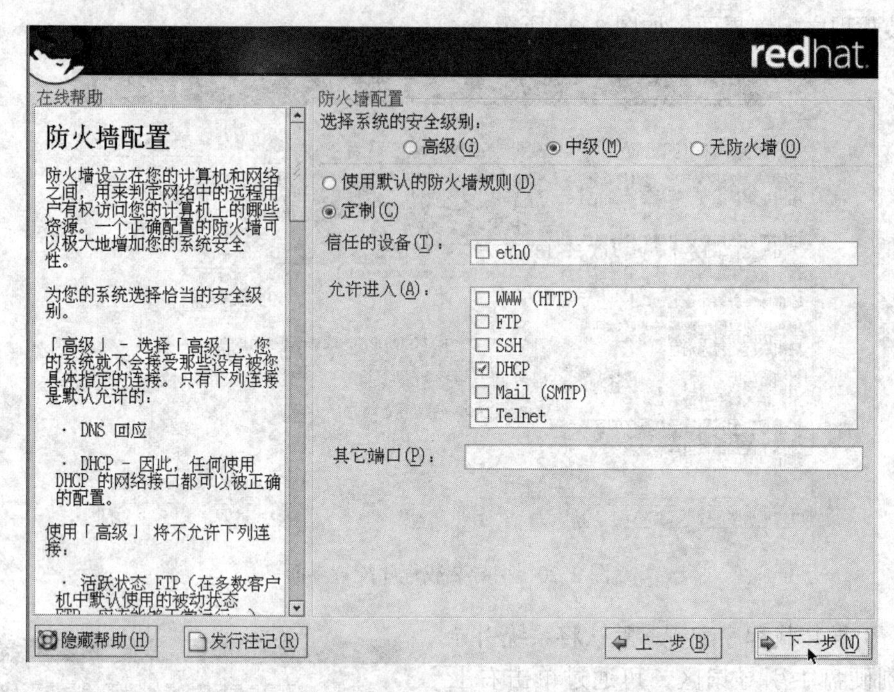

图 2-23　防火墙配置界面

防火墙配置中，系统的安全级别选择时，如果是一般用途选“中级”就可以了，单击“下一步”按钮，出现如图 2-24 所示界面。

图 2-24　附加语言支持

12）选择系统默认语言一定要选中“Chinese（P.R.of China）”简体中文，否则可能进系统后不能显示简体中文还需另外安装语言支持包。在“选择您想在该系统上安装的其他语言”列表框中最少要选一项“Chinese（P.R.of China）”简体中文，可同时选择多种语言（如果有必要）。单击“下一步”按钮，出现如图 2-25 所示界面。

图 2-25　时区选择界面

13）时区选“亚洲/上海”，单击“下一步”按钮，出现如图 2-26 所示界面。

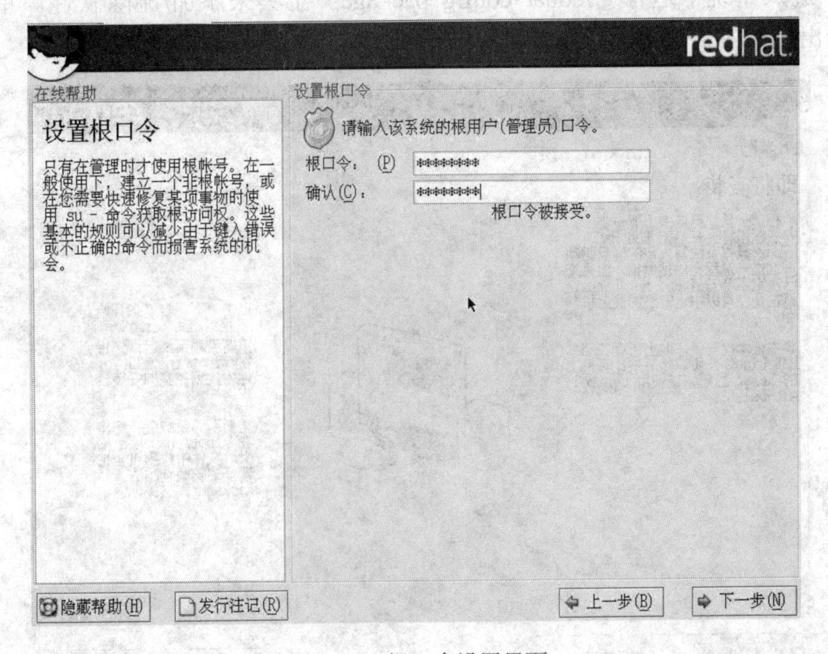

图 2-26　根口令设置界面

14）设置根口令即 root 管理员密码，root 账号在系统中具有最高权限，平时登录系统一般不用该账号，设置完根口令后，单击“下一步”按钮，出现如图 2-27 所示界面。

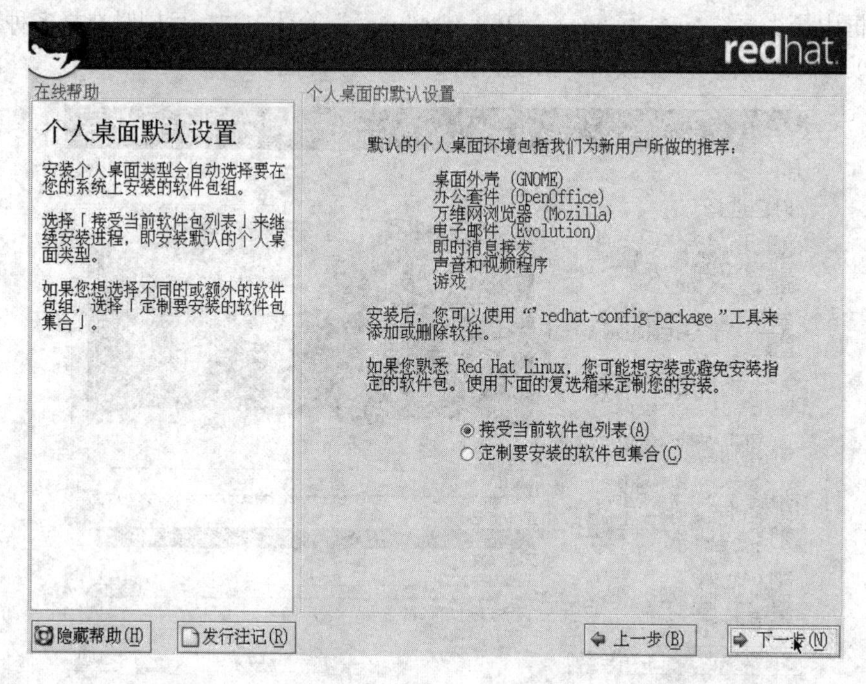

图 2-27　个人桌面设置界面

15）个人桌面默认软件包安装选择，如果是一般用途那么使用默认的就够用。也可在安装完成后，进入系统中运行“redhat-config-package”工具来添加/删除软件。单击“下一步”按钮，出现如图 2-28 所示界面。

图 2-28　安装首界面

16）安装向导到此结束，如果用户对上面各个步骤还有异议可直接单击“上一步”按钮返回后重新设置，否则单击“下一步”按钮后再无“上一步”按钮选择。确定所有设置均正确以后，开始安装请单击“下一步”按钮，出现如图 2-29 所示界面。

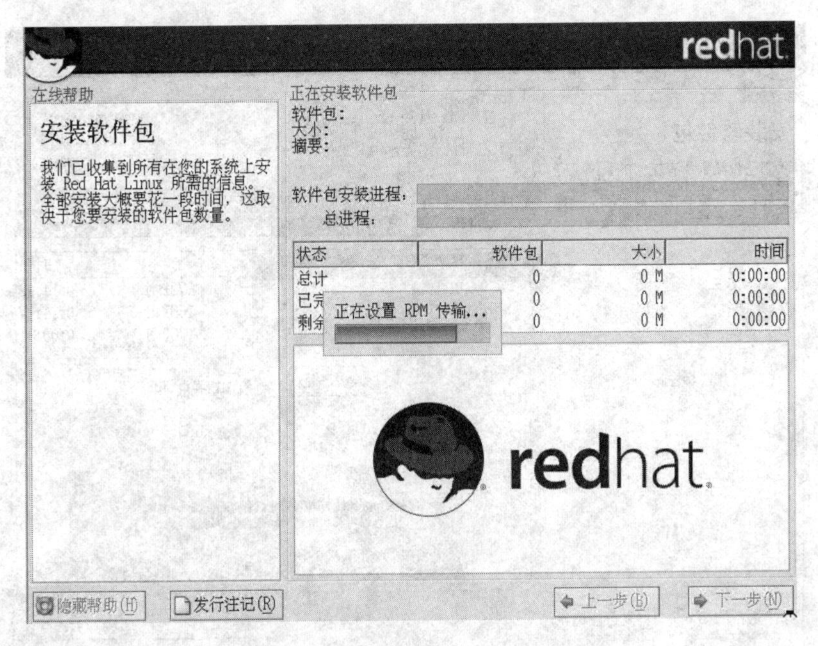

图 2-29 第一张安装盘安装软件包界面

一个慢长的安装过程已经开始，大约需要 30 分钟。总进度到约 75%时，出现如图 2-30 所示界面。

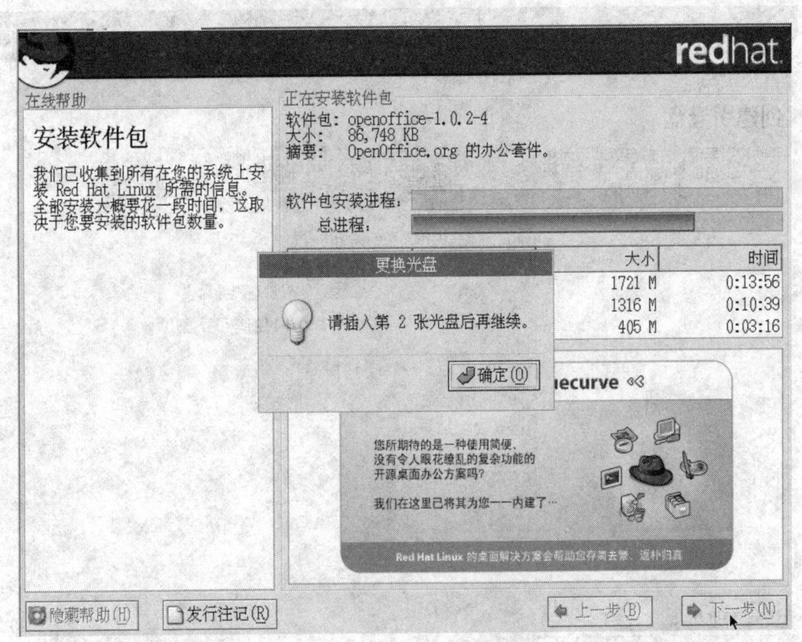

图 2-30 请求插入第 2 张盘界面

17）第 1 张光盘中要安装的内容已完成，提示插入第 2 张光盘，插入第二张光盘后单击“确定”后继续安装，到总进度到约 96%时，按提示换第 3 张光盘，完成后出现如图 2-31 所示界面。

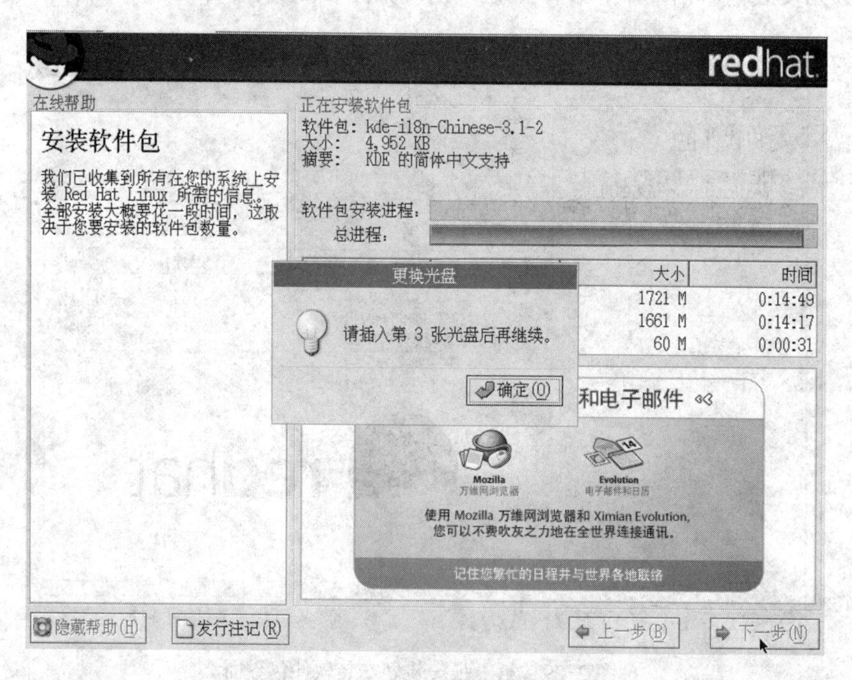

图 2-31　请求插入第 3 张盘界面

18）插入第 3 张盘继续安装，完成后出现如图 2-32 所示界面。

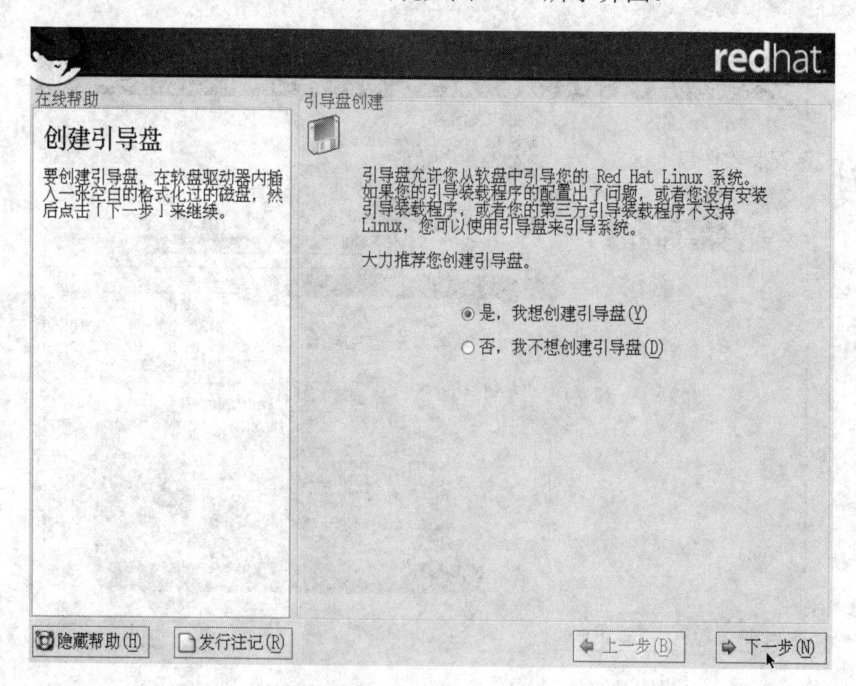

图 2-32　创建引导盘界面

3. 安装后的配置

安装后还有一些环境数据需要配置，其显示如图 2-32 所示界面，是否需要创建引导盘，用户可自行确定选择“是，我想创建引导盘”或者“否，我不想创建引导盘”。

1）这里选择“否，我不想创建引导盘”，然后单击“下一步”按钮，出现如图 2-33 所示界面。

图 2-33　图形化界面配置界面

2）核对安装程序检测的显卡型号是否与用户的真实显卡型号相同，如果不同请选择合适的型号，然后单击“下一步”按钮，出现如图 2-34 所示界面。

图 2-34　显示器配置界面

3）核对安装程序检测的显示器型号是否与用户的真实显示器型号相同，如果不同请选择合适的型号，然后单击“下一步”按钮，出现如图 2-35 所示界面。

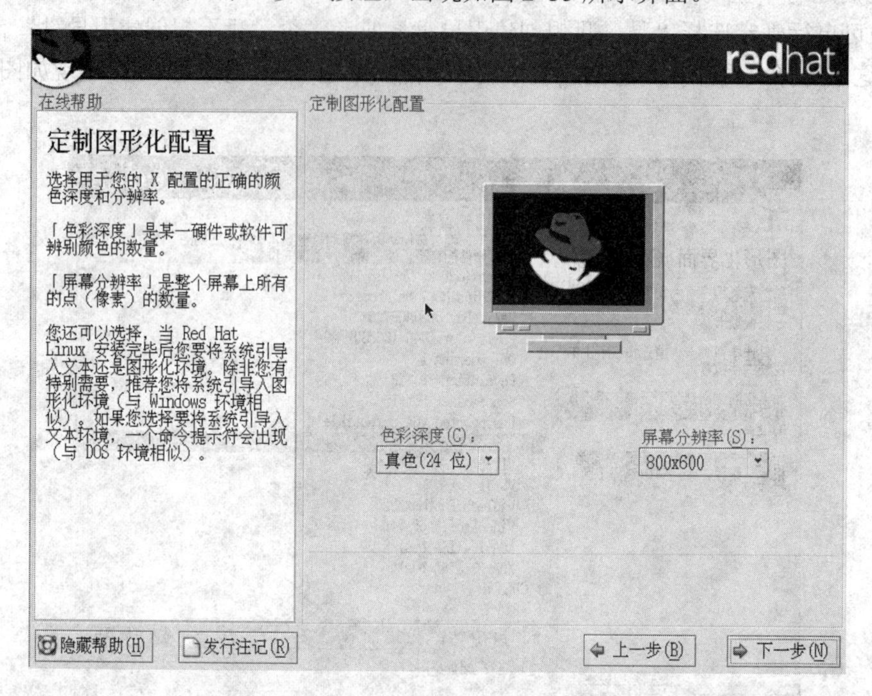

图 2-35　定制图形化配置界面

4）选择相应的“色彩深度”和“屏幕分辨率”选项，然后单击“下一步”按钮，出现如图 2-36 所示界面。

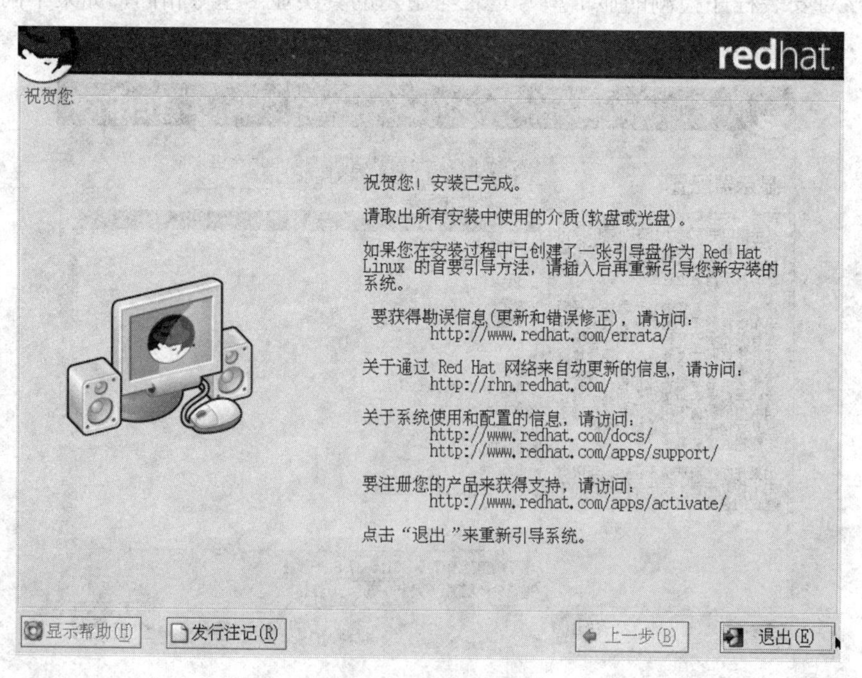

图 2-36　安装成功界面

5）安装已完成，取出光盘后单击“退出”按钮，系统将重新启动。重新启动后将首次出现启动选择菜单，则表示系统安装完成，如图 2-37 所示。

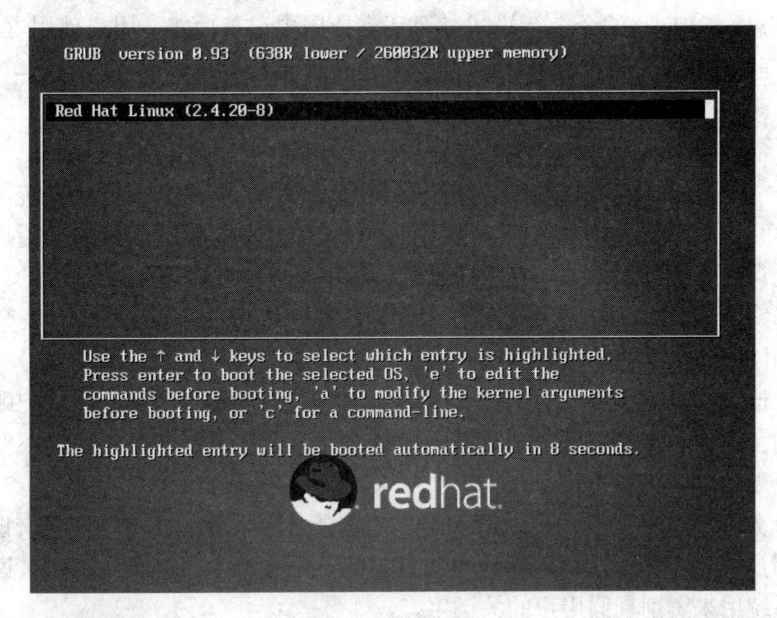

图 2-37　启动界面

2.4.2　Linux 的多重引导安装

用户既可以在整个硬盘上安装 Linux，也可以在已经安装有其他操作系统的硬盘上安装。安装后，Linux 操作系统与其他操作系统相互独立，可以分别启动。Linux 使用的磁盘空间必须和其他操作系统（如 Windows 操作系统）所用的磁盘空间分离。

Linux 支持多重引导，在计算机开机后用户可以选择启动不同的操作系统。目前 Linux 中实现多重引导的引导装载程序主要有 LILO 和 GRUB。

LILO（LInux Loader）是最早出现的 Linux 引导装载程序之一。早期的 Linux 发行版本中都以 LILO 作为引导装载程序。GRUB（GRand Unified Bootloader）比 LILO 晚出现。GRUB 不仅具有 LILO 的绝大部分功能，并且还拥有漂亮的图形化交互界面，方便的操作模式。因此，包括 Red Hat 在内的越来越多 Linux 发行版本转而将 GRUB 作为默认安装的引导装载程序。

GRUB 提供给用户交互式的图形界面，还允许用户定制个性化的图形界面。而 LILO 的旧版本只提供文字界面，在其最新版本中虽然已经有图形界面，但对图形界面的支持还比较有限。

LILO 通过读取硬盘上的绝对扇区来装入操作系统，因此每次改变分区后都必须重新配置 LILO。如果调整了分区的大小或者分区的分配，那么 LILO 在重新配置之前就不能引导这个分区的操作系统。而 GRUB 是通过文件系统直接把内核读取到内存的，因此只要操作系统内核的路径没有改变，GRUB 就可以引导操作系统。

GRUB 不但可以通过配置文件进行系统引导，还可以在引导前动态改变引导参数，动态加载各种设备。例如，刚编译出 Linux 的新内核，却不能确定其能否正常工作时，就可以在引导时动态改变 GRUB 的参数，尝试装载新内核。LILO 只能根据配置文件进行系统引导。

GRUB 提供强大的命令行交互功能，方便用户灵活地使用各种参数来引导操作系统和收集操作系统信息。GRUB 的命令行模式甚至还支持历史记录功能，用户使用〈↑〉〈↓〉键就能寻找到以前的命令，非常高效易用。而 LILO 就不能提供这种功能。

2.4.3 Linux 的启动、关机与登录

Linux 是一个多用户的操作系统，用户要使用该系统，首先必须登录系统，使用完系统后，必须退出系统。用户登录系统时，为了使系统能够识别自己，必须输入用户名和密码，经系统验证无误后方能进入系统。在系统安装过程中可以创建以下两种账号。

- Root：超级用户账号，使用这个账号可以在系统中做任何事情。
- 普通用户：这个账号供普通用户使用，可以进行有限的操作。

一般的 Linux 使用者均为普通用户，而系统管理员一般通过使用超级用户账号来完成一些系统管理的工作。如果只需要完成一些由普通账号就能完成的任务，建议不要使用超级用户账号，以免无意中破坏系统。

用户登录分两步进行：第一步，输入用户的登录名，系统根据该登录名来识别用户；第二步，输入用户的口令，该口令是用户自己设定的一个字符串，对其他用户来说是保密的，是在登录时系统用来辨别真假用户的关键字。

在 Linux 系统中，系统管理员在为用户建立新账号时赋给用户一个用户名和一个初始的口令。另外，Linux 系统给计算机赋予一个主机名。主机名用于在网络上识别独立的计算机（即使用户的计算机没有联网，也应该有一个主机名）。Red Hat Linux 系统给出的默认主机名为 localhost。在下面的例子中，用户假设超级用户名为“root”，普通用户名为“student”，系统的主机名为“localhost”。

1．Linux 系统的登录

（1）超级用户登录

超级用户的用户名为 root，密码在安装系统时已设定。系统启动成功后，屏幕显示下面的提示：

```
localhost login:
```

这时输入超级用户名“root”，然后按〈Enter〉键。此时，用户会在屏幕上看到输入口令的提示：

```
localhost login: root
password:
```

输入口令时，口令不会在屏幕上显示出来，是系统安全的另一保障，防止非法用户通过密码的位数进行猜测，在屏幕上不显示口令进一步增加了破解密码的难度。如果用户输入了错误的口令，就会在屏幕上看到下列信息：

```
login incorrect
```

这时需要重新输入。当用户正确输入用户名和口令后，就能合法进入系统。屏幕显示：

```
[root@localhost /root] #
```

此时说明该用户已经登录到系统中，可以进行操作了。这里“#”是超级用户的系统提示符，如图 2-38 所示。

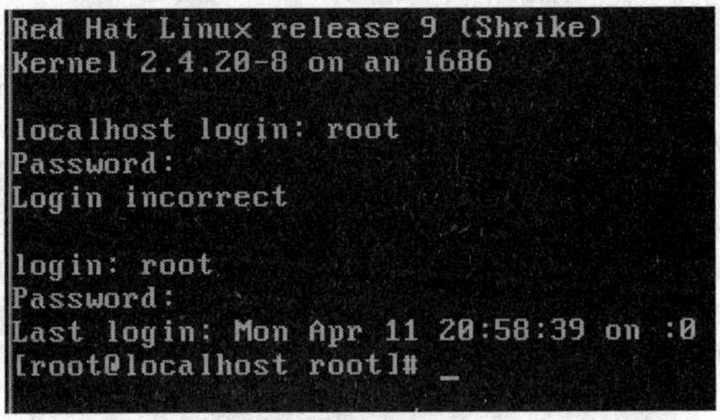

```
Red Hat Linux release 9 (Shrike)
Kernel 2.4.20-8 on an i686

localhost login: root
Password:
Login incorrect

login: root
Password:
Last login: Mon Apr 11 20:58:39 on :0
[root@localhost root]# _
```

图 2-38　超级用户登录界面

（2）普通用户登录

普通用户建立了普通用户账号以后，就可以进行登录了。在登录时，用户会在屏幕上看到类似下面的提示：

```
localhost login:
```

这时输入用户名“student”，然后按〈Enter〉键。此时，用户会在屏幕上看到输入口令的提示：

```
localhost login: student
password:
```

输入口令时，口令不会在屏幕上显示出来。如果用户输入了错误的口令，同样会在屏幕上看到下列信息：

```
login incorrect
```

这时需要重新输入。当用户正确输入用户名和口令后，就能合法进入系统。屏幕显示：

```
[student@localhost student] $
```

此时说明该用户已经登录到系统中，可以进行操作了。这里“$”是普通用户的系统提示符，如图 2-39 所示。

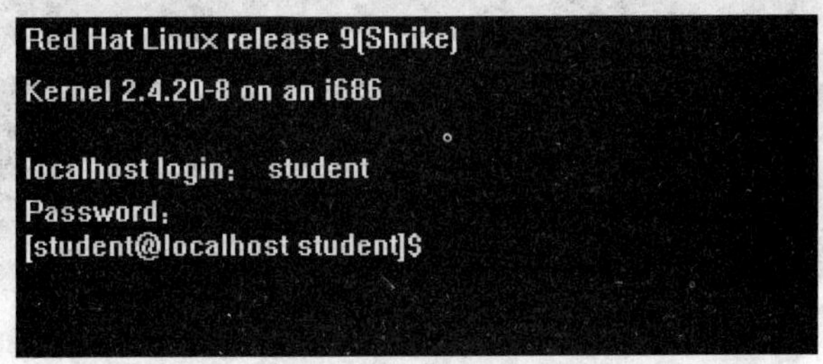

```
Red Hat Linux release 9(Shrike)
Kernel 2.4.20-8 on an i686

localhost login:  student
Password:
[student@localhost student]$
```

图 2-39　普通用户登录界面

2．Linux

不论是超级用户，还是普通用户，需要退出系统时，在 shell 提示符下，键入下列命令即可。下面以普通用户的退出为例，说明退出系统的过程。

```
[student@loclhost student] $ exit
```

还有其他退出系统的方法，但上面一种是最安全的。

3．关机与重启

（1）关机

```
#poweroff 或 init 0 或 shutdown  –h  now 或 halt
```

无论机器在使用哪一种操作系统，所谓的关机都不是粗暴地将电源关闭即可。特别是对 Linux 操作系统，由于采用的是磁盘高速缓冲存储技术，一些数据在系统繁忙时并没有保存到硬盘上，如果此时直接断电会造成数据的丢失，严重时甚至可以导致系统崩溃。这里 shutdown 命令是超级用户命令。

注意：shutdown 可以设置在预定时间关机，如果在预定时间内用户可以使用〈Ctrl+C〉组合键取消关机操作。

（2）重启

```
#reboot 或 init 6 或 shutdown  –r  now
```

如果在命令提示符下输入：shutdown –h now，结果如图 2-40 所示显示了关机过程。

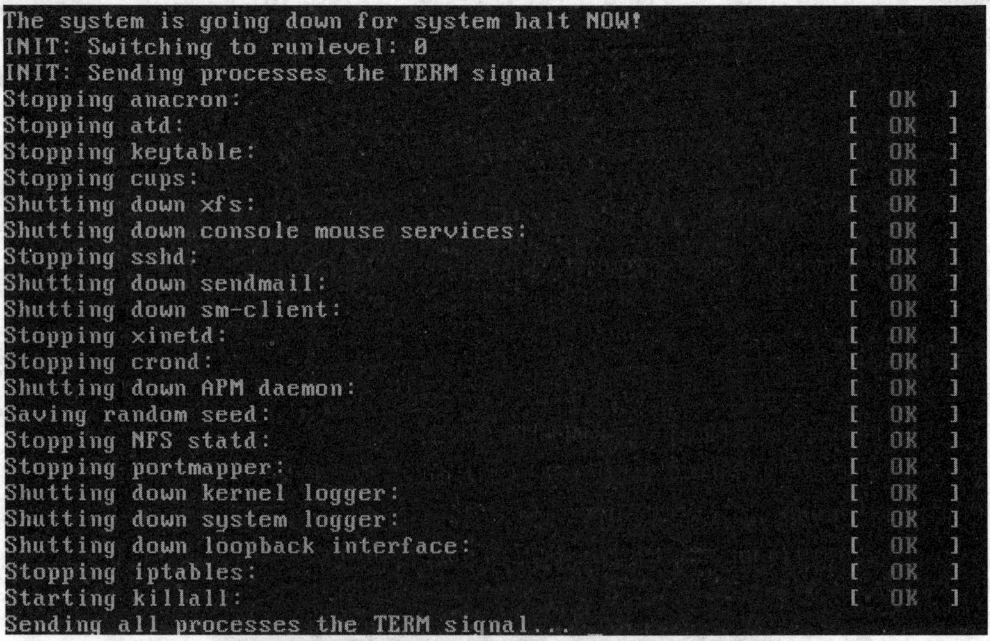

```
The system is going down for system halt NOW!
INIT: Switching to runlevel: 0
INIT: Sending processes the TERM signal
Stopping anacron:                                    [  OK  ]
Stopping atd:                                        [  OK  ]
Stopping keytable:                                   [  OK  ]
Stopping cups:                                       [  OK  ]
Shutting down xfs:                                   [  OK  ]
Shutting down console mouse services:                [  OK  ]
Stopping sshd:                                       [  OK  ]
Shutting down sendmail:                              [  OK  ]
Shutting down sm-client:                             [  OK  ]
Stopping xinetd:                                     [  OK  ]
Stopping crond:                                      [  OK  ]
Shutting down APM daemon:                            [  OK  ]
Saving random seed:                                  [  OK  ]
Stopping NFS statd:                                  [  OK  ]
Stopping portmapper:                                 [  OK  ]
Shutting down kernel logger:                         [  OK  ]
Shutting down system logger:                         [  OK  ]
Shutting down loopback interface:                    [  OK  ]
Stopping iptables:                                   [  OK  ]
Starting killall:                                    [  OK  ]
Sending all processes the TERM signal..._
```

图 2-40　shutdown 命令使用后执行过程界面

本章小结

本章主要介绍了 Linux 操作系统，包括对 Linux 操作系统的简单介绍，自由软件的定义以及相关术语，Linux 操作系统的组成、内核、特点、版本及发展历史等，Red Hat 的安装。通过本章的学习，读者对 Linux 操作系统的基本功能、基本操作以及系统内核、特点等知识要有一定的了解与掌握，同时应掌握 Red Hat 的安装。

思考题与实践

自行练习 Linux 操作系统（RedHat）的安装、启动与退出等操作。

第 3 章　Linux 图形环境

Linux 系统不但为用户提供了基于文本的命令界面，还提供了图形界面，使系统功能更加直观，操作起来更为便捷。

3.1　X Window 图形界面概述

X Window 为 Linux 提供美观易用的图形化操作平台，是 UNIX/Linux 操作系统图形化用户界面的标准，目前绝大多数在计算机上运行的 Linux 操作系统基本都是 X Window 的某个版本，Red Hat Linux 9.0 采用的是 XFree86-4.3.0-2 版本。

1．X Window 的基本原理

X Window 和 Windows 都提供图形化用户界面，在使用上较为相似：可以处理多个窗口，可以通过鼠标、键盘等建立级联菜单、窗体和对话框等。但在结构上两者完全不同：X Window 本身并不是一个操作系统，而是一个采用客户机/服务器模式，定义图形操作环境的标准。简而言之，X Window 只是操作系统的一部分。X Window 主要由 3 部分组成：X 服务器（X Server）、X 客户机（X Client）与 X 协议（X Protocol），其工作模式如图 3-1 所示。

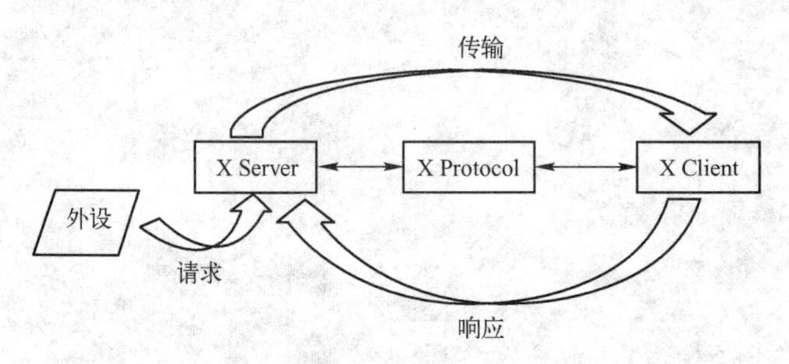

图 3-1　X Window 的工作模式

（1）X 服务器

X 服务器是 X Window 系统的核心，主要负责接收来自输入设备（如键盘、鼠标等）的信息，并控制结果的屏幕显示（如分辨率、刷新率和颜色等）。X 服务器必须在 X 客户机的请求下才会进行响应，创建窗口，并在窗口中显示图形和文字。

📖 注意：每一套显示设备只对应唯一的一个 X 服务器。

（2）X 客户机

在图形化用户界面下运行的应用程序都是 X 客户机（因为它是 Server 的客户），主要负责运行由 X 服务器所接收的用户的输入信息。X 客户机会根据用户的需求运行，运行结束后再发出相应的请求给 X 服务器，然后由 X 服务器负责显示最终执行结果。

（3）X 协议

X 协议是 X 服务器与 X 客户机之间通信的一套协议。只有借助 X 协议，X 客户机与 X 服务器才能相互交换信息。X 协议支持目前常用的网络通信协议（如 TCP/IP、DECnet 等），能在本地系统和网络实现这个协议。

X 服务器和 X 客户机之间的通信方式可分为以下两类。

- 采用传统的窗口系统工作方式：X 服务器和 X 客户机在同一台计算机上运行，两者之间通过计算机的内部通信机制来进行信息传递。
- 采用 X Window 特有的工作方式：X 服务器和 X 客户机分别在不同的计算机上运行，两者之间通过 TCP/IP 等网络协议来进行通信。充分发挥 X 服务器在显示上的优势以及网络计算的优势。

注意：采用 X Window 特有的工作方式时，系统的显示功能与应用程序的执行功能分别由不同的计算机来承担。

X Window 系统的特点包括如下几点。

- X Window 系统采用 C/S 网络结构，具有网络操作的透明性。
- 支持多种不同风格的操作界面，个性化服务良好。
- X Window 系统不内嵌于某一个操作系统。
- X Window 系统是开源项目。

2．桌面环境

桌面环境为用户管理系统、配置系统、运行应用程序等提供了统一的操作平台，使 Linux 操作系统更具整体感、功能完善。目前 Linux 操作系统上最常用的桌面环境有两个：GNU 网络对象模型环境（GNU Network Object Model Environment，GNOME）和 K 桌面环境（K Desktop Environment，KDE）。

GNOME 基于 Gtk+图形库，采用 C 语言开发，但也存在一些其他语句的绑定使得能够使用其他语言编写 GNOME 应用程序，例如 C++、Java、Ruby、C#、Python、Perl 等。而 KDE 基于 Qt3 图形库，采用 C++语言开发。基于这两大桌面环境开发了大量的应用程序，通常以“G”开头的应用程序是在 GNOME 桌面环境下开发的，如 gedit、GIMP，而以“K”开头的应用程序是在 KDE 桌面环境下开发的，如 Kmail、Konqueror。这些应用程序若没有冲突均可在两种桌面环境下运行。

目前大多数 Linux 发行版本都同时包括上述两种桌面环境，以供用户选择。Red Hat Linux 9.0 系统默认安装使用的 X 窗口界面就是 GNOME（从 GNOME 的 Web 站点 www.gnome.org 上可以直接获得它的源代码）。用户也可以自行选择使用 KDE 桌面环境。

3.2 GNOME 图形环境

GNOME 是 GNU 计划的一部分，开放源码运动的一个重要组成部分，是一种让使用者容易操作和设定计算机环境的工具。目标是基于自由软件为 UNIX 或者类 UNIX 操作系统构造一个功能完善、操作简单以及界面友好的桌面环境，它是GNU计划的正式桌面。

3.2.1 GNOME桌面环境简介

GNOME 桌面环境的工作方式与微软的 Windows 操作系统工作方式基本一致，用户可以利用鼠标打开文件夹或应用程序，可以把文件程序的图标进行拖放，可以改变大部分工具和应用程序的外观，还可以使用系统提供的配置工具来进行系统的个性化设置。它主要由 3 部分组成：系统面板、主菜单和桌面，如图 3-2 所示。

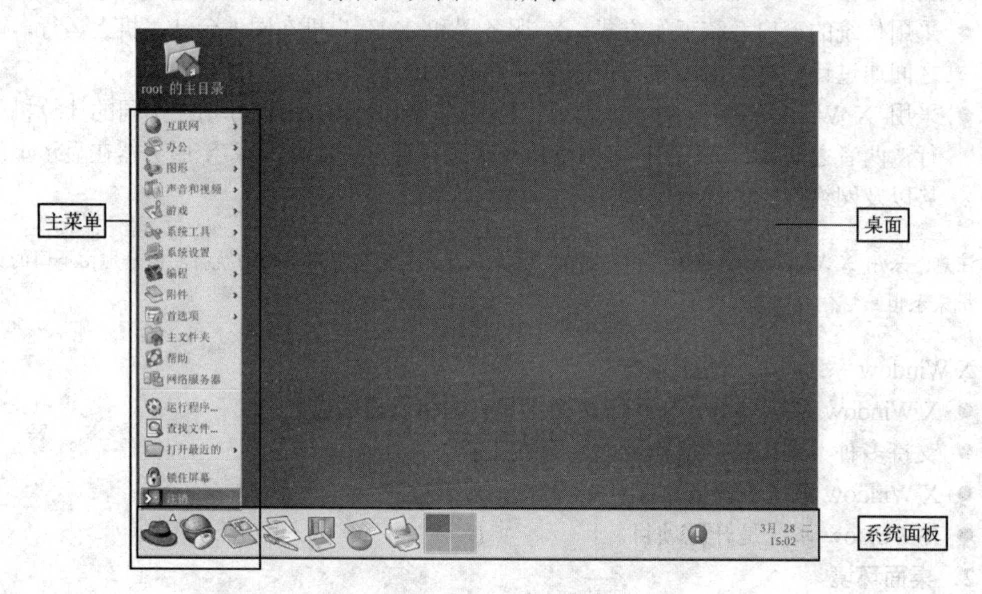

图 3-2　GNOME 桌面环境

1）桌面：可放置多个图标和窗口，是图形界面下用户的工作空间，用户可以通过双击桌面上的图标打开某一应用程序。

2）主菜单：主菜单与 Windows 中的“开始”菜单类似，包含各种应用程序和管理工具的快捷图标。

3）系统面板：简称面板，与 Windows 窗口中的任务栏作用类似，包含了一些常用的应用程序的图标，用户可以手工添加与删除这些应用程序。

3.2.2 GNOME桌面中的菜单系统

GNOME 图形化桌面环境中的菜单系统包括 3 部分，每一项功能都可以通过鼠标停留若干秒后显示其具体功能，如图 3-3 所示。

1．“应用程序”分类栏

GNOME 桌面的主菜单中分为 3 部分，第一部分包括许多常用应用程序组，如互联网、办公、游戏、图形等。

办公选项如图 3-4 所示。该项中包含了办公处理的各类应用程序：更多办公程序、Dia 图表电子表格（Calc）、绘图（Draw）、电子演示文稿（Impress）、公式编辑器（Math）、文字处理器（Writer）以及打印机设置等，与微软的办公套件（Microsoft Office）基本一致。

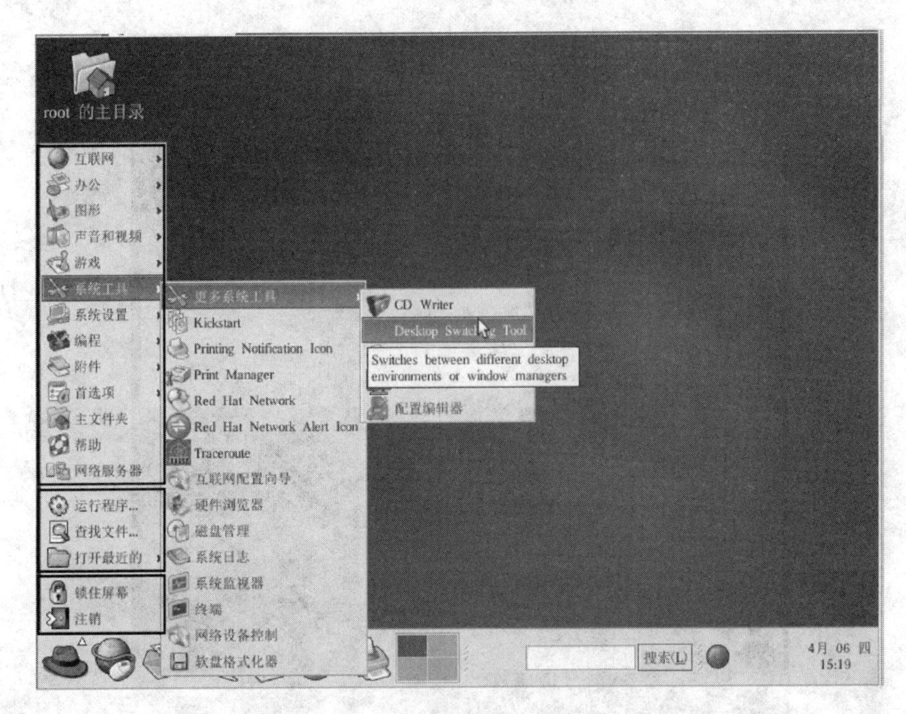

图 3-3　GNOME 桌面菜单项显示

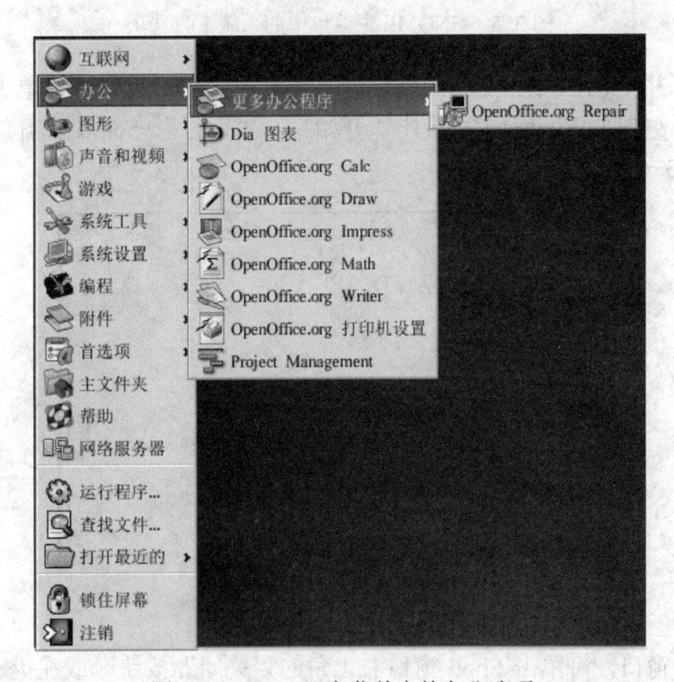

图 3-4　GNOME 主菜单中的办公选项

系统工具选项如图 3-5 所示。系统工具选项中包含了大部分 Linux 操作系统的工具：磁盘管理、系统日志以及网络设备控制等。

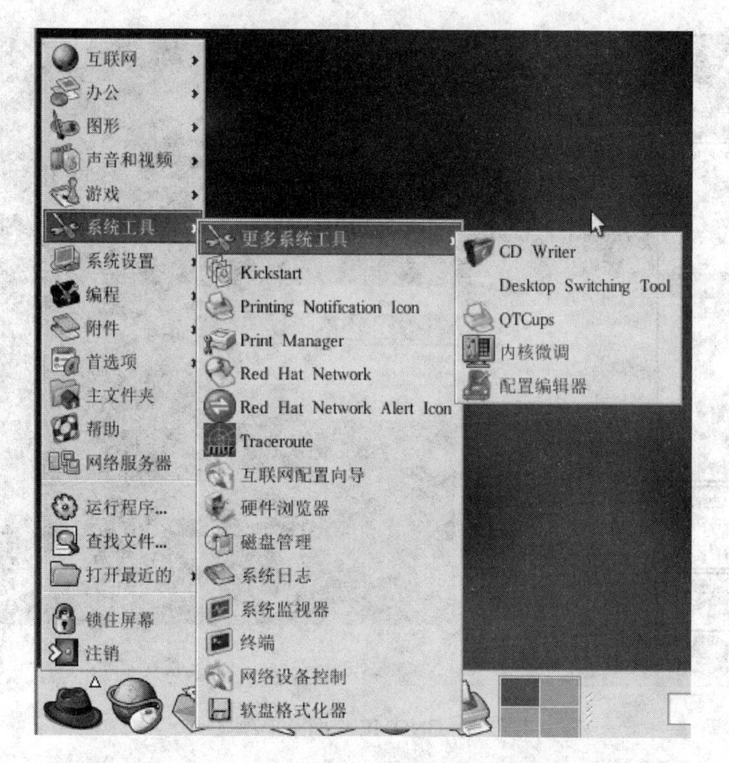

图 3-5　GNOME 主菜单中的系统工具选项

Linux 环境下用户仍然可以使用命令行模式来进行操作，具体可以单击“系统工具”下的子菜单“终端”（类似 Windows 系统中“开始”→“运行”→cmd 打开的命令窗口）打开 Shell 窗口，如图 3-6 所示。

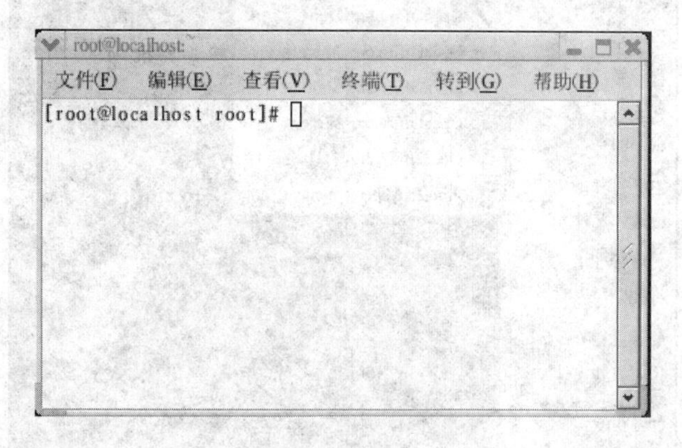

图 3-6　Shell 窗口

要退出 Shell 窗口，可单击 Shell 窗口右上角的“关闭”按钮，或在提示行中输入 exit，以及按〈Ctrl+D〉组合键，这 3 种方法均可退出。用户也可以根据需求将此 Shell 窗口放置到桌面或面板上（在“终端”选项处单击鼠标右键弹出快捷菜单，进行终端设置），以后单击桌面或面板上的终端图标就可以快速启动它，如图 3-7 所示。

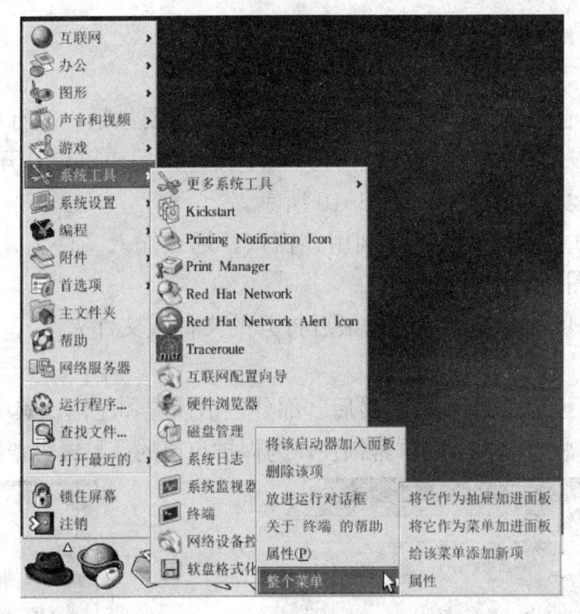

图 3-7 终端窗口的设置

单击“系统设置”选项可对 Red Hat Linux 9.0 系统进行一些相关的设置：如鼠标、网络、语言以及安全级别等（类似 Windows 系统中打开控制面板所做的一些操作），如图 3-8 所示。

单击“附件”选项，里面包含一些系统常用的小应用程序：打印管理器、文件打包器以及计算器等，如图 3-9 所示。

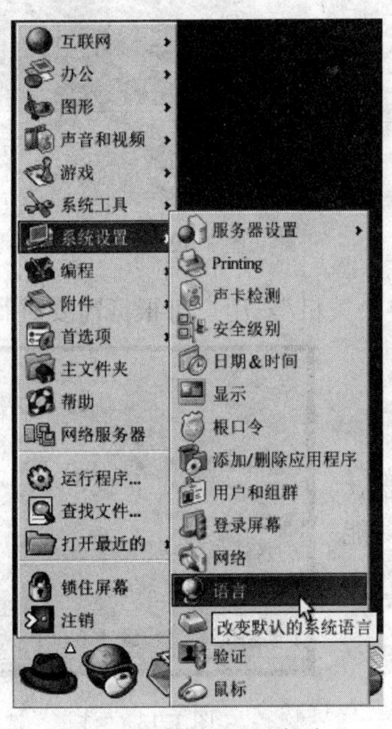

图 3-8 “系统设置”选项

图 3-9 “附件”选项

其他一些选项，比如“首选项”“主文件夹”“游戏”以及“网络服务器”等在这里就不一一介绍了，读者可自行打开进行练习，熟知其功能。

2．应用程序运行、查找

单击“主菜单”，在弹出的子菜单中的第 2 部分，主要包括“运行程序”“查找文件”以及“打开最近的”等。其中“运行程序”打开一个窗口，用户可以打开一个自己想运行的应用程序，然后单击“运行”按钮，如图 3-10 所示。

“查找文件”选项主要是帮助用户利用该窗口，通过输入文件名、文件所在路径等信息进行文件的检索，如图 3-11 所示。

“打开最近的”选项主要是显示当前最近打开的文件或文件夹。

3．锁屏与注销

在单击“主菜单”弹出菜单项时，最后一部分包括锁屏和注销，其中锁屏选项能够保证在用户离开自己机器时，将自己机器的屏幕锁住，为保护自己的信息提供帮助，如图 3-12 所示。

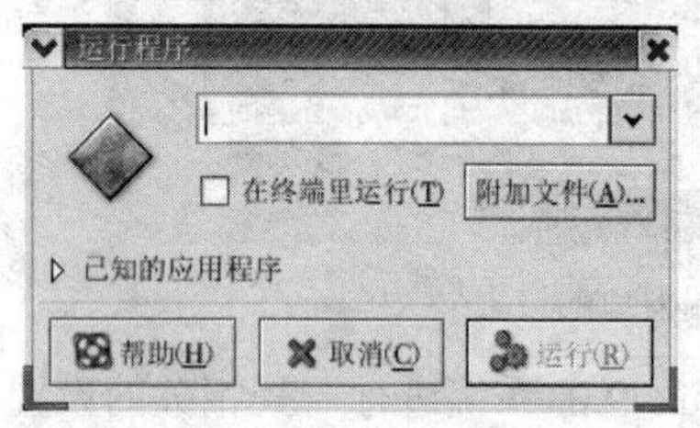

图 3-10 “运行程序”选项

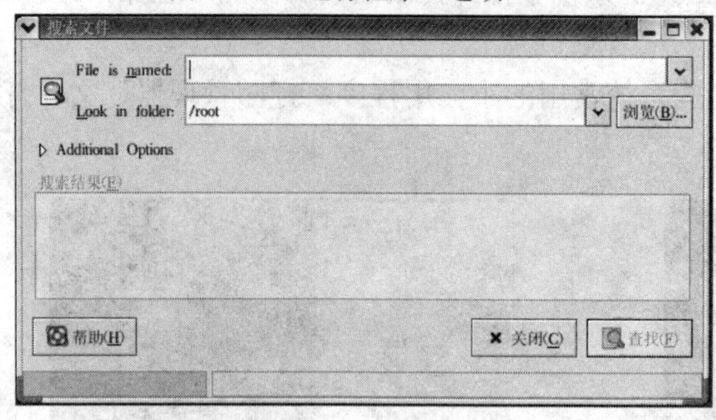

图 3-11 “查找文件”选项

图 3-12 “锁住屏幕”选项

“注销”选项其功能相当于 Windows 系统中“关机”，用户可根据需要进行“注销”“关机”以及“重新启动”选择，如图 3-13 所示。

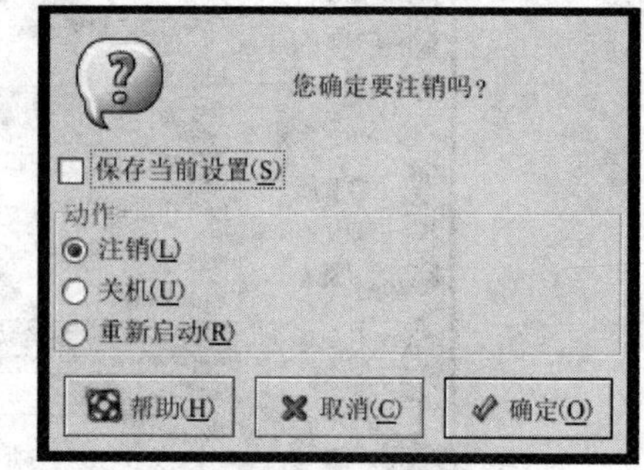

图 3-13 “注销”选项

3.2.3 使用 Nautilus 文件管理器

GNOME 桌面环境包括一个 Nautilus 文件管理器，其功能类似 Windows 中的资源管理器。其主要功能如下。

- 创建文件夹和窗口。
- 以不同方式、确定特定位置打开文件。
- 运行脚本和启动应用程序。
- 定制文件和文件夹的外观。
- 搜索和管理文件。

● 写数据到 CD。
● 对文件进行相关操作。
● 添加书签。

Nautilus 不仅能以图形的方式显示本地或远程计算机的文件和文件夹信息，而且还提供给用户一个综合界面来配置桌面、系统等。打开 Nautilus 文件管理器有两种方法，一种是通过双击“从这里开始”图标，弹出应用程序窗口，双击“主文件夹”，弹出一窗口，如图 3-14 所示。另一种是从主菜单中选择“主文件夹”菜单项启动 Nautilus，如图 3-15 所示。

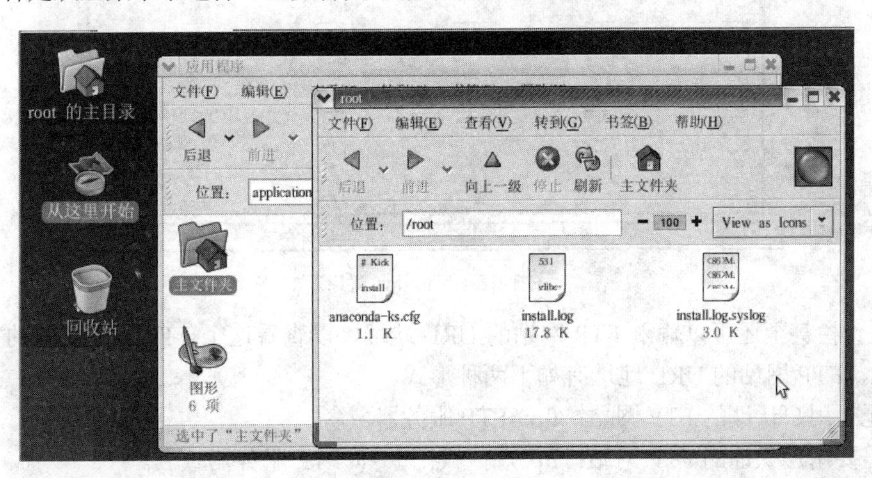

图 3-14 “从这里开始”打开 Nautilus 文件管理器

按照 Nautilus 的默认设置，文件和文件夹均以图标方式显示，而图像文件的图标显示该图像的缩略图，而文本文件的图标则显示文本的开头内容。

1．Nautilus 的窗口

Nautilus 的窗口主要由 5 部分组成，第一部分为菜单栏，包括 Nautilus 文件管理器的所有功能；第二部分为 Nautilus 文件管理器的工具栏，包括后退、前进、向上一级等；第三部分由位置栏、显示比例按钮、显示方式按钮部分组成；Nautilus 窗口的第四部分为文件和文件夹显示区，第五部分为状态栏。如图 3-16 所示。

（1）位置栏

位置栏所显示的是正在浏览的目录路径。用户可以根据需要自行输入其他目录名称，并按〈Enter〉键即可查看指定目录下的文件和文件夹。但需要注意的是，对于普通用户来说，用户只能查看自己拥有权限的那些目录和文件，若用户想访问没有权限的文件或文件夹，则会提示“禁止访问”的提示信息，这也是 Linux 系统安全性的一个体现。

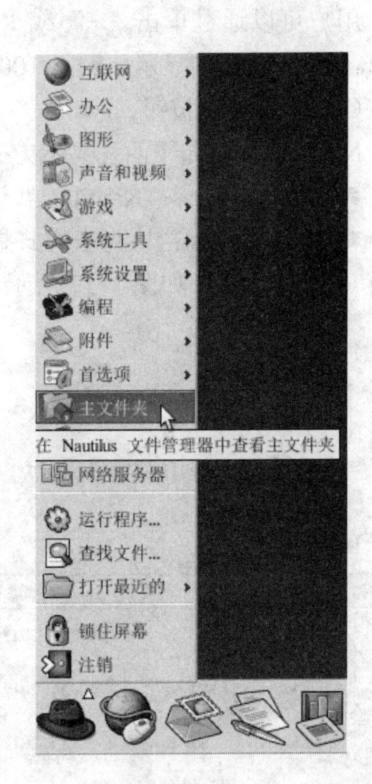

图 3-15 从主菜单打开 Nautilus 文件管理器

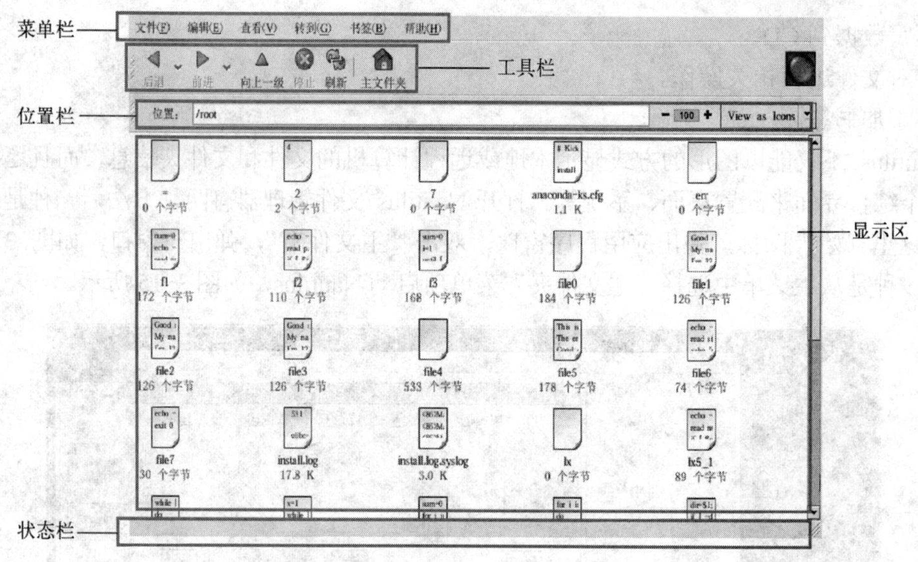

图 3-16　Nautilus 窗口

在位置栏甚至还可以输入 FTP 网站的 URL 地址，以查看这个 FTP 服务器下的文件和目录等信息，FTP 网站的 URL 地址有如下两种形式。

- 无须用户认证的 FTP 网站：ftp://FTP 服务器域名。
- 需要用户认证的 FTP 网站：ftp://用户名:口令@FTP 服务器域名。

（2）显示比例按钮

用户可以通过单击“+”或“-”，调整主视图窗口的显示比例。显示比例可在 25%～400%变化，默认的显示比例是 100%。

（3）显示方式按钮

Nautilus 提供如下两种显示方式。

- View as Icons：Nautilus 默认的显示方式，以图标方式显示文件。
- View as List：以列表方式显示文件，包括文件名、文件大小、文件类型和修改日期 4 部分信息，如图 3-17 所示。

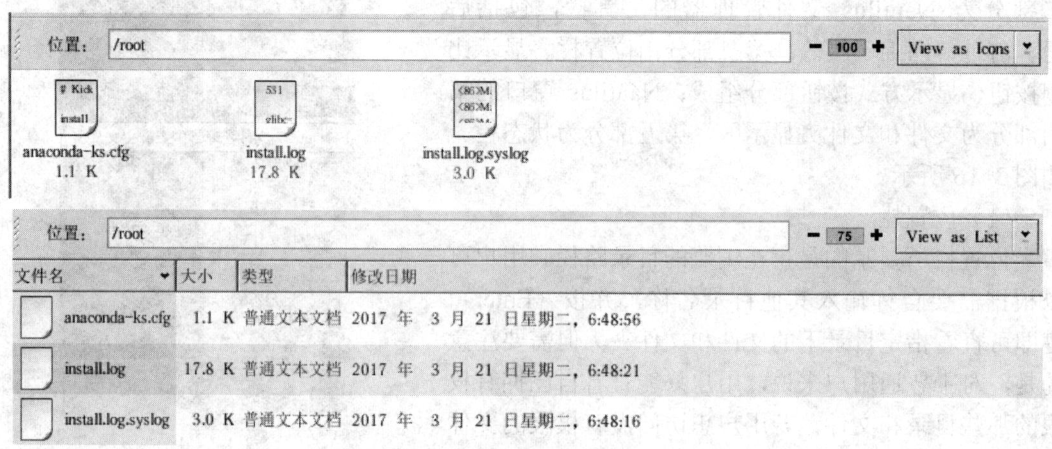

图 3-17　文件的显示方式

文件的视图属性、行为、图标以及预览等情况可以通过单击“主菜单”→“首选项”→“文件管理”命令，打开“文件管理首选项”对话框，用户可根据个人习惯进行设置，如图 3-18 所示。

2．Nautilus 窗口的查看功能

（1）侧栏

选择“查看”→“侧栏”菜单命令，则在屏幕的左侧出现侧栏，其主要作用是为文件或文件夹提供快速、便捷的操作，如图 3-19 所示。

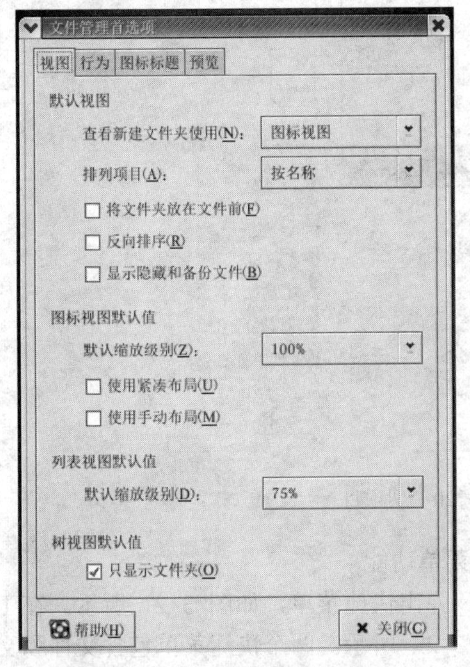

图 3-18 “文件管理首选项”对话框

图 3-19 侧栏界面

侧栏的显示方式包括以下几种。

- 信息：显示当前文件夹的信息。
- 历史：显示最近浏览过的文件和文件夹列表。
- 徽标：显示可供使用的部分徽标。拖动徽标到文件或文件夹图标就为文件或文件夹设置徽标。一个文件或文件夹可拥有多个徽标。

注意：徽标是 Nautilus 文件管理器特有的一种文件属性，其附加出现在文件和文件夹图标上，以表示文件和文件夹的特性。

- 树：显示整个 Linux 系统的目录树结构。
- 注释：显示文件和文件夹的注释信息。注释信息也是 Nautilus 文件管理器中特有的一种文件属性。

（2）文件显示按钮

可以通过单击“放大”“缩小”和“普通大小”等外观设置，来显示文件名。

（3）文件排列属性

当以列表方式显示文件时，Nautilus 默认按照文件名对文件和文件夹进行排序，单击文件属性按钮可改变文件和文件夹的排序标准，再次单击则按照反方向进行排序。

当以图标方式显示文件时，使用“查看”菜单的“排列项目”子菜单也可改变文件和文件夹的排序标准，并且还能让文件和文件夹按照徽标类型进行排序，如图 3-20 所示。

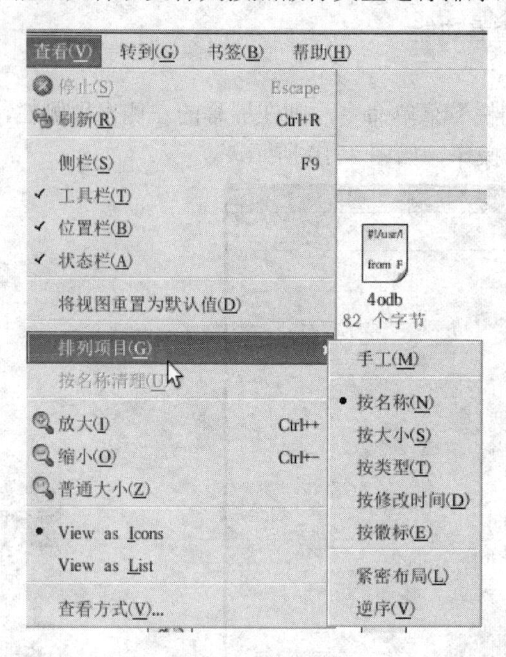

图 3-20　列项目

3．Nautilus 的文件、编辑菜单和快捷菜单功能

在某一文件或文件夹上单击鼠标右键，弹出快捷菜单，如图 3-21 所示。在工作窗口的空白处单击鼠标右键，弹出快捷菜单如图 3-22 所示。两个快捷菜单包含文件和文件夹基本操作的相关菜单命令，与菜单栏中的命令功能相同。

图 3-21　文件或文件夹右键快捷菜单

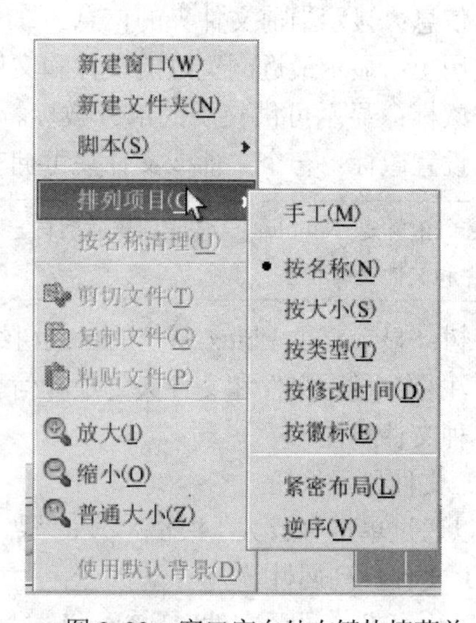

图 3-22　窗口空白处右键快捷菜单

利用 Nautilus 的菜单栏或者快捷菜单，可轻松地对文件进行各种操作：打开、复制、粘贴、剪切以及就地复制、创建链接、各种显示等。

4．Nautilus 的转到功能

Nautilus 的转到菜单可以使用户方便、快捷地在不同目录中切换，如图 3-23 所示。

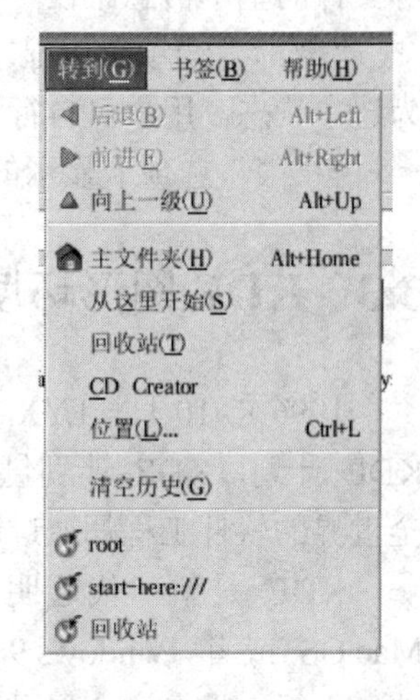

图 3-23　Nautilus 的转到菜单

5．Nautilus 的书签功能

利用 Nautilus 文件管理器的书签功能，用户可以将常用的文件夹加以记录，便于日后打开。添加书签时，首先打开需要标记的文件夹，然后单击“书签”菜单中的“添加书签”子菜单即可，如图 3-24 所示。访问被标记的文件夹时，只要在“书签”菜单中选择。在“书签”菜单中选择“编辑书签”子菜单可以在弹出“编辑书签”对话框，对书签进行修改（如书签名称、书签所代表的文件夹路径、删除指定的书签等），如图 3-25 所示。

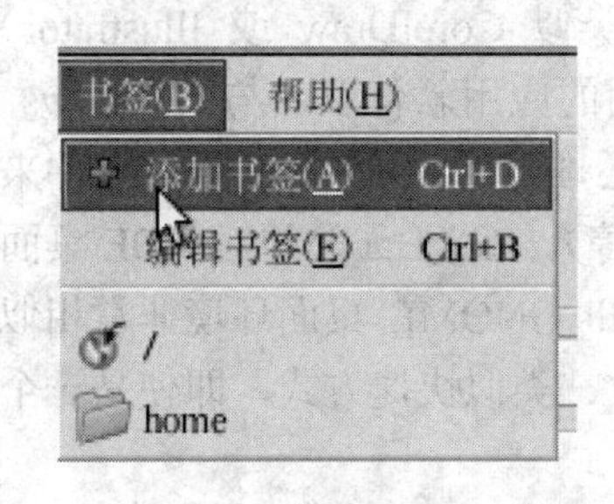

图 3-24　Nautilus 的添加书签菜单

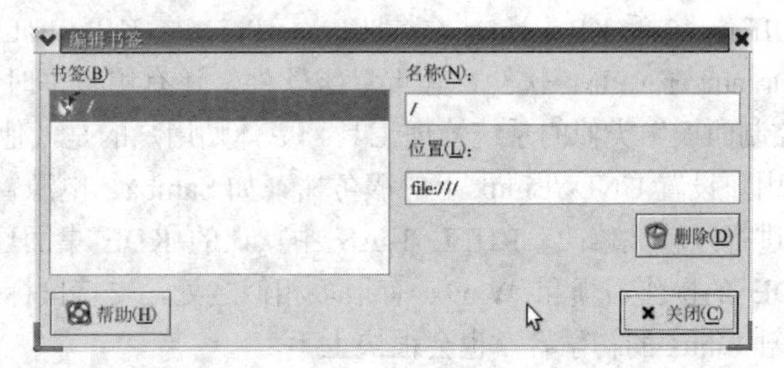

图 3-25　Nautilus 的“编辑书签”对话框

6．修改文件的属性

打开某一文件的快捷菜单或者选择“文件”菜单→“属性”命令，将出现文件属性窗口，如图 3-26 所示。

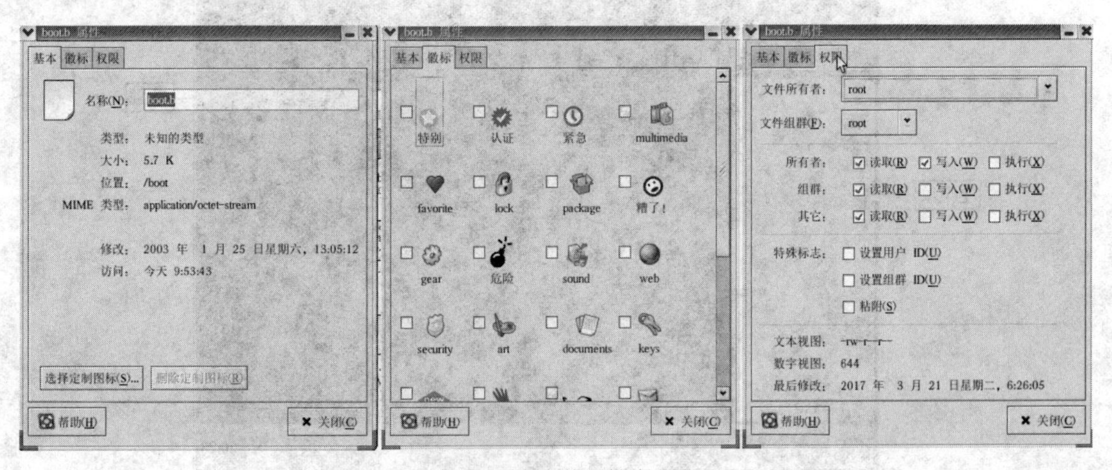

图 3-26　文件属性窗口

“基本”选项卡中显示文件名、文件类型、大小、存放位置、最后修改时间和访问时间等文件的基本信息。在“基本”选项卡中用户可以修改文件的名字及其图标。

“徽标”选项卡中显示的是该文件可添加的徽标，目前该文件正在使用的徽标前复选框为选中状态，用户可自行添加或删除徽标。

“权限”选项卡显示的是该文件的权限信息，用户可以根据需要自行设置文件权限。

3.3 KDE 图形环境

1996 年 10 月，LYX（所见即所得的 LaTeX 文字处理器）的开发者 Matthias Ettrich 发起 KDE 计划，KDE 计划包括定义标准的拖放机制、统一的应用程序框架结构等，现在分布于全世界的软件工程师通过网络合作编写和维护 KDE。

KDE 是新一代透明的网络桌面环境，它的目标是为 UNIX 工作站提供一个类似于 Mac OS 或者 Windows 9x/NT 的简单、易用的操作环境，它由一个窗口管理器、文件管理器、面板、控制中心以及其他组成。目前，它已经发展成为一个成熟的桌面操作环境，KDE 拥有大量的为 UNIX 工作站开发的应用软件，KFM（类似于 IE4.0 的浏览器）、办公套件 KOffice 包括 KPresenter（类似 PowerPoint）、KIllustrator（类似 CorelDraw 或 Illustrator）、KOrganizer（PIM 软件）等重量级软件，还有用户平时常用的应用软件以及与 Windows 的“控制面板”类似的系统管理工具。更体贴用户的是，他们还推出了大量 GUI 设定软件来帮助用户设置 UNIX/Linux 上的服务器（如 Samba、电源管理等）。Red Hat 公司对 KDE 桌面环境进行过较大修改，RHEL 3 AS 中默认的 KDE 桌面环境和 GNOME 桌面环境非常相似。KDE 的操作习惯和 Win9x 有很多相似之处，支持鼠标拖放、类似快捷方式，即使是一个刚接触 Linux 的初学者，也会很快上手。

3.3.1 KDE 桌面环境的组成

KDE 桌面环境由系统面板、主菜单和桌面 3 部分组成，如图 3-27 所示。

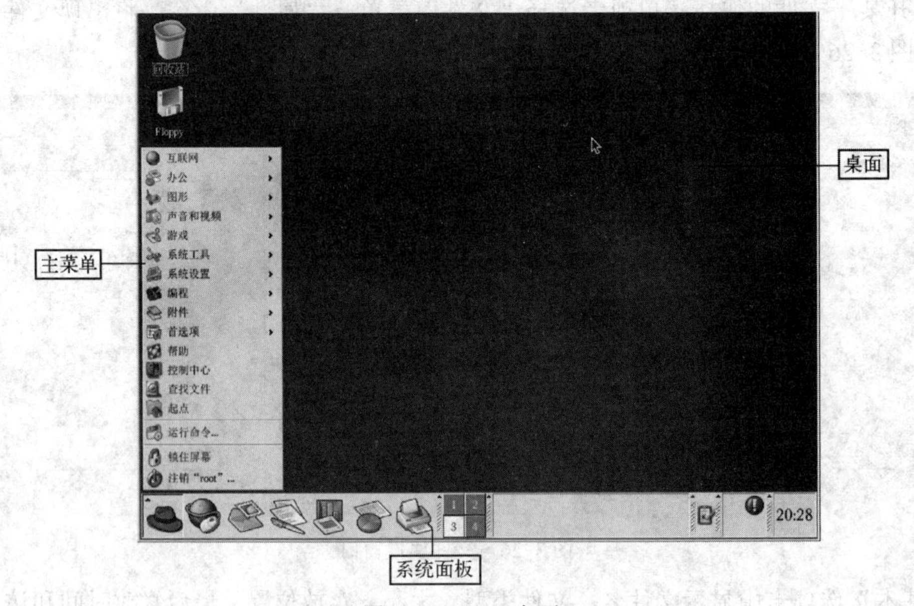

图 3-27 KDE 桌面

1．KDE 面板

KDE 面板与 GNOME 面板基本相同，但工作区切换器、通知区域和系统时间部分的风格略有差异。KDE 面板上还多出一个剪贴板工具图标，双击可查看剪贴板的内容。

2．KDE 主菜单

KDE 主菜单中部分菜单项的名称与 GNOME 主菜单不同，例如：GNOME 主菜单的"主文件夹"在 KDE 主菜单称为"起点"，GNOME 主菜单的"运行程序"在 KDE 主菜单称为"运行命令"。KDE 还将经常使用的应用程序图标放在主菜单的最上端，KDE 主菜单有"控制中心"菜单项，而没有 GNOME 主菜单的"网络服务器"菜单项和"打开最近的"子菜单。

打开 KDE 主菜单的子菜单还会发现部分菜单项也跟 GNOME 桌面环境不同。

3．KDE 桌面

KDE 桌面图标与 GNOME 桌面图标也基本相同，用户主目录图标在 KDE 桌面称为"起点"。另外，默认情况下只要计算机安装有软盘驱动器，而不管软盘是否挂载成功，KDE 桌面都出现一个名字为"floppy"的图标。

另外，单击 KDE 主菜单的"注销"命令将弹出对话框。单击"注销"按钮将关闭桌面环境，显示用户登录画面。然后利用登录画面上的"重新引导"或"关机"，用户才能重新启动或关闭。

3.3.2 KDE 的文件管理器

Konqueror 是 KDE 的文件管理器，单击"主菜单"，在弹出菜单中选择"系统工具"→"更多系统工具"→"文件管理器"命令，可以打开 Konqueror 窗口，如图 3-28 所示。

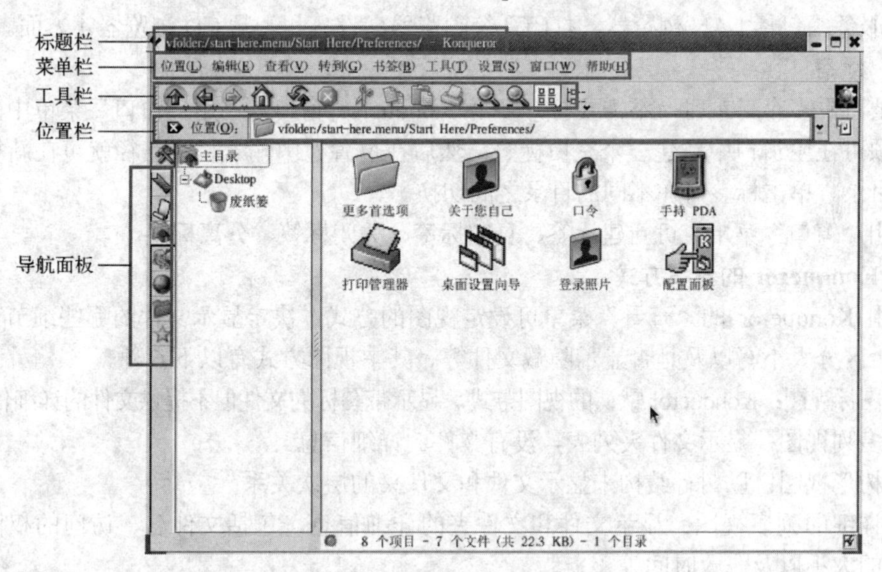

图 3-28 Konqueror 窗口

1．Konqueror 的窗口

Konqueror 的窗口主要包括以下几部分。

（1）标题栏

标题栏显示了 Konqueror 的路径。标题栏右上角的 3 个按钮分别是“最小化”“最大化”/“还原”和“关闭”。含义与用户常见的窗口中的 3 个按钮功能是一样的。

（2）菜单栏

菜单栏中显示该文件管理器的全部功能，菜单的操作方式一般有 3 种：直接执行一个命令，打开一个对话框进行操作，弹出子菜单。

（3）工具栏

为了提高操作的速度，一般会将菜单栏中经常使用的菜单项功能以图标的形式显示在工具栏中，可以使操作快速简洁。

（4）位置栏

位置栏中显示正在浏览的目录路径，格式为 file:/目录路径名。在位置栏输入 FTP 网络的 URL 地址，Konqueror 就会显示 FTP 服务器中的文件和文件夹。而如果输入 WWW 网络的 URL 地址，Konquerorj 就发挥网页浏览器的功能，可浏览网页的内容。

（5）导航面板

导航面板使 Konqueror 中文件的存取更加简洁、方便，导航面板默认的位置是在窗口的左侧，主要包括以下几部分。

- 书签：显示书签列表。
- 历史：显示用户浏览文件夹、文件和网页的历史信息。
- 主目录：显示用户的个人主目录。
- 网络：显示部分 KDE 提供的网站 URL 信息。
- 根目录：显示整个 Linux 系统的根目录。
- 服务：包括 LAN 浏览器，打印系统浏览器、设备和音频 CD 浏览器 4 方面。

（6）标签

当要查看多个目录时，不需要打开多个 Konqueror 窗口。利用“窗口”菜单中的“新建标签”项可在主窗口中新建一个空白标签，然后在位置栏中输入目录路径就可在新标签中打开一个目录。单击标签可在不同的目录之间切换。

利用“窗口”菜单，可新建标签、复制标签、关闭标签、分离标签。

2．Konqueror 的查看方式

利用 Konqueror 的“查看”菜单可设定视图的方式，决定显示文件的哪些细节信息，排序时是否区分大小写以及是否显示隐藏文件等。其中视图方式有以下 6 种。

- 图标视图：Konqueror 默认的视图方式，显示带图标的文件但不提供文件的详细信息。
- 多列视图：显示文件夹列表，没有文件的详细信息。
- 树形视图：以树行结构来显示文件和文件夹的层次关系。
- 详细的列表视图：显示文件和文件夹的详细信息，包括文件名、访问的权限、文件的大小以及修改时间等。
- 信息列表视图：仅显示文件和文件夹名，并可按照文件的相关信息排序。
- 文字视图：无任何图标，以文字方式显示文件和文件夹的详细信息。

3．Konqueror 的窗口形式

利用 Konqueror 的“窗口”菜单可设定窗口的显示形式，还可以显示终端运行窗口。

3.3.3 KDE 控制中心

单击 KDE 主菜单的“控制中心”，启动 KDE 控制中心。KDE 控制中心好比 Windows 的控制面板，用以查看系统信息和对系统进行综合配置。实际上在 KDE 中能进行比 GNOME 更多的桌面环境设置。其界面如图 3-29 所示。

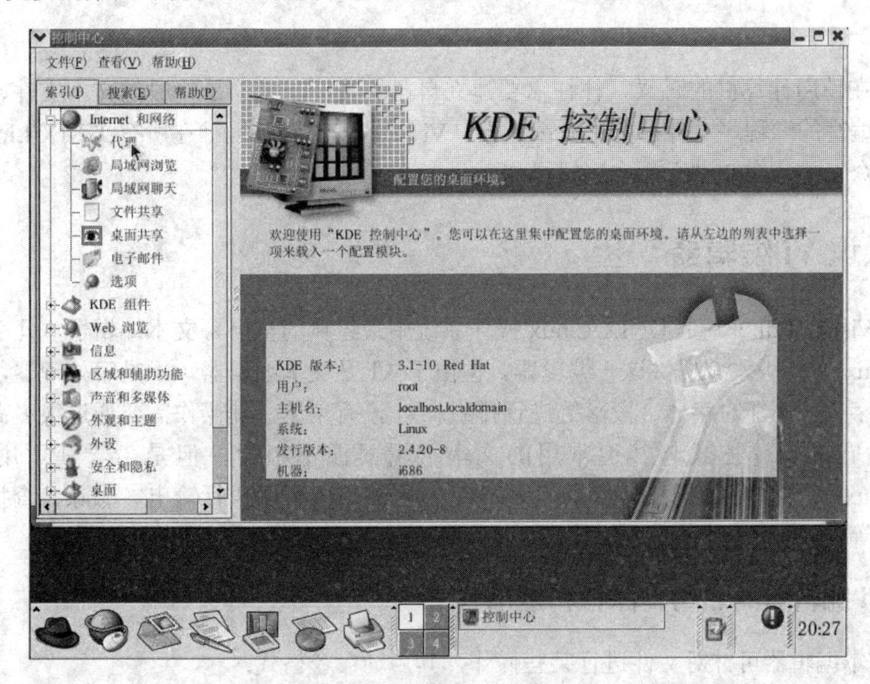

图 3-29 KDE 控制中心界面

KDE 控制中心将整个计算机系统的配置分为 12 大类，表示为左侧树形结构中的各主节点。单击左侧的各大类，则在右侧显示该类中所包括的各种配置项目名称和简要说明，如果单击各配置项则显示具体的各项设置内容。用户可以根据自己的需求配置个人的桌面环境。

本章小结

本章主要介绍了 Linux 系统的图形环境，包括一些基本命令、Linux 的 X Window、GNOME 桌面、KDE 桌面。通过本章的学习，读者了解 Linux 操作系统的基本操作，两种不同图形环境的各自优缺点，为日后的实际应用奠定基础。

思考题与实践

1）简单阐述 X Window 的基本原理。

2）简单阐述 X Window 图形环境的特点。

3）自行练习 KDE 和 GNOME 环境的设置与简单操作。

第4章　Vi编辑器

用户在使用计算机的时候，往往需要建立自己的文件，无论是一般的文本文件、数据文件，还是编写的源程序文件都离不开编辑器。Vi 文本编辑器可运行在所有 UNIX/Linux 环境下，利用众多的命令来进行文本编辑操作。

4.1　认识 Vi 编辑器

Vi（Visual Editor）是 UNIX/Linux 操作系统中最经典的全屏幕文本编辑器，几乎所有的 UNIX/Linux 发行版本都提供这一编辑器。但由于 Vi 是文本编辑器，不是字处理器，所以它只能编辑字符，不能对字体、段落等进行排版。Vi 没有菜单，其操作需要通过很多命令来完成。虽然它的操作方式与其他常用的文本编辑器很不相同，但是由于其可用于所有 UNIX/Linux 版本，目前仍然被经常使用。Vi 文本编辑器可以执行输出、删除、查找、替换和块操作等众多文本操作，并且用户也可以根据自己的需要对其进行个性化设置。

4.1.1　Vi 编辑器的启动、保存和退出

Vi 文本编辑器可针对文件进行某些操作，其启动命令格式：

```
vi [目录][文件]
```

说明：

1）若启动 Vi 时不指定目录、文件，则在默认目录下新建一文本文件，退出 Vi 时需要指定文件。

2）若启动 Vi 时指定的目录中没有指定的文件，则新建指定的文件。

3）若启动 Vi 时指定的目录中该文件存在，则打开指定的文件。

4）启动 Vi，进入命令模式。

注意：“[]”表示可选项。

例如，进入“终端”，在命令行处输入“vi file1”命令，如图 4-1 所示。

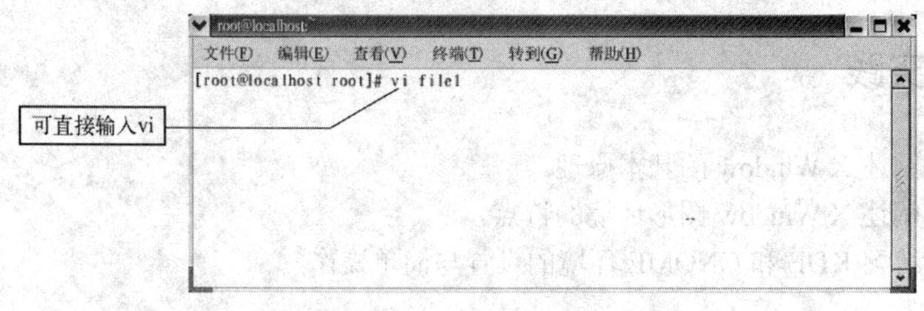

图 4-1　进入 Vi 编辑器

用户在输入完命令后，单击〈Enter〉键，进入 Vi 编辑器的命令模式，如图 4-2 所示，此时输入的字母都将作为命令来解释。

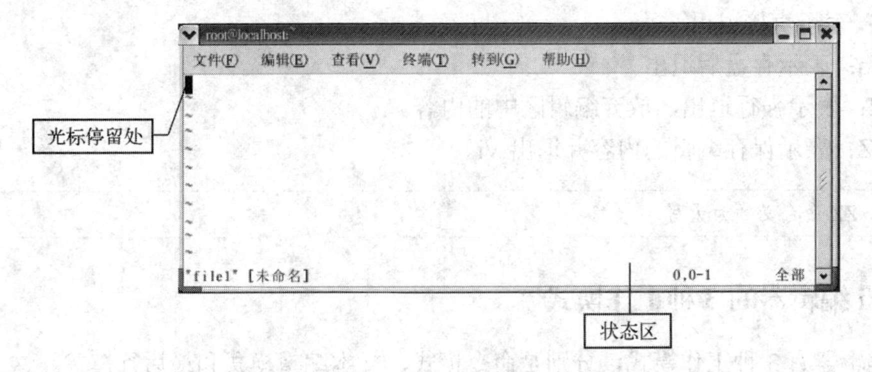

图 4-2 打开 Vi 编辑器进入命令模式

光标停在屏幕上第一行的起始位置。如果行首有“～”符号，则表示此行为空行。Vi 的界面可分为两部分：编辑区和状态/命令区。状态/命令区在屏幕的最下一行，用于输入命令，或者显示出当前正在编辑的文件名称、状态、行数和字符数。如图 4-2 所示的最后一行即为状态区，其中“file1”是文件名；“[未命名]”表示新建文件并没有以该文件名存盘，目前是在缓冲区中；“0，0-1”表示光标所停留的行标和列标处。其他区域都是编辑区，用于进行文本编辑。

注意：若打开的文件是已存在的文件，那么启动 Vi 后就把此文件的副本读入编辑缓冲区，所有的操作都是对该副本操作，并且光标默认停留在文本的第一行第一列处。

此外，Vi 编辑器中还提供了以下几种命令格式以不同方式打开指定的文件。

- vi +n 文件名：表示打开指定文件名的文件，光标停留在该文件的第 n 行第 1 列处。
- vi +文件名：表示打开指定文件名的文件，光标停留在该文件的最后一行第一列处。
- vi -r 文件名：表示系统故障后恢复指定文件名的文件。
- vi+/词 文件名：表示从文件中找到“词”第一次出现的位置，光标停留在该行行首。

打开/新建的文件修改完成后，需要存盘退出。在命令模式下，输入冒号“:”进行存盘以及退出操作。如果在冒号后输入“w”命令，则表示是把编辑区中的内容写到编辑的文件中，如图 4-3 所示。

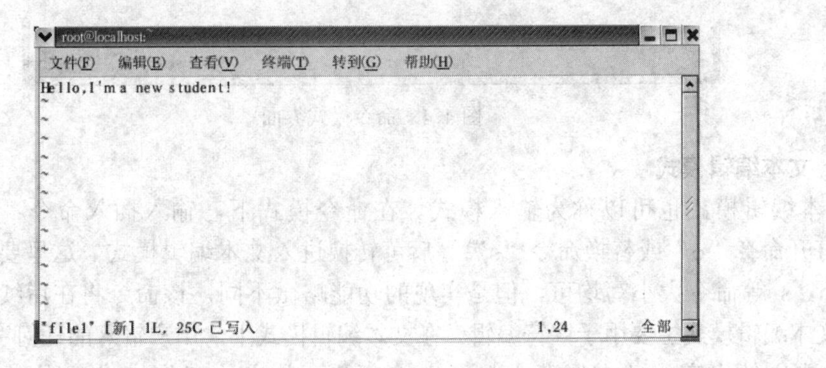

图 4-3 文本文件保存界面

除此之外，还有以下几个常用的存盘/退出命令。

- w 文件名：表示把编辑区中的内容另存为指定文件名的文件。
- q：表示直接退出。
- wq：表示存盘后退出。
- q!：表示强行退出，放弃编辑区中的内容。
- ZZ：表示保存编辑的内容并退出 Vi。

注意：ZZ 命令必须为大写。

4.1.2 Vi 编辑器的 3 种工作模式

Vi 编辑器有 3 种工作模式，分别是命令模式、文本编辑模式和最后行模式。这 3 种工作模式之间可以相互转换，但在不同的工作模式下操作方法有所不同。

1．命令模式

启动 Vi 编辑器后，首先进入的工作模式就是命令模式，这时从键盘上输入的任何字符都被当作编辑命令来解释，若输入的字符是合法的 Vi 命令，则 Vi 编辑器完成相应的动作，否则 Vi 编辑器会发出警告声。在命令模式下，输入的字符不会在屏幕底行显示，通过命令可以完成光标定位，字符串检索，文本的修改、替换、修复等操作，还可以在该工作模式下转化到文本编辑模式或最后行模式。如图 4-4 所示。

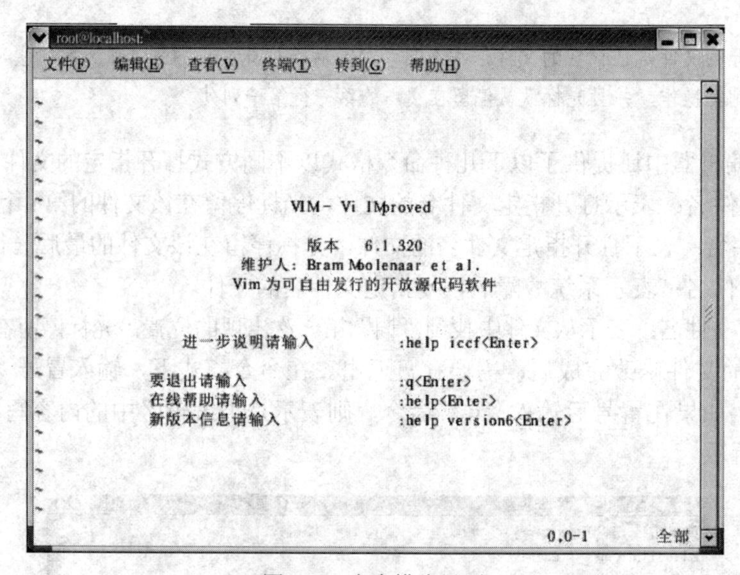

图 4-4 命令模式界面

2．文本编辑模式

文本编辑模式也可以称为输入模式。在命令模式下，输入插入命令“i”、附加命令“a”、打开命令“o”或替换命令“s”等后可转换进入文本编辑模式（这里要补充说明的是 i、a、o、s 等命令大小写均可，但是实现的功能略微不同，该命令将在后续章节中详细介绍），文本编辑模式主要用于字符编辑。在文本编辑模式下，用户输入的任何字符都被 Vi 编辑器当成文件内容，并在屏幕上显示出来。若要从当前工作模式返回到命令模式，按

〈Esc〉键即可。如图 4-5 所示。

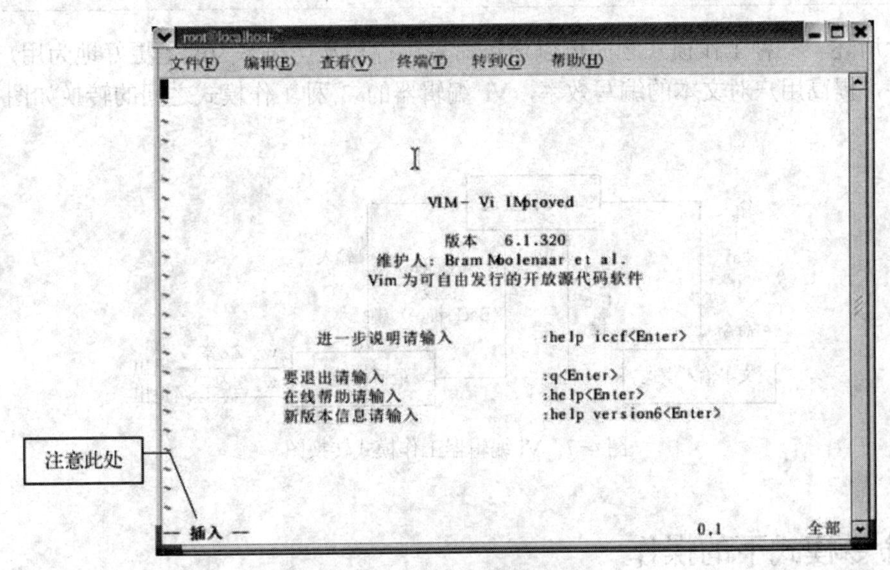

图 4-5　文本编辑模式界面

3．最后行模式

在命令模式下，用户输入“:”就可以进入最后行模式，此时 Vi 编辑器的屏幕底部会显示一个“:”(“:”是最后行模式的提示符)，等待用户输入命令。当用户输入的命令执行完毕后，Vi 编辑器会从最后行模式自动转换到命令模式。多数文件管理命令都是在最后行模式下执行的，如读取文件、文本替换、文本块的复制等。如图 4-6 所示。

📖 注意：若 Vi 编辑器已经处在命令模式下，按〈Esc〉键会发出“嘟嘟”声，一般为确保在命令模式下输入命令，用户可以多次按〈Esc〉键，直至听到“嘟嘟”声。

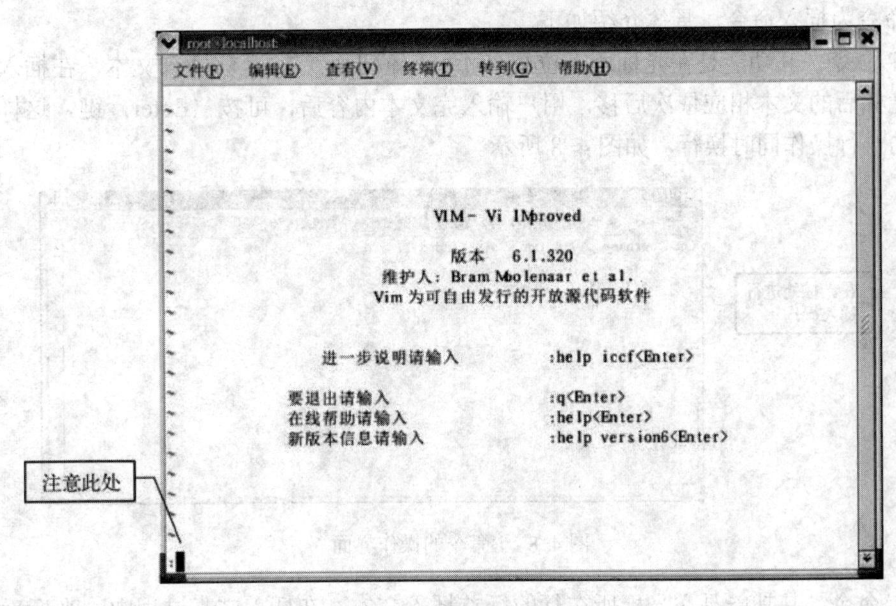

图 4-6　最后行模式界面

📖 注意：在最后行模式下按〈Delete〉键或者按〈Backspace〉键删除输入的命令也可以回到命令模式。

综上所述，3 种工作模式之间可以通过命令进行相互切换，为的是更好地为用户提供便利性服务，提高用户对文本的编写效率，Vi 编辑器的 3 种工作模式之间的转换如图 4-7 所示。

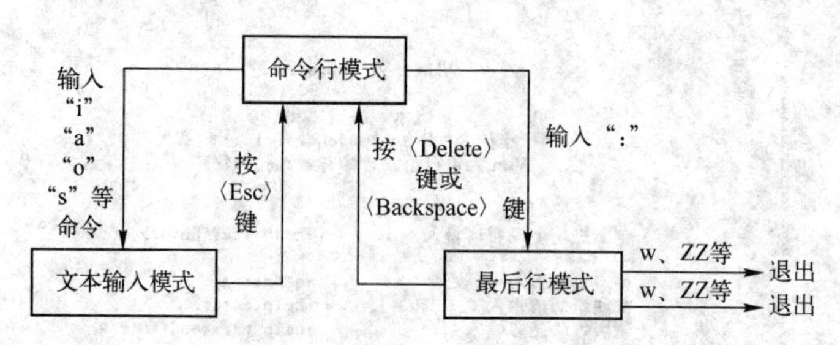

图 4-7　Vi 编辑器工作模式转换图

4.2　命令模式下的操作

Vi 编辑器的 3 种工作模式中，命令模式是另外两种工作模式之间的桥梁，不同的命令可以通过命令模式转换到文本输入模式或最后行模式，而在命令模式中通过命令能够实现对文本的操作，极大地提高了文本编辑的效率，为用户提供了便利。

4.2.1　命令模式到文本输入模式的转换命令

在 4.1.2 节中已经简单说明了命令模式到文本输入模式转换的几个常用命令，这里详细地为读者介绍一下，案例操作使用之前已经创建过的文本文件 file1。

1．i/I 命令

i/I 命令为插入命令，具体介绍如下。

1）i 命令：其功能是在光标所在位置（不一定位于行首）之前插入文本，在插入文本过程中，光标后的文本相应依次后移，用户输入完文本内容后，可按〈Enter〉键，这样就完成插入新的一行操作同时换行，如图 4-8 所示。

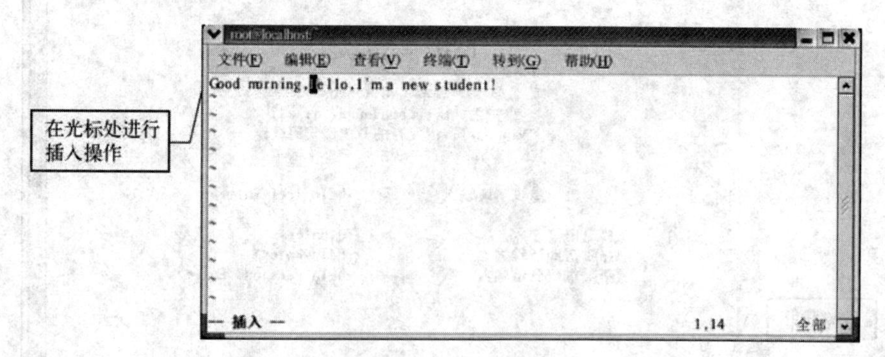

图 4-8　i 命令的操作界面

2）I 命令：其功能是在光标所在行的行首插入文本，在插入文本过程中，光标后的文本同样会依次后移，输入完成后按〈Enter〉键实现换行操作，如图 4-9 所示。

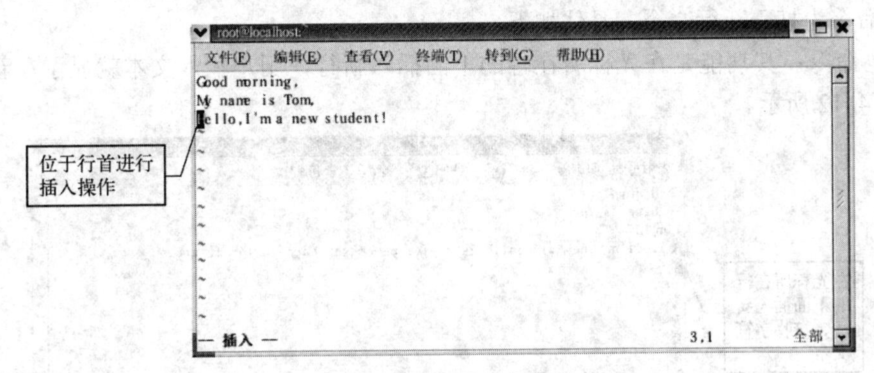

图 4-9　I 命令的操作界面

2．a/A 命令

a/A 命令为附件命令，具体介绍如下。

1）a 命令：其功能是在光标之后插入文本内容（光标可在一行的任何位置）。当输入 a 命令时，进入文本输入模式状态，用户输入的文本内容显示在光标所停留字符的后面，如图 4-10 所示。

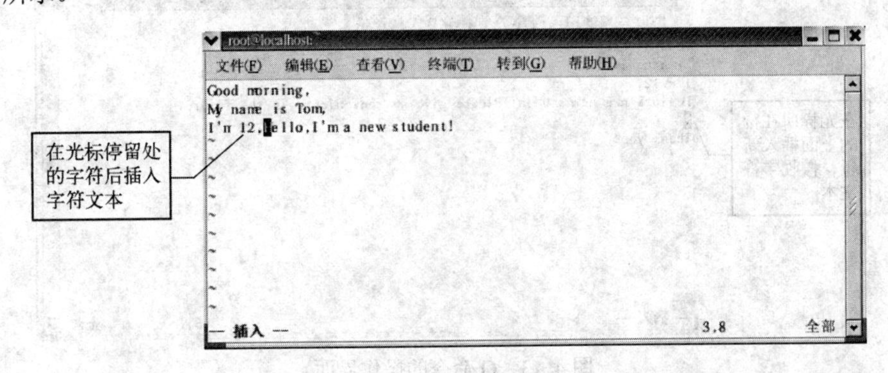

图 4-10　a 命令的操作界面

2）A 命令：其功能是在光标所在行的行尾添加文本。当用户进入 Vi 编辑器时，默认光标会停留在最后一行文本内容的第一列位置处，当输入 A 命令后，光标会自动移动到该行的行尾，用户输入的文本内容自动添加在该行的行尾，如图 4-11 所示。

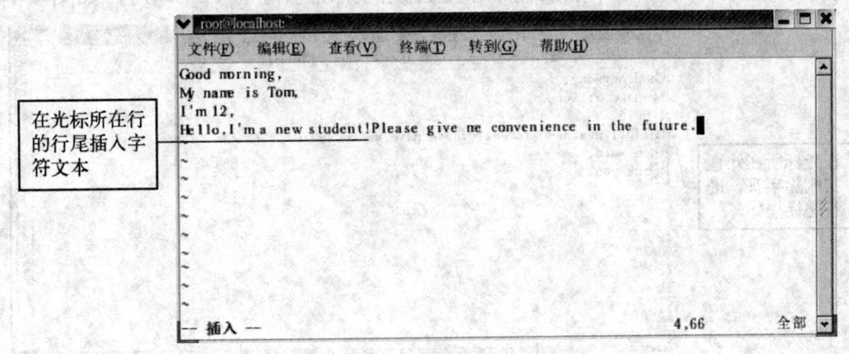

图 4-11　A 命令的操作界面

3．o/O 命令

o/O 命令为打开新行命令，具体如下。

1）o 命令：其功能是在光标所在行的下面插入新行，用户输入文本就显示在新行位置处，如图 4-12 所示。

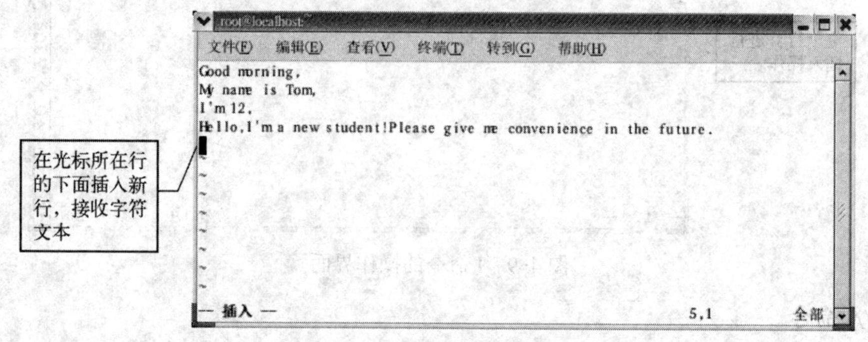

图 4-12　o 命令的操作界面

2）O 命令：其功能是在光标所在行的上面插入新行，用户输入文本就显示在新行位置处，如图 4-13 所示。

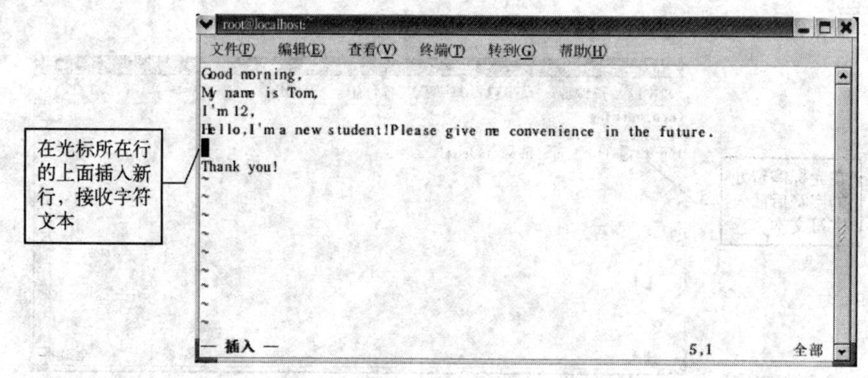

图 4-13　O 命令的操作界面

4．s/S 命令

s/S 命令为替换命令，具体如下。

1）s 命令：其功能是替换光标所在处的字符，光标可在文本的任何位置，用户输入 s 命令，直接删掉光标所在处的字符（“T”），然后输入希望替换的正确字符（“t”）即可，如图 4-14 所示。

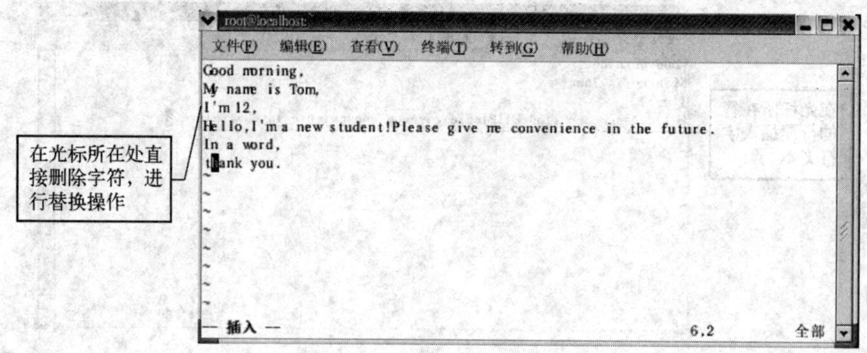

图 4-14　s 命令操作界面

2）S 命令：其功能是替换光标所在行的整行文本，用户输入 S 命令，则自动删除光标所在行文本自动删除（“thank you.”），输入希望替换的文本内容（“Thank you very much.”），如图 4-15 所示。

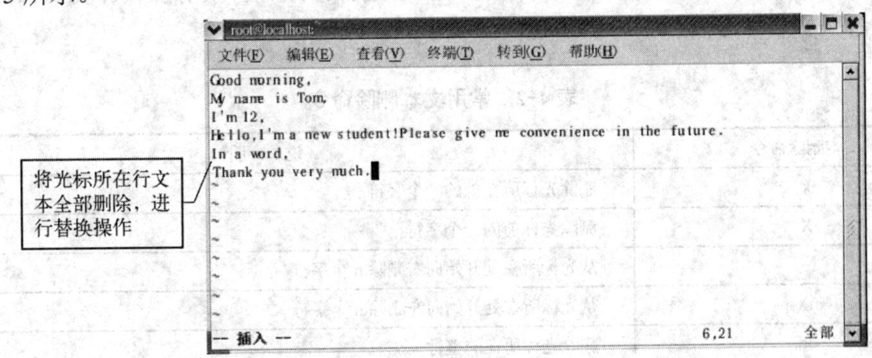

图 4-15 S 命令的操作界面

4.2.2 命令模式下的光标移动

在命令模式下，利用光标移动命令可以快速进行光标定位。用户通过 vi 命令与光标移动命令的配合可以高效、便捷地进行文本编辑。Vi 编辑器中常用光标移动命令如表 4-1 所示。

表 4-1 常用光标移动命令

分 类	光标移动命令	说 明
基本光标移动命令	h	光标左移一个字符
	l	光标右移一个字符
	space	光标右移一个字符
	Backspace	光标左移一个字符
	k 或 Ctrl+p	光标上移一行
	j 或 Ctrl+n	光标下移一行
快速光标定位命令	Enter	光标下移一行
	w 或 W	光标右移一个字至字首
	b 或 B	光标左移一个字至字首
	e 或 E	光标右移一个字至字尾
	)	光标移至句尾
	(	光标移至句首
	}	光标移至段落开头
	{	光标移至段落结尾
	nG	光标移至第 n 行首
	n+	光标下移 n 行
	n-	光标上移 n 行
	n$	光标移至第 n 行尾
	H	光标移至屏幕顶行
	M	光标移至屏幕中间行
	L	光标移至屏幕最后行
	0（注意是数字零）/^	光标移至当前行首
	$	光标移至当前行尾

4.2.3 文本删除命令

在命令模式下，利用文本删除命令可以对文本进行修改、替换等操作。Vi 编辑器中常用文本删除命令如表 4-2 所示。

表 4-2 常用文本删除命令

文本删除命令	说　明
x	删除光标所在处的一个字符
X	删除光标前的一个字符
nx	从光标所在处开始向右删除 n 个字符
nX	从光标所在处开始向左删除 n 个字符
dd	删除光标所在的整行
ndd	删除当前行及其后 n-1 行
d0	从光标处删除至行首
D/d$	从光标处删除至行尾
ndw/ndW	光标处开始删除至其后的 n-1 个字符
d+光标移动命令	表示不同的删除功能

4.2.4 复原命令

复原命令的功能主要是取消刚才对文本所进行的输入、插入、删除等操作，恢复到原来的状态。Vi 编辑器中常用复原命令如表 4-3 所示。

表 4-3 常用复原命令

复原命令	说　明
u	取消最近一次对文本的编辑操作
U	恢复当前行被编辑之前的状态

📖 注意：u 命令可以使用多次，依次取消前几次对文本的编辑操作，如同 word 中的撤销功能；U 命令是无论对文本编辑操作多少次，输入一次 U 命令即可恢复最初状态。

4.2.5 行结合命令

Vi 编辑器中行结合命令只有一个：J。行结合命令的功能是把光标所在行与下面相邻一行合并成一行。若在 J 之前给定一个数字 n，则表示把当前行及其后面的 n-1 行合并成一行。

例如，2J，则表示把当前行（In a word,）加上其后的一行（thank you.），一共是两行文本合并为一行文本，如图 4-16 所示。

📖 注意：行结合命令 J 必须大写。

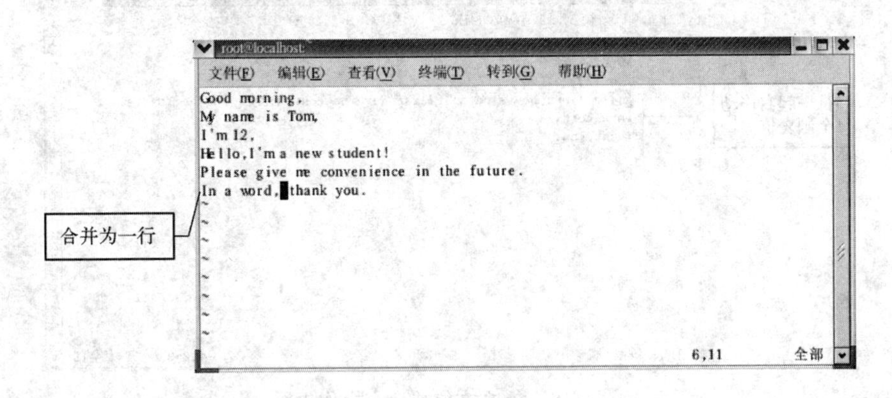

图 4-16 J 命令操作界面

4.2.6 文本位移命令

文本位移命令的功能是限定正文行的左/右移动。Vi 编辑器中常用的文本位移命令如表 4-4 所示。

表 4-4 常用文本位移命令

文本位移命令	说 明
>	将光标所在正文行向右移动，一次移动一个制表位
>>	将光标所在行（不是必须在行首）右移一个制表位
<	将光标所在正文行向左移动，一次移动一个制表位
<<	将光标所在行（不是必须在行首）左移一个制表位

例，输入“>3G”命令，该命令实现的是从光标所在行（第一行）到第三行共 3 行整体右移 1 个制表位，其结果如图 4-17 所示。

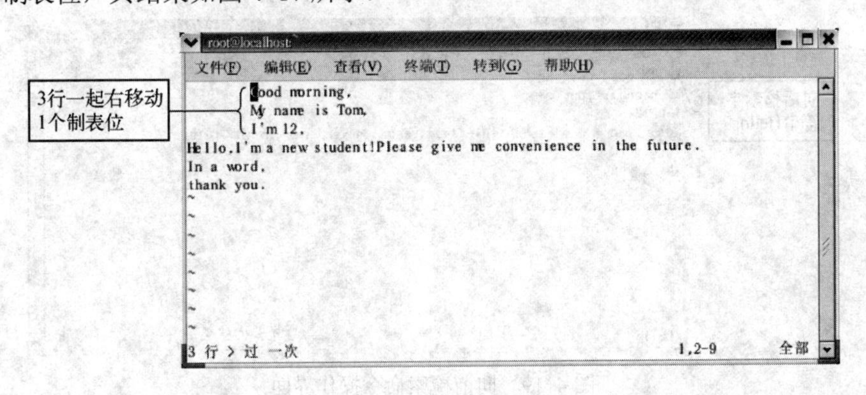

图 4-17 >文本位移命令操作界面

例，输入“3>>”命令，该命令实现的是从光标所在行（第四行）到第六行共 3 行整体右移 1 个制表位，其结果如图 4-18 所示。

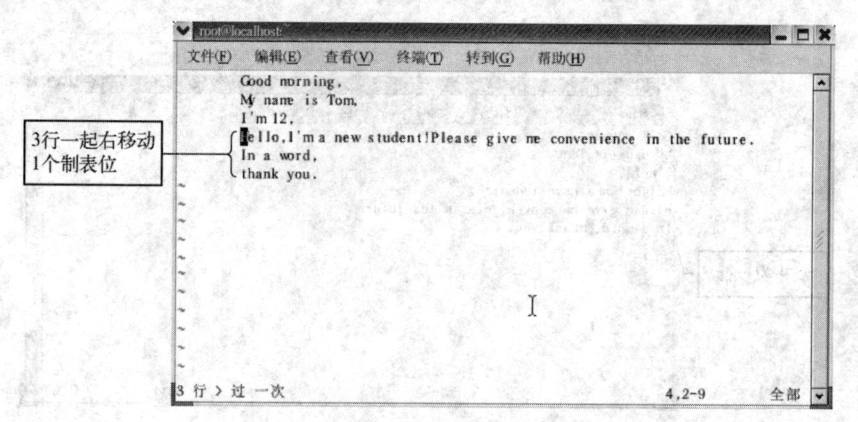

图 4-18 >>文本位移命令操作界面

4.2.7 字符串检索命令

字符串检索命令的功能是对内容较多的文本文件中某些文本进行修改操作而实现快速定位。用户要找到指定的字符串，利用字符串检索命令可以快速、准确定位，这样可以极大地提高文本编辑效率。利用字符串检索命令检索某个字符时，检索到以后光标停留在相匹配的字符串首字符位置处。Vi 编辑器中常用字符串检索命令如表 4-5 所示。

表 4-5 常用字符串检索命令

字符串检索命令	说　明
/字符串	从光标开始处向文件尾搜索指定字符串
?字符串	从光标开始处向文件首搜索指定字符串
n	在同一方向重复上一次搜索命令
N	在反方向上重复上一次搜索命令

例，输入“/Hello”命令，则运行结果如图 4-19 所示。

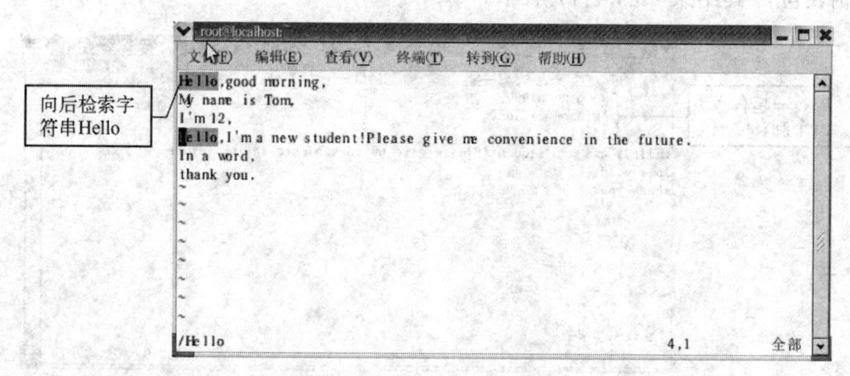

图 4-19 向前检索命令操作界面

例，输入“n”命令，则运行结果如图 4-20 所示。

📖 注意：在检索的字符串中若包含一些特殊的字符（*、^、$、[、∧、|）时，需要在这些特殊字符前使用反斜线“\”，表示转义字符。

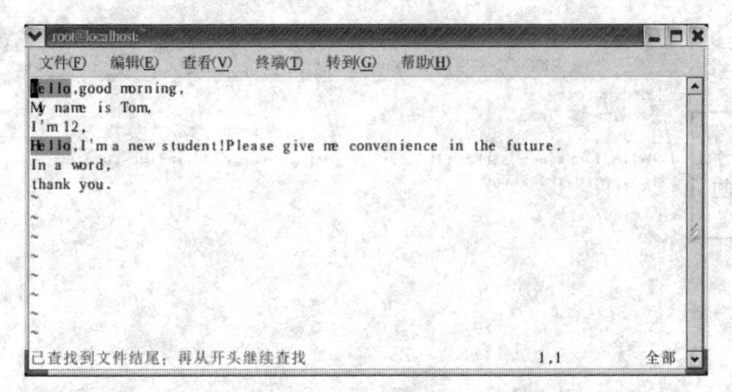

图 4-20 n 命令的操作界面

4.3 最后行模式下的操作

在命令模式下输入冒号“：”，可将工作状态切换到最后行模式。最后行模式的状态行上出现冒号提示符，用户在此输入操作命令并按〈Enter〉键，则完成一次对应命令操作。该命令操作结束后，光标会切换到命令模式下的文本文件中，若用户还需要利用最后行模式来执行一些命令操作，则还需要重新输入冒号，切换至最后行模式下，然后继续操作。在最后行模式下，通常执行写文件或读文件等操作。

4.3.1 命令定位

前面章节已经介绍过，在命令模式下可以利用光标转移命令进行光标定位，而在最后行模式下，由于最后行模式是一种面向行的编辑器，因此常常需要进行光标定位操作。在最后行模式中也提供了一些光标定位命令，这里介绍两个常用的定位命令。

1．在最后行模式下直接指定行号

例如，

```
:4          //光标移动到第 4 行的行首
```

其运行结果如图 4-21 所示。

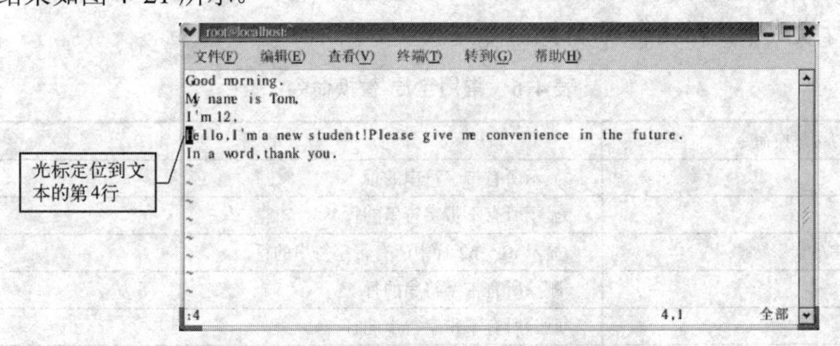

图 4-21 利用指定行号进行定位操作界面

2．给定检索字符串，进行向前/向后查找模式

例如，

```
/is/  //从光标所在处向前查找字符串“is”，找到后在第一个 is 所在行行首停留
```

其运行结果如图 4-22 所示。

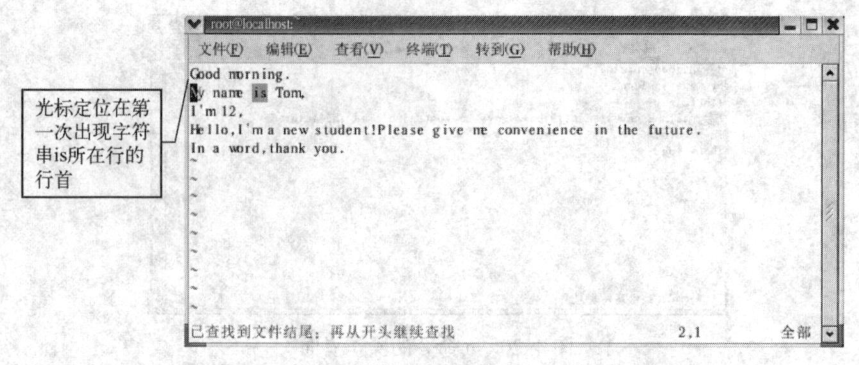

图 4-22　指定检索字符串模式进行光标定位操作界面

注意：“/字符串/”格式后面的“/”不能少，如果默认是另外一种查找结果，读者可以自行练习，若想向后查找指定字符串，可以使用命令“?字符串?”。

4.3.2　全局/替换命令

全局/替换命令一般应用在对文件进行较为复杂的修改操作方面，其全局命令基本格式：

```
:[addr]g/模式/命令表
```

说明：[addr]是可选项，用来指明定位命令或检索范围；g（global 全局）是全局命令；模式较为复杂，后面用实例一一说明；命令表中常用的命令包括 p（print 显示）、g（global 全局替换）和 d（delete 删除）等。

替换命令的基本格式：

```
:[addr] s/源字符串/目的字符串/[命令表]
```

说明：s（substitute 替换）是替换命令；命令表是可选项，用来表示对字符串操作的类型，常用的有 g（表示对全局的字符串替换）、c（表示对全局要替换的字符进行确认）和 p（表示将替换的结果逐行显示，该命令用户可以通过按〈Ctrl+L〉键恢复）。

在最后行模式中，常用全局/替换命令如表 4-6 所示。

表 4-6　常用全局/替换命令

全局/替换命令	说　明
g/字符串/p	显示所有带字符串的行
g!/字符串/p	显示所有不带字符串的行
n1,n2 g/字符串/p	显示 n1～n2 行中所有带字符串的行
g/字符串/d	删除所有带字符串的行
g!/字符串/d	删除所有不带字符串的行
g/字符串 1/s//字符串 2/	字符串 2 全文替换字符串 1，但是每行只替换第一个字符串 1
g/字符串 1/s//字符串 2/g	字符串 2 全文替换字符串 1
g/字符串 1/s/字符串 2/字符串 3/g	把所有包含字符串 1 的行中，用字符串 3 替换字符串 2
s/字符串 1/字符串 2	字符串 2 替换当前行第一个字符串 1
s/字符串 1/字符串 2/g	字符串 2 替换当前行所有字符串 1
%s/字符串 1/字符串 2	字符串 2 全文替换字符串 1，但是每行只替换第一个字符串 1
%s/字符串 1/字符串 2/g	字符串 2 全文替换字符串 1

例如，

```
g/in/p                    //显示包含字符串“in”的所有行
```

其运行结果如图 4-23 所示。

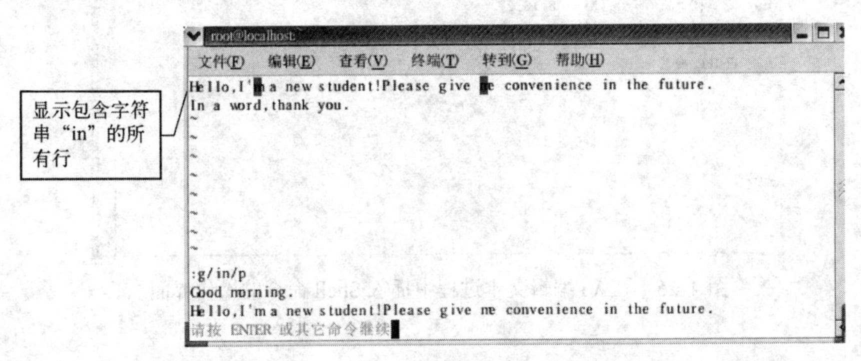

图 4-23　全局命令示例的操作界面

例如，

```
%s/'m/ am/g                //用字符串“ am”全文替换字符串“'m”
```

其运行结果如图 4-24 所示。

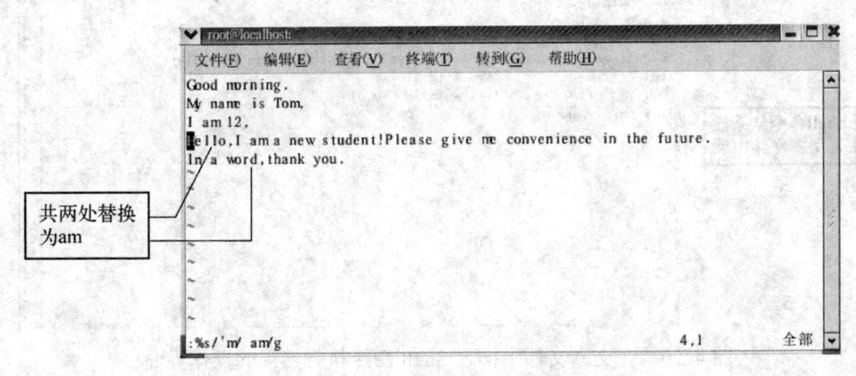

图 4-24　替换命令示例的操作界面

4.3.3　插入 Shell 命令

利用 Vi 编辑器编辑某一文本文件时，可以随时插入 Shell 命令（详细内容会在后面章节介绍），常用的形式有以下两种。

- :! command　　　　#执行 Shell 命令 command，执行完毕按〈Enter〉键返回原 vi 状态
- :r ! command　　　#将 Shell 命令 command 的输出结果放到当前光标所在行处

> 注意：命令之间不加空格也可正确执行，但为了提高可读性，建议命令之间加空格。

例如，

```
:! who                //直接插入 Shell 命令 who
```

其运行结果如图 4-25 所示。

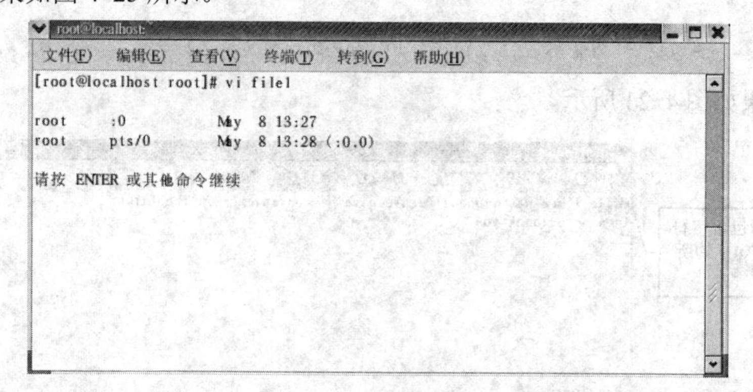

图 4-25　在 Vi 编辑文本过程中插入 Shell 命令的操作界面

例如，

```
:r ! who        #将 Shell 命令 who 的执行结果插入到正在编辑的文本光标所在处
```

其运行结果如图 4-26 所示。

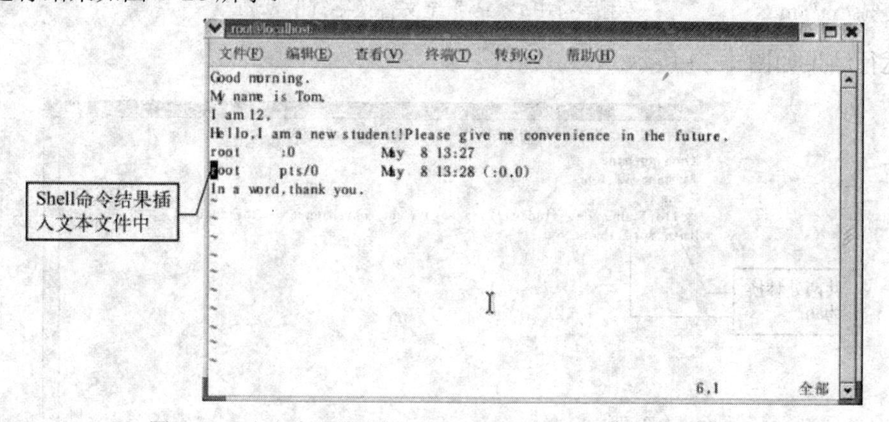

图 4-26　在文本文件中插入 Shell 命令执行结果的操作界面

4.3.4　恢复文件

在 Vi 编辑器中编辑某一个文件，通常情况下是在编辑该文件的同时还会生成另外一个一模一样的临时文件，这个临时文件的名称通常是点“.”开头并以“.swp”结尾。若当前 Vi 编辑器正常退出，那么该临时文件会随着编辑器的关闭而自动删除，而若当前 Vi 编辑器非正常退出，那么可以使用恢复命令利用该临时文件恢复最新修改的文件。其命令格式：

```
:recover
```

📖 注意：在启动 Vi 编辑器时，利用可选项-r 也可以实现恢复文件功能。

4.3.5　Vi 的选项设置

Vi 编辑器中可以利用 set 命令为设置内部选项，以便控制不同的编辑功能，其命令格式：

```
:set 选项
```

常用内部选项如表 4-7 所示。

表 4-7　常用内部选项

内部选项	说　明
all	列出所有选项设置情况
ignorance	在搜索中忽略大小写
list	显示制表位（Ctrl+I）和行尾标志（$）
mesg	允许 Vi 显示其他用户用 write 写到自己终端上的信息
nomagic	允许在搜索模式中，使用前面不带“\”的特殊字符
nowrapscan	禁止 Vi 在搜索到达文件两端时，又从另一端开始
number	在屏幕左边显示文本行号
report	显示由面向行的命令修改过的数目
term	设置终端类型
terse	显示简短的警告信息
warn	在转到别的文件时若没保存当前文件则显示 NO write 信息

例如，

```
:set all      #显示所有设置列表
```

其运行结果如图 4-27 所示。

图 4-27　set 设置内部选项示例的操作界面

📖 注意：以 no 开头的表示未被设置，现在处于关闭状态。

4.4 文本移动和编辑多个文件

在 Vi 编辑器中常常需要对文本进行移动，以及同时对多个文本文件进行操作，下面简单介绍一下相关的命令。

4.4.1 缓冲区方式的文本移动

在 Vi 编辑器中，用户创建文本文件名后，开始对文本文件进行编辑操作。但是实际上，对文本文件的编辑操作并不是针对该原文本文件，而是在一个叫“编辑缓冲区”中对文本文件副本进行编辑操作，当用户准备存盘退出时，该副本的内容会复制回原文本文件。

Vi 编辑器中有 26 个命名缓冲区，而命名缓冲区是由 26 个英文字母（a~z）来命名的，这样用户就可以根据情况，为文本指定不同的命名缓冲区，以便防止先前的内容被破坏。具体操作如下。

1．从编辑缓冲区到命名缓冲区（复制或剪切）

格式：

```
"字母+行号+（Y，dd）
```

说明：字母是 26 个英文字母；操作命令 Y（大写）为复制命令，操作命令 dd（小写）为剪切命令。

例如，

```
"c2Y          #包括光标所在行往下共两行复制到命名缓冲区 c 中
```

2．从命名缓冲区到编辑缓冲区（粘贴）

格式：

```
"字母+（P，p）
```

说明：字母为已经操作完的命名缓冲区的字母名；操作命令 P（大写）是将内容粘贴在光标所在位置上一行，操作命令 p（小写）是将内容粘贴在光标所在位置下一行。

例如，

```
"cp           #粘贴在光标所在行的下一行处
```

上述两个命令操作结果如图 4-28 所示。

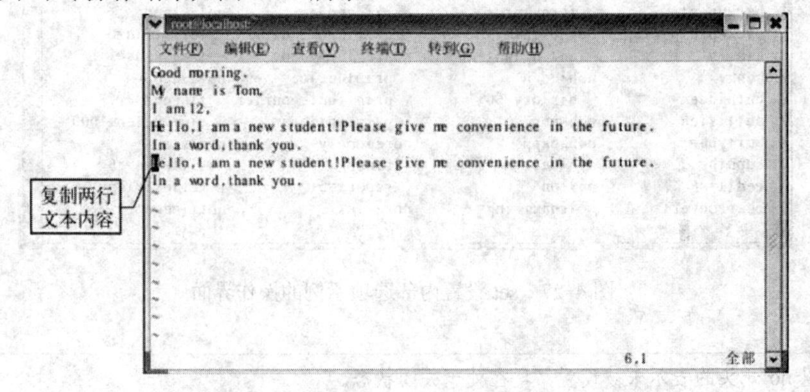

图 4-28 缓冲区方式文本移动的操作界面

此外，Vi编辑器中还有9个“删除缓冲区”，由1～9来指定。其命令格式：

```
“（1～9）+行号+操作命令
```

例如，

```
"33dd        #删除由当前光标所在行下3行，并放到删除缓冲区3中
```

4.4.2 按行操作的文本移动

在最后行模式中可以针对文本的行进行相关的复制、移动等操作，常见命令如表4-8所示。

表4-8 按行操作文本命令

按行操作文本命令	说明
n1,n2 co n3	将n1～n2行的内容复制到第n3行下
n1,n2 m n3	将n1～n2行的内容移至第n3行下
n1,n2 d	将n1～n2行的内容删除
n1,n2 w 文件名	将n1～n2行的内容写到另一文件中，覆盖原文件
n1,n2 w >> 文件名	将n1～n2行的内容附加到另一文件中

例如，

```
:6,7 d
```

其运行结果如图4-29所示。

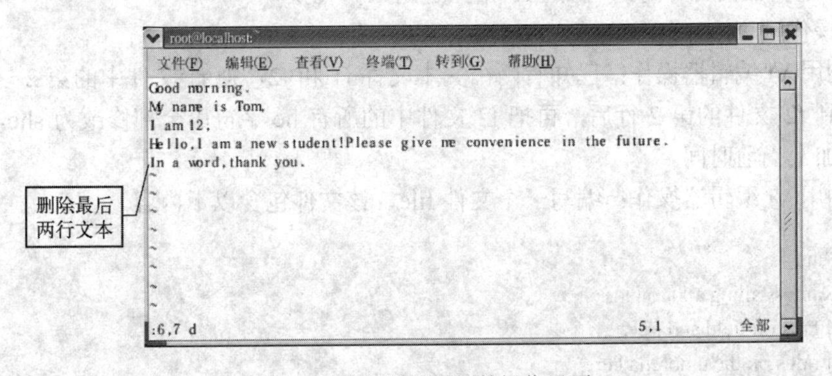

图4-29 按行删除示例的操作界面

4.4.3 编辑多个文件

Vi编辑器中可以同时打开多个文件，对它们进行编辑操作，其命令格式：

```
vi 文件1    文件2...
```

当使用上述命令打开多个文件时，屏幕上不会同时显示多个文件，而是按照顺序先显示第一个文件，当用户对第一个文件操作完后，按〈w〉键进行存盘，然后在最后行模式下输

入命令：

```
:n（注意就是字母 n）
```

这样会依次显示第二个打开的文件，依次执行后续打开的多个文件，若用户想随意编辑打开的任意一个文本文件，可以使用命令：

```
:e 文件名
```

这样用户就指定某一文本文件显示在当前屏幕上，对其进行编辑操作。

注意：e 命令是一个 ex 命令，感兴趣的读者可查阅资料，进一步了解相关内容。

本章小结

本章主要介绍了 Vi 编辑器的打开、保存、退出；Vi 编辑器的 3 种工作模式，以及各个模式间的切换；在不同工作模式下的命令以及对文本的一些常用操作。通过本章的知识介绍，读者应掌握 Vi 编辑器的基本使用方法，为后续的学习奠定基础。

思考题与实践

一、简单题

1）Vi 编辑器的启动命令和退出命令是什么？

2）Vi 编辑器的工作方式有哪些？相互之间如何转换？

二、操作题

1）利用 Vi 编辑器操作：已知有两个文本文件 f1 和 f2，把 f1 文件中的第 2～5 行剪切并插入粘贴到 f2 文件的第 2 行后，再把 f2 文件中的所有 he 字符串全部修改为 she，最后在 f1 文件后附加上当前时间。

2）利用 Vi 编辑器操作：编写一个文件 file，该文件包含以下内容。

```
Rain
Rain is falling all around,
it falls on field and tree,
it rains on the umbrella here,
and on the ships at sea.
```

第 5 章　Shell 程序设计

Shell 是一个用 C 语言编写的程序，它是用户使用 Linux 的桥梁。Shell 既是一种命令语言，又是一种程序设计语言。而 Shell 脚本（shell Script），就是为了方便管理员进行设置或者管理，而将各类命令预先放入到一个文件中，可一次性执行的程序文件。

5.1　Shell 概述

Shell 原意为外壳，在字符界面下，用户通过 Shell 命令实现对 Linux 的操作。Shell 作为 Linux 内核的外壳，实现 Linux 内核与用户之间的交互，主要负责解释执行用户从终端输入的命令行。从用户登录到用户注销的整个运行期间，用户输入的每个命令都会先经过 Shell 的解释，然后才能执行。Shell 是命令语言、命令解释程序及程序设计语言的统称。

5.1.1　Shell 简介

Stephen Bourne 于 1979 年推出了首个 UNIX Shell，称为 Bourne Shell（简称 B Shell）。Bourne Shell 基于 Algol 语言研发，主要用于实现系统管理任务的自动化，它的优点是简单、快速，但也存在着一些不足，如与用户交互方面较弱。随之又出现了 C Shell，它的语法与 C 语言十分相似，其优点是适合编程，但缺点是运行速度相对较慢。在 20 世纪 80 年代中期，结合 C Shell 和 B Shell 的优点研发出了 K Shell，它的优点是增强了 B Shell 向上兼容的能力，同时大大提高了其运行效率。

Shell 是一个命令语言解释器，它拥有自己内建的 Shell 命令集，而且也能被系统中其他应用程序调用。由于有些命令是包含在 Shell 内部，还有一些命令是存在于文件系统中某个目录下的单独程序，所以用户在提示符下输入命令后，Shell 首先需要检查所输入命令是否为内部命令，若不是，则接着检查该命令是否为一个应用程序（这里的应用程序可以是 Linux 本身的实用程序，如 ls 和 rm；也可以是购买的商业程序，如 xv；还可以是自由软件，如 emacs）；然后 Shell 在搜索路径里寻找这些应用程序。如果用户输入的命令既不是一个内部命令也没有在路径里找到这个可执行文件，那么就会显示一条错误提示信息。如果能够成功找到命令，该内部命令或应用程序将被分解为系统调用并传给 Linux 内核。

Shell 另外一个重要特性：它自身就是一个解释型的程序设计语言。Shell 程序设计语言支持绝大多数在高级语言中能见到的程序元素，如函数、变量、数组和程序控制结构。Shell 编程语言简单易学，任何在提示符中能输入的命令都能放到一个可执行的 Shell 程序中。在后面会为读者详细介绍 Shell 编程。

Shell 还有另一项重要功能：用户可以根据个人需要设定桌面环境，这是在 Shell 的初始化文件设置中完成，主要包括对窗口属性、搜索路径、权限和终端等的设置，在这些设置中需要提供对特定的应用程序所需的变量。Shell 还提供特定的定制功能，如历史添加、别名、设置变量防止用户破坏文件等。

5.1.2 Linux 系统与 Shell 的关系

在前面的章节中已经简单介绍过 Linux 系统的内部结构，提及过 Shell，这里进一步讲述 Linux 系统与 Shell 的关系。

Shell 是 Linux 操作系统的一部分，作为 Linux 系统内核与用户之间的接口，协调各命令的操作以及系统与用户之间的交互。Linux 系统的很多服务都是通过 Shell 脚本来启动，用户了解与掌握此脚本能够更好地对系统进行故障诊断及优化。与 Linux 系统 Shell 的关系如图 5-1 所示。

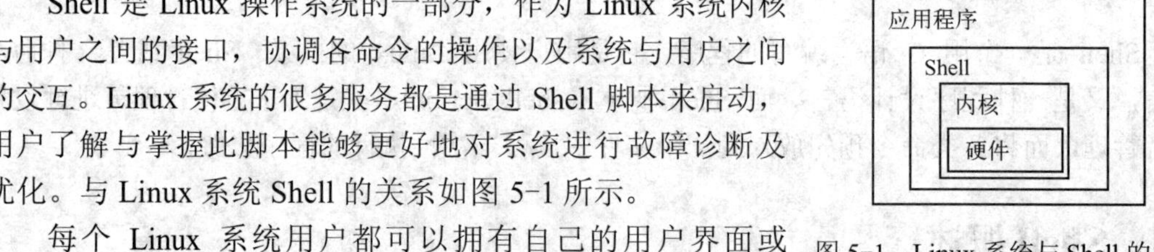

图 5-1　Linux 系统与 Shell 的关系

每个 Linux 系统用户都可以拥有自己的用户界面或 Shell，以便满足用户专门的 Shell 需要。同 Linux 系统本身一样，Shell 也有许多不同的版本。其中 Bash 是 GNU 的 Bourne Again Shell，是 GNU 操作系统上默认的 Shell，于 1988 正式发布。本书采用的 Red Hat Linux9.0 的 Shell 版本是 2.05b。用户可以通过使用 Bash 命令行的选项-version 来获取版本号。其操作界面如图 5-2 所示。

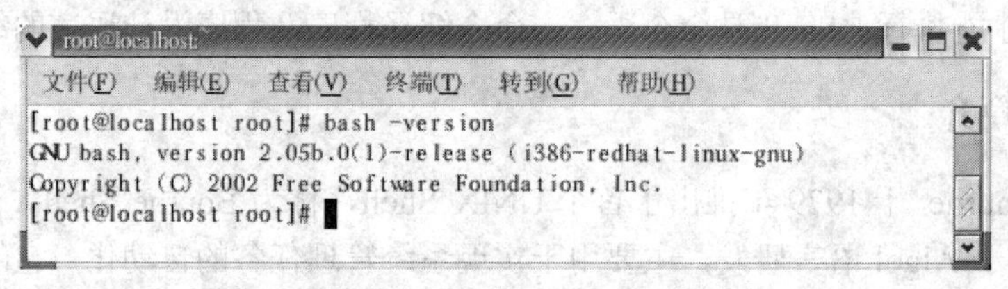

图 5-2　查看 Shell 版本界面

在终端，用户在提示符下输入命令，按〈Enter〉键后，其命令送到 Shell 解释，对该命令解释后传至内核执行。Shell 的提示符有两种：管理员身份登录时，提示符为“#”；普通用户身份登录时，提示符为“$”。

📖 注意：不同身份登录系统，能够执行的操作是不一样的。

5.1.3 Shell 脚本的创建和执行

Shell 脚本是包含 Shell 可执行命令的文件。Shell 脚本的创建与建立普通文本文件的方法一样，可利用 Vi 文本编辑器或 cat 命令完成。Shell 脚本中包含的命令可以是用户在 Shell 提示符后面输入的任何命令，还可以是控制流命令（也称为控制结构，使用控制流命令可以改变脚本中命令的执行顺序）。使用 Shell 脚本可以简单快速地启动一个复杂的任务序列或者一个重复性的过程。

Shell 脚本编写（以文本编辑器 Vi 为例）的步骤如下。

1）使用文本编辑器，创建一个文件。例如，vi script1↙，其结果如图 5-3 所示。

📖 注意：“↙”表示〈Enter〉键，若编写的 Shell 脚本没有设置为供多个用户使用，则该脚本存储在 $Home/bin 目录中。

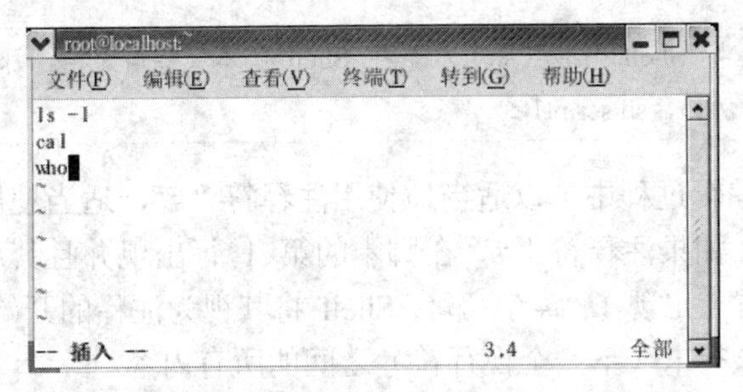

图 5-3　脚本文件的创建操作界面

2）保存文件。利用 Vi 编辑器中命令模式下的任何一个保存命令即可完成。

3）赋予文件的可执行权限，因为文件只允许所有者运行该文件，使用 chmod 命令。例如，chmod u=rwx script1↙，其运行结果如图 5-4 所示。

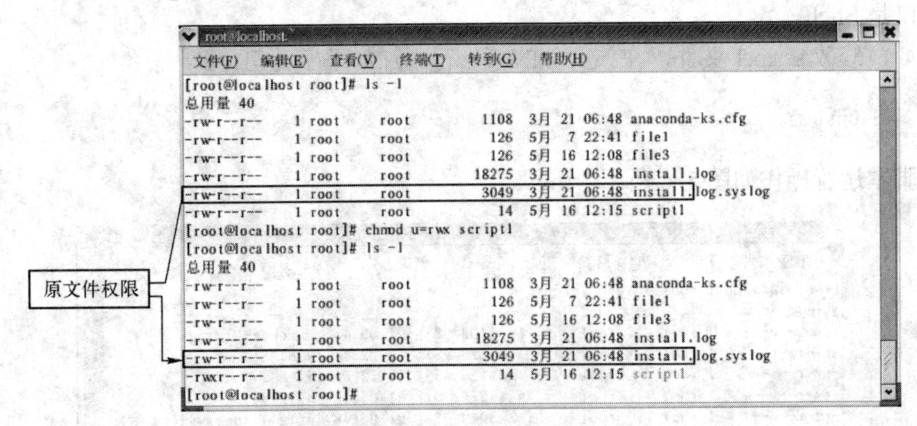

图 5-4　修改文件可执行权限操作界面

说明：要想用 Shell 脚本的文件名作为命令执行该脚本，用户必须具有该脚本的文件读权限和执行权限。读权限使用户可以读取包含脚本的文件，而执行权限告诉 Shell 和系统，该文件的所有者、组用户或者其他用户可以执行这个文件，它暗示这个文件的内容是可以执行的。

4）在命令行上输入脚本名称来运行 Shell 脚本的同时进行排错，可以使用命令 sh 或 bash。例如，sh script1↙，其运行结果如图 5-5 所示。

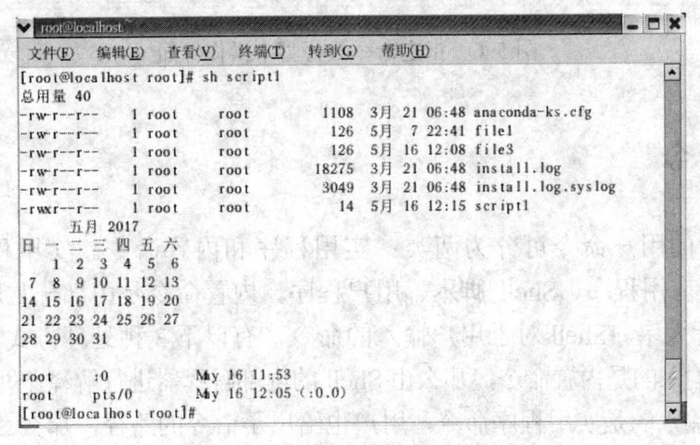

图 5-5　脚本文件执行操作界面

> 📖 注意：若在命令行上将 Shell 命令（sh）放置在 Shell 脚本文件名之前，那么无须使该 Shell 脚本成为可执行即可运行。例如，sh script1↙。

在 Shell 脚本的编辑过程中可以适当地使用注释符“#”，适当使用注释便于自己和他人对脚本的阅读及维护。如果注释符“#”在脚本的第 1 行出现并且其后没有感叹号“!”，或者脚本中其他任意位置上出现了“#”，那么 Shell 将其视为注释的开始，Shell 将忽略注释符起始位置所在行直到该行末（下一个换行符）之间的所有内容。

若“#!”在 Shell 脚本文件的第 1 行出现，其后接一串字符，是用来指定用哪个 Shell 来执行这个文件。因为操作系统在试图执行文件之前将检查该程序的开头字符串，这些字符让操作系统不必进行失败的尝试。如果脚本的前两个字符是“#!”，那么系统将这两个字符后面的那些字符作为执行该脚本的命令解释器的绝对路径名。它可以是任何程序的路径名，而并不仅仅是 Shell。

例如，修改 script1 文件，在该文件的第一行添加如下字符串：

```
#! /bin/tcsh
```

则脚本运行操作如图 5-6 所示。

```
root@localhost:
文件(F)  编辑(E)  查看(V)  终端(T)  转到(G)  帮助(H)
[root@localhost root]# tcsh script1
总用量 40
-rw-r--r--    1 root     root         1108  3月 21 06:48 anaconda-ks.cfg
-rw-r--r--    1 root     root          126  5月  7 22:41 file1
-rw-r--r--    1 root     root          126  5月 16 12:08 file3
-rw-r--r--    1 root     root        18275  3月 21 06:48 install.log
-rw-r--r--    1 root     root         3049  3月 21 06:48 install.log.syslog
-rwxr--r--    1 root     root           27  5月 16 12:20 script1
      五月 2017
日 一 二 三 四 五 六
    1  2  3  4  5  6
 7  8  9 10 11 12 13
14 15 16 17 18 19 20
21 22 23 24 25 26 27
28 29 30 31

root     :0           May 16 11:53
root     pts/0        May 16 12:05 (:0.0)
[root@localhost root]#
```

图 5-6　指定命令执行脚本操作界面

5.2　Shell 命令

Shell 可执行的用户命令可分为两类：实用程序和内置命令。实用程序又可以分为 4 类：Linux 程序、应用程序、Shell 脚本、用户程序。内置命令是由部分常用命令的解释器构成，可以提高执行效率。Shell 对于用户输入的命令，有以下 3 种处理方式。

- 如果用户输入的是内置命令，那么由 Shell 的内部解释器进行解释，并交由内核执行。
- 如果用户输入的是实用程序命令，用户也给出了命令的路径，那么 Shell 会按照用户提供的路径在硬盘中查找。如果找到则调入内存，交由内核执行，否则输出提示信息。

● 如果用户输入的是实用程序，但是用户没有给出命令的路径，那么 Shell 会根据 PATH 环境变量所指定的路径依次进行查找。如果找到则调入内存，交由内核执行，否则输出提示信息。

5.2.1　Shell 命令的一般格式

Linux 命令又称 Shell 命令，当用户登录后 Shell 运行进入了内存，它按照一定的语法将输入的命令加以解释并传给系统。其命令格式：

```
命令 [选项] [参数]
```

说明：

1）命令：是 Shell 命令名称。

2）选项：一般包括一个或多个英文字母，用来扩展命令的特性或功能。

3）参数：一般是由一个或多个单词构成，若命令行中有选项部分，则参数必须放置在选项之后。

4）命令格式中每个字之间必须用空格或〈Tab〉键隔开。

5）在一个命令行中可以输入多个命令，各个命令之间用分号“;”隔开。

🕮 注意：选项的字母以减号“-”开头，少部分选项是以“--”开头，可以多个选项组合一起使用；有些命令对参数的数目有明确规定；Linux 系统严格区分大小写，所以命令、选项和参数的大小写一定要注意。

例如，查看当前目录下所有文件 ls 命令，格式：ls↙，其运行结果如图 5-7 所示。

图 5-7　查看文件命令操作界面

利用选项“-l”查看所有文件的详细信息：权限、大小、修改日期等，例如，ls -l↙，其运行结果如图 5-8 所示。

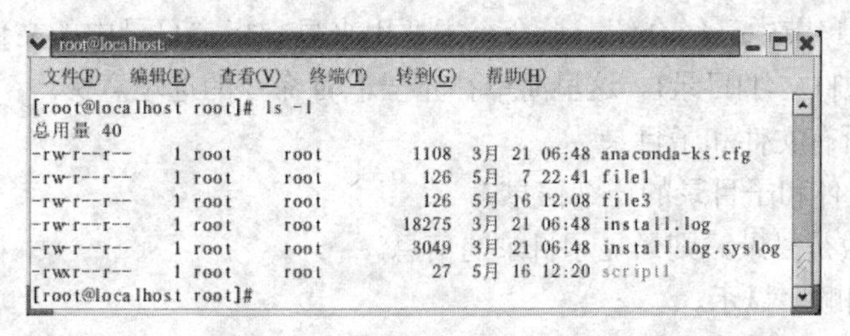

图 5-8　查看文件详细信息操作界面

不同含义选项的组合，查看文件，例如，ls -la↙，其运行结果如图 5-9 所示。

```
文件(F)  编辑(E)  查看(V)  终端(T)  转到(G)  帮助(H)
[root@localhost root]# ls -la
总用量 208
drwxr-x---   12 root   root      4096  5月 15 09:00 .
drwxr-xr-x   19 root   root      4096  5月 15 08:59 ..
-rw-r--r--    1 root   root      1069  4月  5 21:22 anaconda-ks.cfg
-rw-------    1 root   root        72  5月  8 16:02 .bash_history
-rw-r--r--    1 root   root        24 2000-06-11  .bash_logout
-rw-r--r--    1 root   root       234 2001-07-06  .bash_profile
-rw-r--r--    1 root   root       176 1995-08-24  .bashrc
-rw-r--r--    1 root   root       210 2000-06-11  .cshrc
-rw-r--r--    1 root   root       127  5月  8 16:02 file1
-rw-r--r--    1 root   root       125  5月  8 08:37 file2
-rw-r--r--    1 root   root     62569  4月 10 14:17 .fonts.cache-1
drwx------    5 root   root      4096  5月 15 09:00 .gconf
drwx------    3 root   root      4096  5月 15 09:02 .gconfd
drwx------    4 root   root      4096  4月 10 14:17 .gnome
drwxr-xr-x    5 root   root      4096  5月 10 10:03 .gnome2
drwx------    2 root   root      4096  4月 10 14:17 .gnome2_private
drwxr-xr-x    2 root   root      4096  4月 10 14:17 .gnome-desktop
drwxr-xr-x    2 root   root      4096  4月  5 21:15 .gstreamer
-rw-r--r--    1 root   root       120 2003-02-27  .gtkrc
-rw-r--r--    1 root   root       130  4月 10 14:17 .gtkrc-1.2-gnome2
-rw-------    1 root   root       189  5月 15 09:00 .ICEauthority
-rw-r--r--    1 root   root     18275  4月  5 21:21 install.log
-rw-r--r--    1 root   root      3049  4月  5 21:21 install.log.syslog
drwx------    3 root   root      4096  4月 10 14:17 .metacity
drwxr-xr-x    3 root   root      4096  4月 10 14:17 .nautilus
```

图 5-9　选项的组合操作界面

在命令格式中参数的使用，例如，cp file1 file3↙，其运行结果如图 5-10 所示。

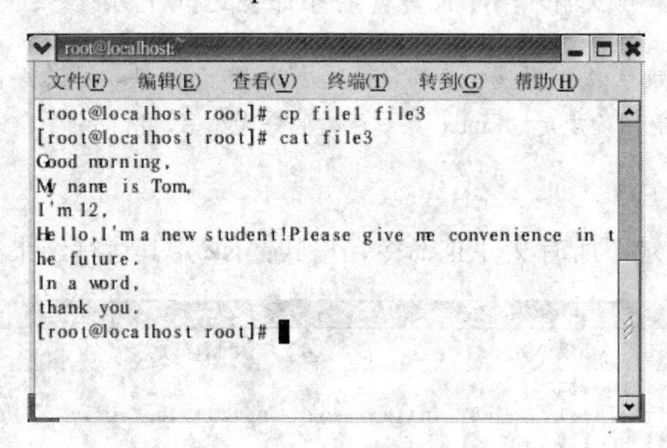

图 5-10　参数的使用操作界面

5.2.2　Shell 的常用简单命令

本节主要介绍一些 Shell 常用命令，这些命令可以带选项和参数，也可以只是命令。

1．ls 命令

该命令在 5.2.1 节中已经介绍。该命令主要用来显示指定目录中的文件或子目录信息，具体格式：ls [选项] [文件|目录]。这里简单补充一下 ls 命令的选项意义。

- -a：显示所有文件和子目录。
- -l：显示文件和子目录的详细信息。
- -d：若参数是目录，则只显示目录的信息。
- -t：按时间顺序显示。
- -R：按递归方式显示各目录、子目录中的文件和信息。

2．cal 命令

该命令主要用来显示日历，它所显示的日历是公元 1～9999 年中的任意一个年份的任意一个月份的日历，其格式：

```
cal [月份] [年份]
```

例如，cal 5 2017↙，其运行结果如图 5-11 所示。

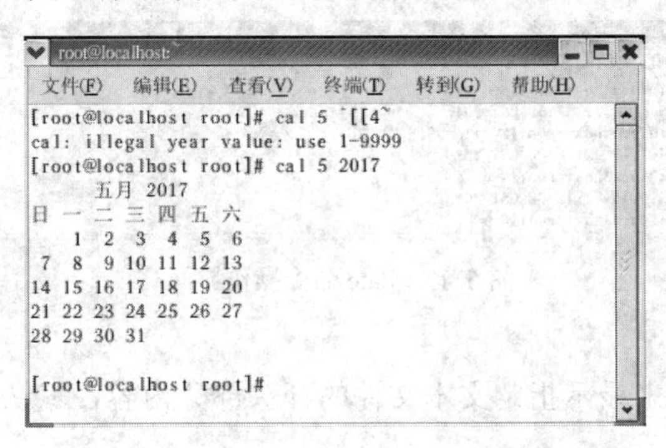

图 5-11　cal 命令操作界面

注意：默认月份和年份就直接显示当前年份对应月份的日历；年份必须是 4 位（2017，不可只写 17），月份可以一位也可以两位（如，5 或 05）。

3．cat 命令

该命令的功能是用来显示指定文本文件的内容，其格式：

```
cat [选项] 文件列表
```

选项：-n 表示在每一行前显示行号。例如，cat –n file1↙，其运行结果如图 5-12 所示。

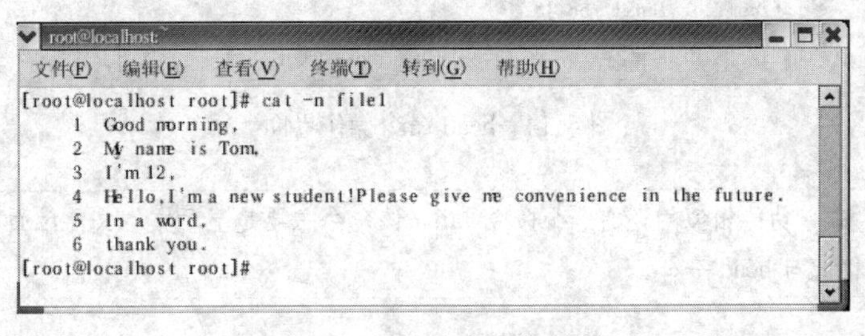

图 5-12　cat 命令操作界面

4．clear 命令

该命令的功能是清屏，其格式：

```
clear
```

5．date 命令

该命令的功能是用来显示当前系统的时间或修改当前系统的时间，其格式：

```
date [MMDDhhmm[YYYY]]
```

说明：

- date：显示当前系统时间，其显示顺序为星期、月份、日期、时、分、秒和年份。

- date MMDDhhmm[YYYY]：修改当前系统时间，年份 4 位可省略，其余参数顺序为月份、日期、时和分为两位，不足补 0，若修改系统时间需要是管理员身份，普通用户没有此权限。

例如，date 051512122016↙，其运行结果如图 5-13 所示。

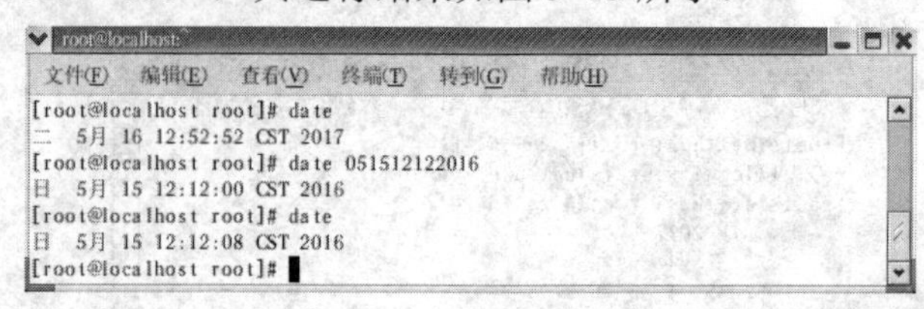

图 5-13　date 命令操作界面

6．head 命令

该命令的功能是用来显示指定文本文件的开头部分内容，默认显示文本文件的前 10 行，其格式：

```
head [选项]文件
```

该命令可以利用选项来指定显示的行数，其格式：

```
-n 数字
```

例如，head –n 3 file1↙，其运行结果如图 5-14 所示。

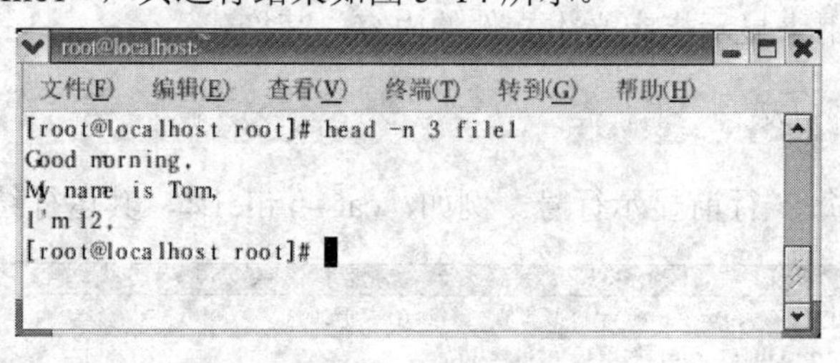

图 5-14　head 命令操作界面

> 注意：与 head 命令功能相似的还有一个命令 tail，该命令主要是显示文本文件后面部分，默认显示后 10 行，其使用格式与 head 一样。

7．more 命令

该命令的功能是用来分屏显示指定文本文件的内容，其格式：

```
more 文件名
```

例如，more file1↙，其运行结果如图 5-15 所示。

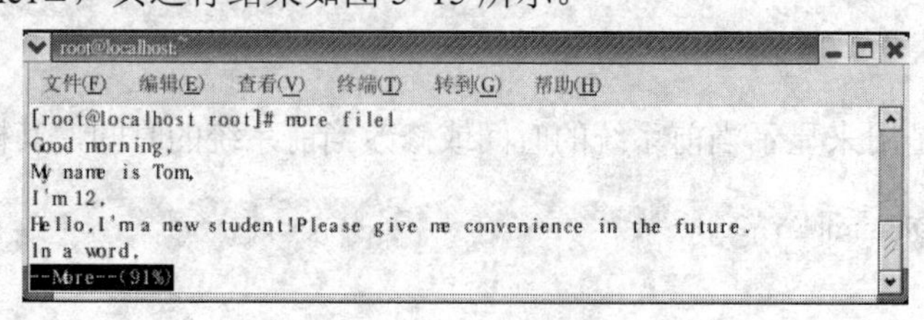

图 5-15　more 命令操作界面

说明：首次显示第一屏内容以及显示文本占全部文本文件的百分比。按〈Enter〉键可显示下一行内容，按空格键可显示下一屏内容，按〈Q〉键可退出 more 命令。

注意：与 more 命令具有相同功能的还有一个命令为 less，与 more 命令唯一不同的是 less 命令可以向前、向后翻页，而 more 命令只能向后翻页。

8. pwd 命令

该命令的功能是用来显示的当前工作的全路径名，其格式：

```
pwd
```

例如，pwd↙，其运行结果如图 5-16 所示。

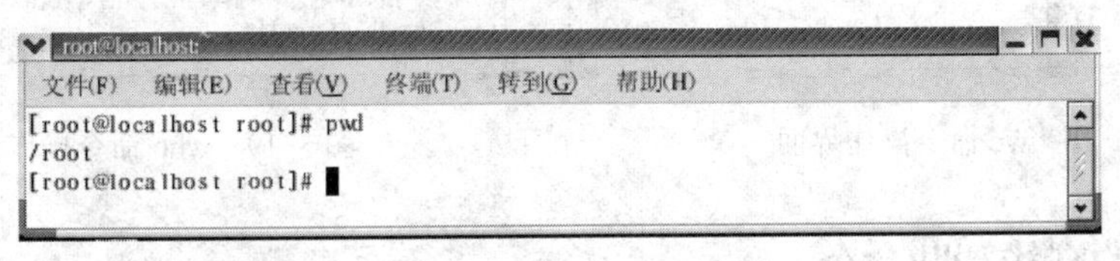

图 5-16　pwd 命令操作界面

9. uname 命令

该命令的功能是查看当前操作系统的信息，其格式：

```
uname [选项]
```

常用选项如下。

- -r：显示发行版本号。
- -m：显示所用机器类型。
- -i：显示所需硬件平台。
- -v：显示操作系统版本。

例如，uname –rm↙，其运行结果如图 5-17 所示。

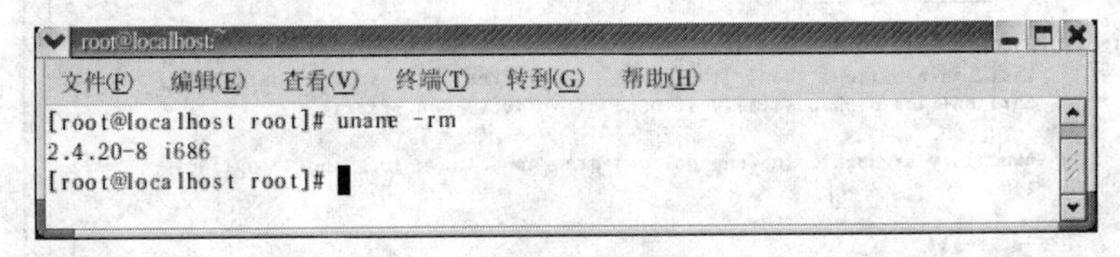

图 5-17　nuname 命令操作界面

10. wc 命令

该命令的功能是用来统计给定文件的行数、字数和字符数，其格式：

```
wc [选项] 文件名
```

常用选项如下。

- -l：选项统计行数。
- -w：选项统计字数。
- -c：选项统计字节数。

例如，wc –lwc file1↙，统计文本文件 file1 中的文本行数、字数以及字节数，其运行结果如图 5-18 所示。

11．who 命令

该命令的功能是用来显示当前已经登录到系统的所有用户名及其终端名和登录到系统是时间，其格式：

```
who
```

例如，who↙，其运行结果如图 5-19 所示。

图 5-18 wc 命令操作界面

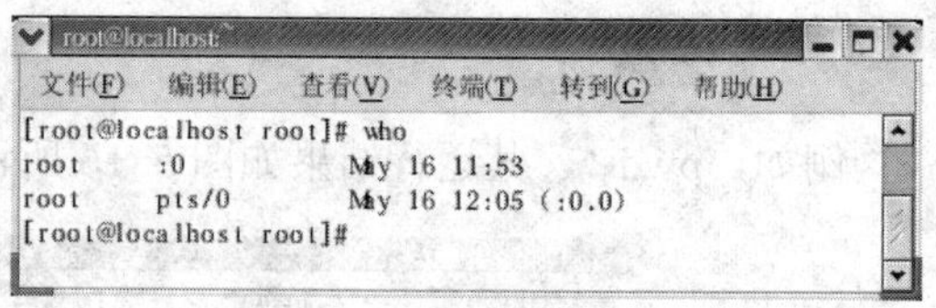

图 5-19 who 命令操作界面

5.2.3 Shell 的在线帮助命令

Shell 命令有很多，需要大量的记忆，Linux 操作系统提供了一种机制——在线帮助命令（man），该命令可以查找到指定命令的语法结构、主要功能、主要选项等信息。其格式：

```
man 命令名
```

例如，man ls↙，其运行结果如图 5-20 所示。

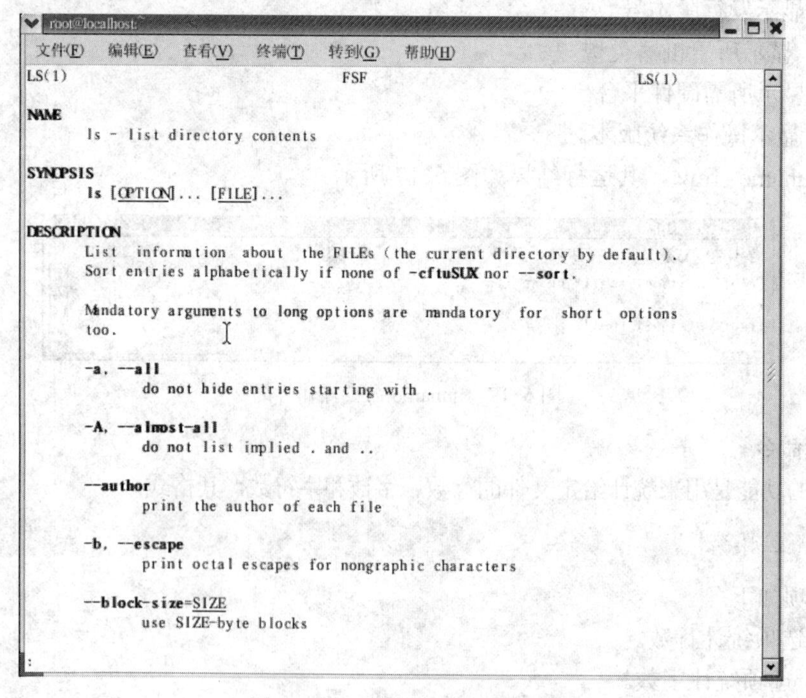

图 5-20 man 命令的操作界面

在使用 man 查看某一命令的详细信息时，经常会包含很多信息，用户在查看过程中可以借助以下几个控制键来辅助信息的查阅。

- 〈空格〉键：一次滚动手册页一屏。
- 〈Enter〉键：一次滚动手册页一行。
- 〈q〉键：退出 man 命令。
- 〈↑〉〈↓〉〈PageUp〉〈PageDown〉键：前后翻阅。

在 man 给出的命令手册页中包含几部分的内容，其中主要有 4 部分内容：NAME（名称）、SYNOPSIS（语法大纲）、DESCRIPTION（描述说明）、OPTIONS（选项）。

在 Linux 系统中除了采用 man 命令以外，还可以使用选项“--help”提供某一命令的帮助信息查看，由于不是所有的命令都有 help 选项，所以在使用时读者需要略加注意。其格式：

```
命令名 –help
```

例如，ls --help↙，其运行结果如图 5-21 所示。

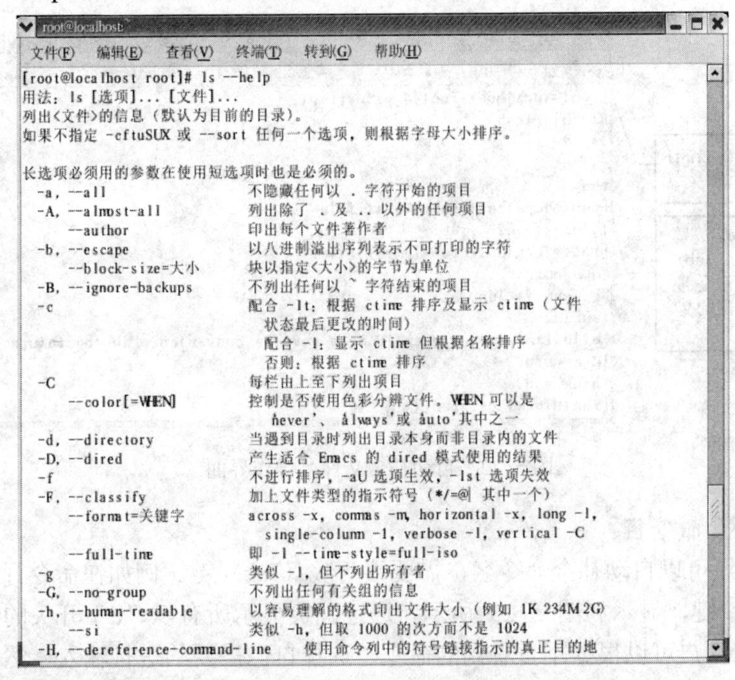

图 5-21 help 选项操作界面

📖 注意：若显示信息很多，用户可配合 more 命令使用，更方便阅读。其格式：命令名 –help|more

info 和 whatis 等命令也可以进行一些命令信息的查看，其格式：

```
info：info 命令名
whatis：whatis 命令名
```

读者可自行练习，查阅参考资料了解其详情。

5.2.4 命令的高级操作

Linux 系统中除了提供上述基本 Shell 命令之外，还提供了一些扩展 Shell 命令功能的操作。

1．自动补全

Linux 系统中命令较多，有些命令又比较长，若都需要用户记忆或完整输入势必会影响工作效率，利用〈Tab〉键可以实现自动补全命令或文件名。所谓自动补全是指用户在输入命令时不需要输入完整的命令，只需要输入前几个字母，系统会自动找出匹配的文件或命令。

（1）自动补全文件或目录名

例如，查看 script1 文本文件的内容，则用户可以输入“cat s”，然后按〈Tab〉键，则系统自动补全命令“cat script1”，按〈Enter〉键即可查看该文本文件内容。

但需要说明的是，若在该目录内有多个以相同字母开头的文本文件，如本教材案例中创建了三个文本文件 file1、file2 和 file3，若用户想要查看 file1 文本文件的内容，在命令行输入“cat f”然后按〈Tab〉键，这时命令行处会显示“cat file”，由于系统不能确定用户具体要查看 3 个文件中哪个，这时用户需再次按〈Tab〉键，界面会显示出所有以“file”开头的 3 个文件，用户可以选择自己需要的文件输入，然后查看。具体操作如图 5-22 所示。

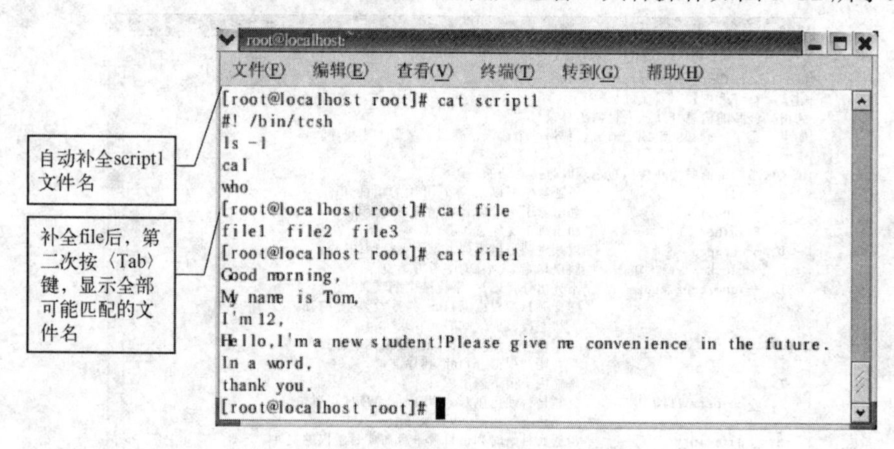

图 5-22　自动补全文件名操作界面

（2）自动补全命令名

在 Shell 中还可以自动补全命令名，需要按两次〈Tab〉键。例如在命令行输入“d”，然后按两次〈Tab〉键，显示如图 5-23 所示，通过翻页显示所有以“d”开头的命令后，命令行处显示“d”，用户可以根据刚查看到的命令，选择自己需要的进行输入，然后进行对应的操作。

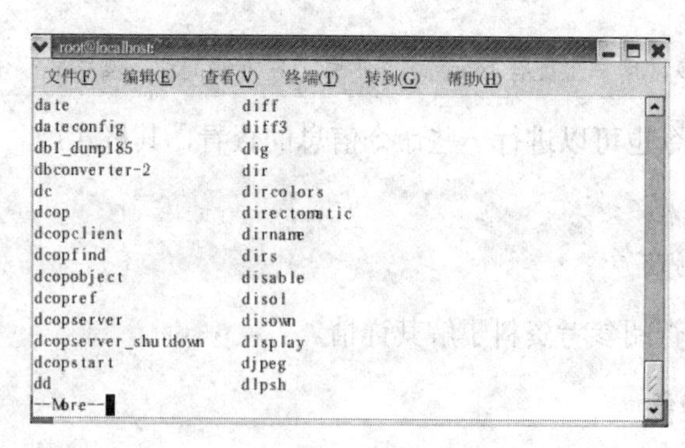

图 5-23　自动补全命令名操作界面

2．历史命令

在用户的操作过程中，往往需要反复操作某个命令，若用户每次都要重新输入，会影响操作效率，同时也是重复工作。Shell 中提供了历史记录功能。也就是说，用户在重复操作之前使用过的命令时，可以不必重复输入，而是利用历史命令即可直接调用。这是因为每个用户在自己的主目录下都有一个名字为“.bash_history”的隐藏文件，用来保存用户曾经执行过的 Shell 命令，记录数最多为 1000 条。

在 Shell 中查看历史命令的方法有以下 3 种。

（1）利用〈↑〉〈↓〉键、〈PageUp〉或〈PageDown〉键

（2）history 命令

该命令的功能是查看 Shell 命令的历史记录，其格式：

```
history [数字]
```

若省略选项数字则显示所有的 Shell 命令历史记录，若使用选项数字则显示最近执行过的指定数字个数的 Shell 命令。

例如，history 4↙，其运行结果如图 5-24 所示。

注意：每执行一个 Shell 命令，系统均给予一个编号。

（3）! 命令

该命令的功能是用来执行指定序号的 Shell 命令，其格式：

```
!数字
```

例如，!74↙，其运行结果如图 5-25 所示。

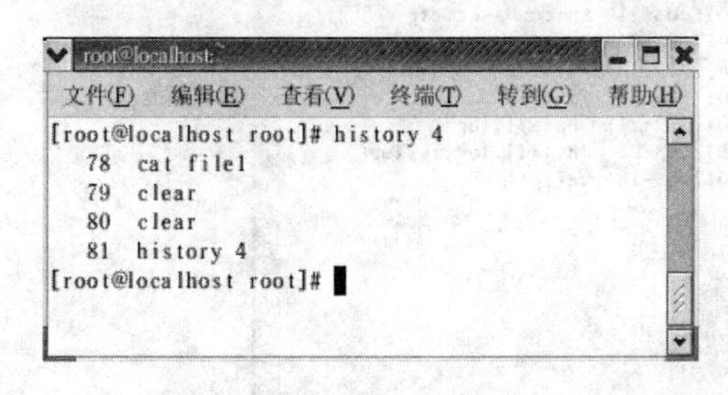

图 5-24 history 命令操作界面

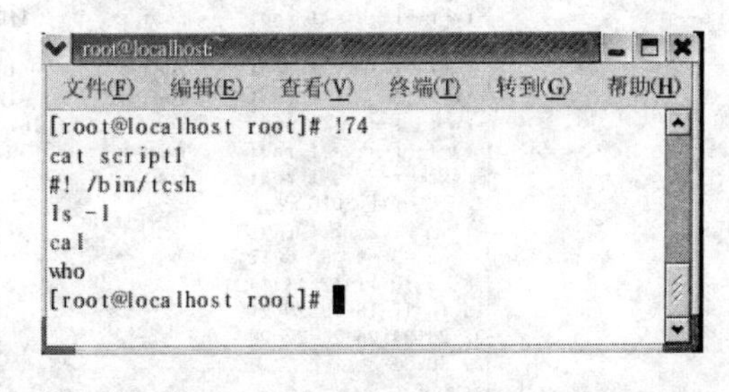

图 5-25 ! 命令操作界面

注意：“! ”与数字之间不允许有空格。

（4）!!命令

该命令的功能是用来执行刚刚执行过的 Shell 命令，其格式：

```
!!
```

例如，!!↙，其运行结果如图 5-26 所示。

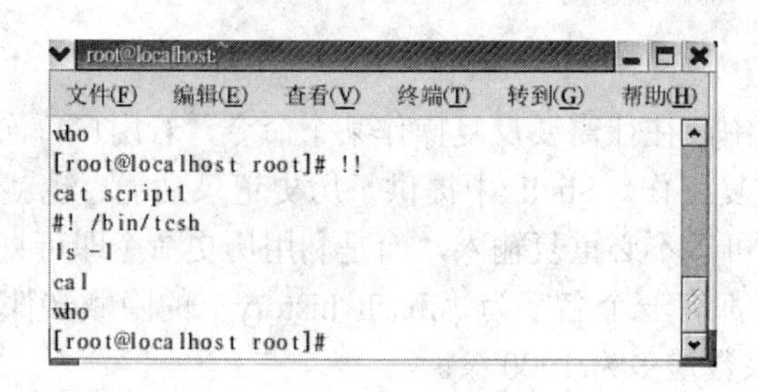

图 5-26 !!命令操作界面

3．重定向命令

之前所有的输入/输出操作都是针对标准输入设备（键盘）和标准输出设备（显示器），在实际应用中输入/输出不可能单单只针对标准的输入/输出设备，还可能是针对文件而言。Shell 提供了输出重定向命令，使输入/输出更灵活。

（1）输入重定向

输入重定向是指不从标准输入设备（键盘）读入数据，而是从某文件中读入数据，用小于号“<”来实现。其格式：

```
命令名 < 文件名
```

说明：该命令格式各项之间可以不需要空格隔开，为了提高命令的可读性，建议在命令行各项之间添加空格。

例如，sh < script1↙，其运行结果如图 5-27 所示。

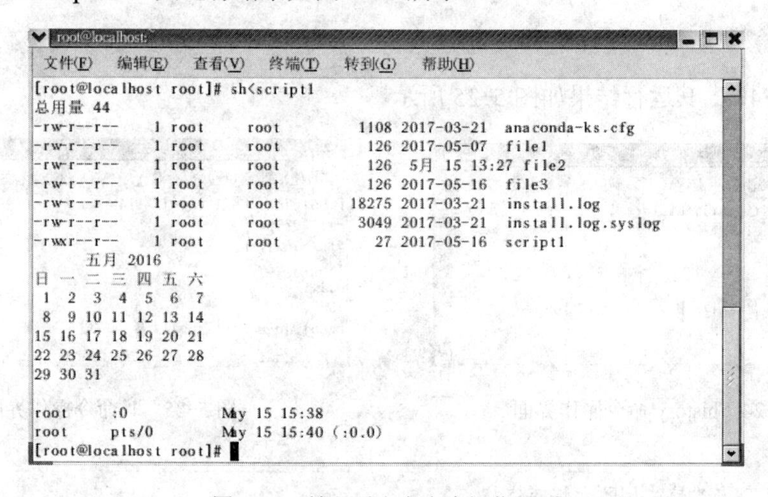

图 5-27 输入重定向命令操作界面

“sh < script1”命令的运行结果与“sh script1”命令的运行结果相同。由此可知，由于大多数的命令都可以接受文件名为参数而操作，所以输入重定向并不经常使用，只有少数命令不接受文件名作为参数时，才需要使用输入重定向，读者可自行查阅相关文献深入了解。

（2）输出重定向

输出重定向是指命令操作的结果不在标准输出设备（屏幕）上显示，而是保存到某个文件中，用大于号“>”来实现。其格式：

命令名 < 文件名

例如，ls –l>file4↙，其运行结果如图 5-28 所示。

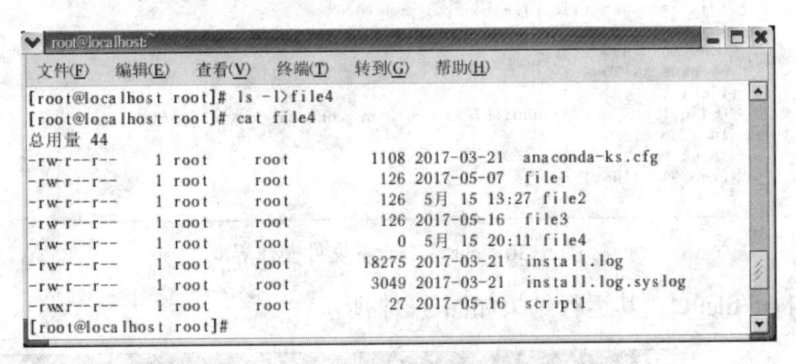

图 5-28　输出重定向命令操作界面

需要特殊说明的是，cat 命令可以用来查看文本文件的内容，若其与输出重定向命令结合使用还可以实现文本文件的创建与文本文件的合并。

cat > 文件名

该命令格式的功能是用来创建一个指定文件名的文本文件，当用户输入命令后，界面上会出现闪烁的光标，这时输入的字符都是文本文件的内容，按〈Enter〉键可以换行，按〈Ctrl+d〉组合键结束文本的输入，再次返回 Shell 命令提示符。

例如，cat > file0↙，其运行结果如图 5-29 所示。

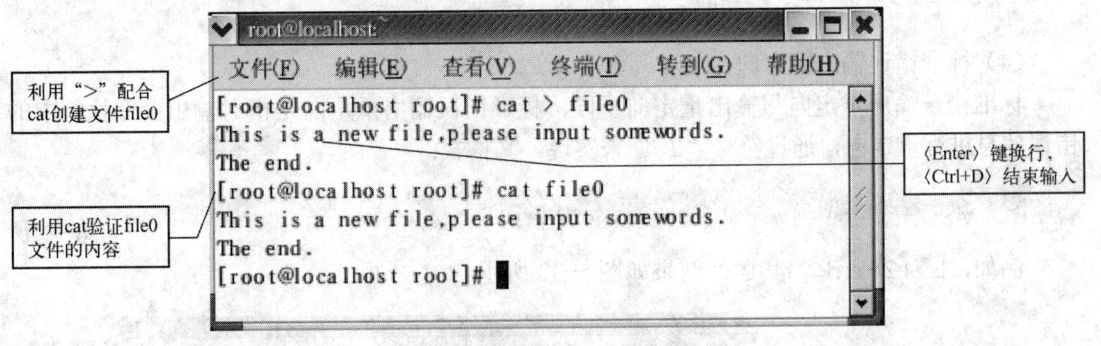

图 5-29　cat 命令创建文件操作界面

cat 文件列表 > 文件名

该命令格式的功能是用来将文件列表中的所有文件内容合并后存放到指定文件名的另一文件中。

例如，cat file0 file1 > file5↙，其运行结果如图 5-30 所示。

（3）附加输出重定向

附加输出重定向与输出重定向功能基本相似，所不同的是附加输出重定向是将输出内容添加在原文件内容的后面而不是覆盖其内容，通过符号“>>”来实现该功能。其格式：

命令名 >> 文件名

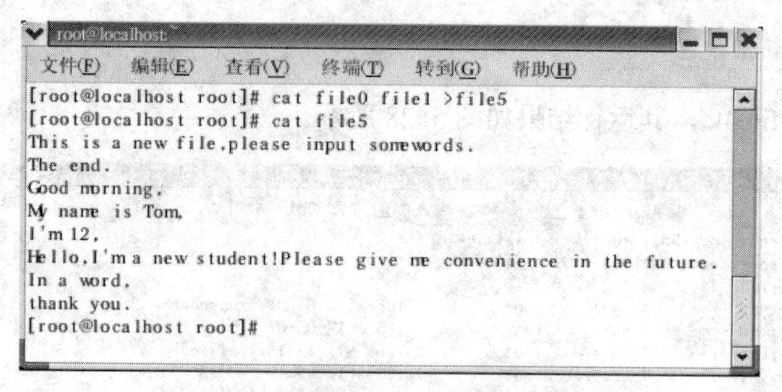

图 5-30 cat 命令合并文件操作界面

例如，cal >> file0↙，其运行结果如图 5-31 所示。

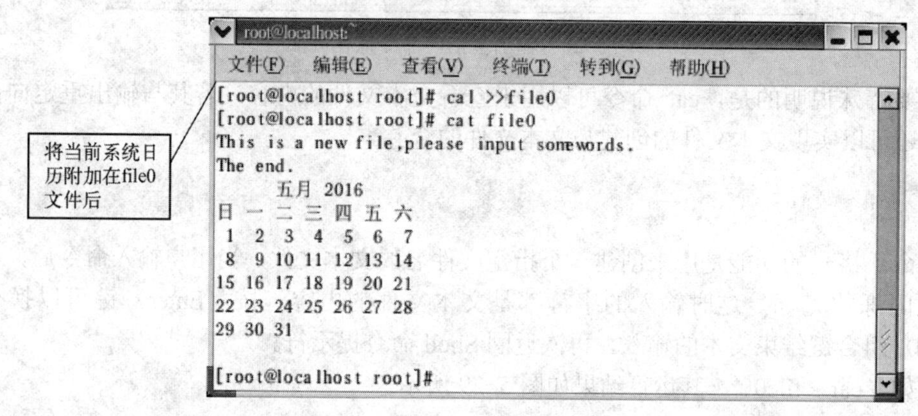

图 5-31 附加输出重定向操作界面

（4）标准错误输出重定向

标准错误输出重定向与输出重定向不同，标准错误输出重定向是指对输出命令执行中的错误信息进行重定向，通过符号“2>”来实现。其格式：

```
命令名 2> 文件名
```

例如，ls –l 2> err↙，其运行结果如图 5-32 所示。

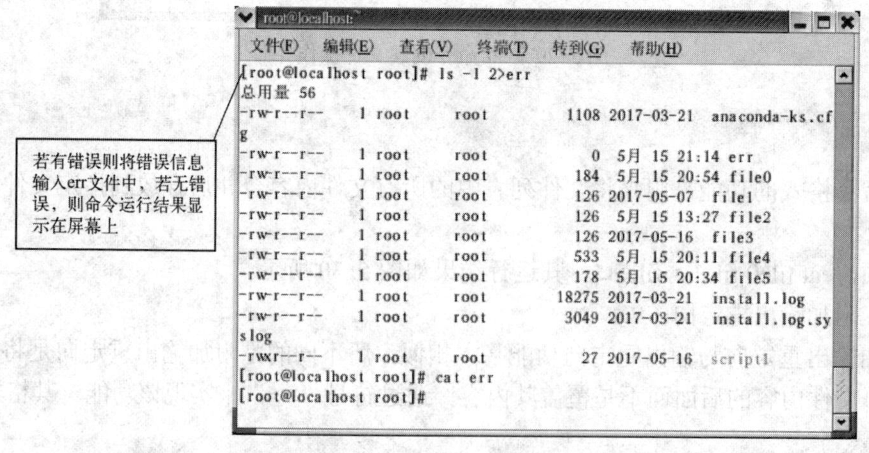

图 5-32 标准错误输出重定向操作界面

4．管道

所谓管道就是将多个命令集合在一起，形成一个管道流。管道流中的命令会从左到右依次执行，前一个命令的执行结果作为后一个命令执行的输入，用以完成较为复杂的功能，Shell 用符号“|”来实现。其格式：

```
命令 1|命令 2|...|命令 n
```

例如，man ls|more↙，其运行结果如图 5-33 所示。

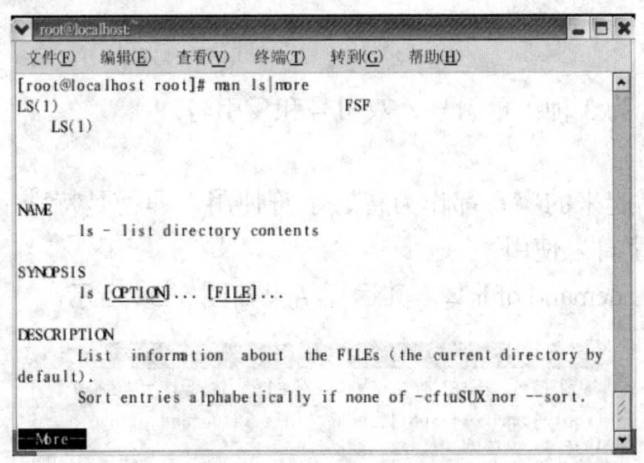

图 5-33　管道命令操作界面

5.3　Shell 特殊字符

在 Shell 中除了普通字符外，还包含一些具有特定含义的特殊字符，这些特殊字符可以帮助系统管理员更便捷地进行各种操作。

5.3.1　Shell 的通配符

通配符主要用于模式匹配，常用的通配符有星号“*”、问号“?”和方括号“[ ]”。

1．“*”的使用

“*”代表任何长度（零个、一个或者多个字符）的字符串，例如，“a*”表示以 a 开头的任意字符串。

> 注意：若用“*”进行文件名匹配，文件名前的圆点（“.”）和路径名中的斜线（“/”）必须显式匹配。例如“*”不能匹配.file，而需要写成“.*”才可以匹配.file。

2．“?”的使用

“?”代表任何一个字符。例如，“ file?”表示以 file 开头共有 5 个字符的文件名。若用“??”则表示任意两个字符，依次类推“??..?”则表示任意 n 个字符。

3．“[ ]”的使用

“[ ]”代表指定的一个字符组，只要字符串中“[ ]”位置处的字符在“[ ]”中指定的范围之内，那么这个字符串就与这个模式串匹配。方括号中的字符组可以直接给出，也可以由表示限定范围的起始字符、终止字符及中间的连字符“-”给出。若在左方括号“[”后紧接着是感叹号“!”，则表示不包括在方括号中所列出的字符。

例如，f [a- e] 与 f [abcde]的作用相同，都可以表示可匹配的内容包括：fa、fb、fc、fd和 fe。f [!a- e]则表示可匹配的内容是除 fa、fb、fc、fd 和 fe 以外的以 f 开头的字符串。

> 注意：连字符“-”仅在方括号内有效，表示字符范围，若在方括号外则认为是普通字符。而“*”和“?”只有在方括号外看作是通配符，若出现在方括号内，则被当作普通字符使用。

5.3.2 Shell 的引号

在 Shell 中引号分为 3 种：单引号、双引号和反引号。

1．单引号

由单引号（''）括起来的字符都作为普通字符使用，即使是特殊字符，若用单引号括起来，也只能作为普通字符来使用。

例如，echo 'this is demand of ls'↙，其运行结果如图 5-34 所示。

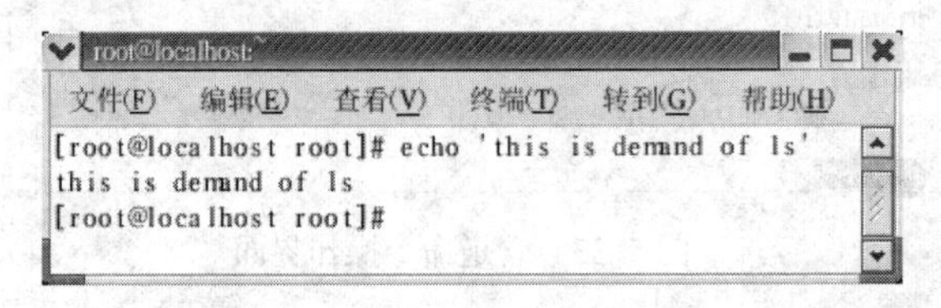

图 5-34　单引号应用操作界面

Echo 命令的功能是用于打印 Shell 变量的值，或者直接输出指定的字符串。通过运行结果可见 ls 并没有作为显示信息命令进行操作，而是作为普通字符输出在显示器上。

2．双引号

由双引号（""）括起来的字符，除“$”“ \”和“`”（倒引号）仍保留其特殊功能外，其余字符均作为普通字符使用。“$”表示用其后指定的变量值来代替变量和“$”；“\ ”是转义字符，它告诉 Shell 对其后的那个字符只当做普通字符来处理。双引号的应用示例如图 5-35 所示。

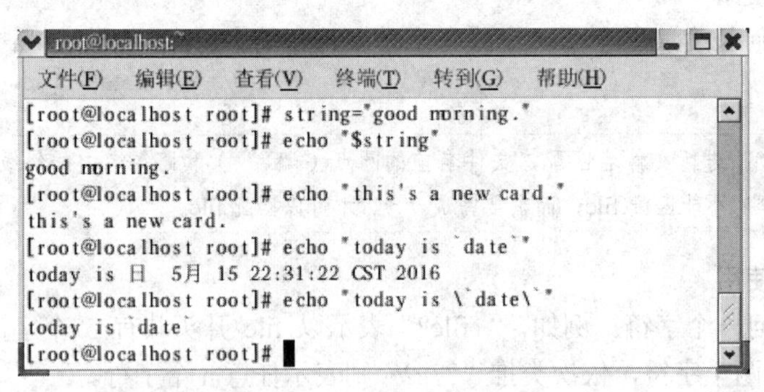

图 5-35　双引号应用操作界面

3．反引号

反引号（`）字符所对应的键一般位于键盘的左上角，与波浪线“～”在同一个键上。

反引号括起来的字符串被 Shell 解释为命令行，在执行时，Shell 首先执行该命令行，并以它的标准输出结果取代整个反引号部分。

例如：echo current directory is `pwd`↙，其运行结果如图 5-36 所示。

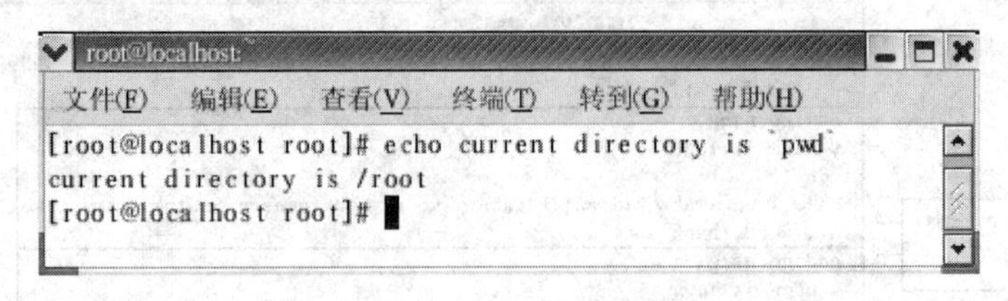

图 5-36　反引号应用操作界面

📖 注意：反引号还可以嵌套使用，嵌套使用时内层的反引号必须用反斜线“\”将其转义。

5.3.3　Shell 的命令执行顺序操作符

前面所介绍的命令执行一般都是每行执行一个命令，而在实际应用中，Shell 中也可以将多条命令写在同一行中，按出现的顺序执行，也可以设定多个命令之间的逻辑关系：逻辑与、逻辑或。

1．顺序执行

在 Shell 中允许一行输入多个命令，命令之间用分号（“;”）或者管道线（“|”）隔开，按照命令的先后顺序依次执行。其格式：

```
命令名 1;命令名 2;…;命令名 n
```

例如，cd /home;ls –l;cat<file0↙，操作功能是切换目录至 home 下，显示该目录下文件信息，同时创建一个新的文本文件 file0。其运行结果如图 5-37 所示。

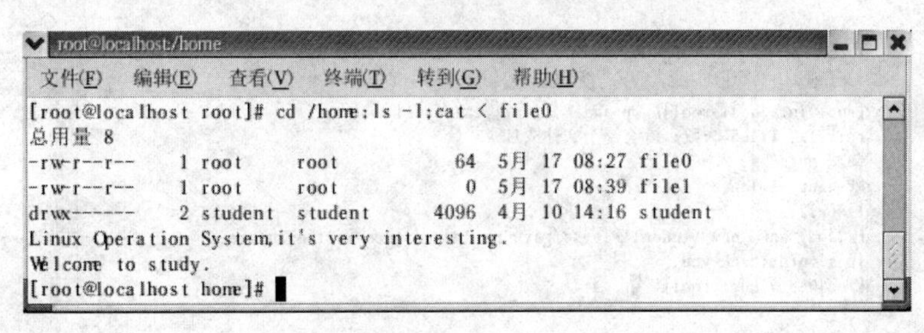

图 5-37　顺序执行操作界面

2．逻辑与

在 Shell 中可以利用操作符“&&”实现两个或两个以上命令的逻辑与操作。其格式：

```
命令名 1&&命令名 2&&…命令名 n
```

其操作过程是先执行命令名 1，若该命令运行成功则接着执行命令名 2，依次类推。若运行到某一命令名没有执行成功，则后面的命令名均不执行。

例如，cp file1 file4&&cat file1 file4>file5&&cat file5↙，操作功能是首先将 file1 文件复

制给 file4，若执行成功后接着将 file1 和 file4 两个文本文件合并放入 file5 文件中，成功以后接着显示文本文件 file5 的内容。其运行结果如图 5-38 所示。

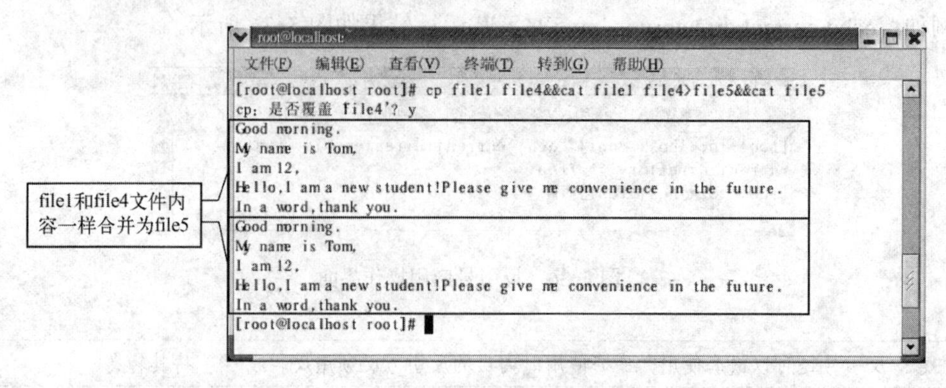

图 5-38　逻辑与操作界面

注意：若复制文件到目标文件的文件名已经存在，系统会询问是否需要覆盖（y/n）。

3. 逻辑或

同样，在 Shell 中还可以利用操作符“||”实现两个或两个以上命令的逻辑或操作，其格式：

```
命令名 1||命令名 2||…||命令名 n
```

其操作过程为先执行命令名 1，若执行不成功，则接着执行命令名 2，依次类推，若某一个命令名执行成功，则其后的命令名均不执行。

例如，cp file6 file7||cat file1↙，操作功能是先将当前目录下的文件 file1 复制到 home 目录下的 file3，然后显示当前目录下的文本文件 file1。其运行结果如图 5-39 所示。

图 5-39　逻辑或操作界面

5.3.4　Shell 注释符、转义字符和后台操作符

1. 注释符

在 5.1.3 中已经简单介绍了注释符“#”在脚本编写中的应用，在这里再补充一点，注释行可以是从程序中的新行开始，也可以是在命令之后，对命令行进行解释说明。

例如，注释在命令行中的应用如图 5-40 所示。

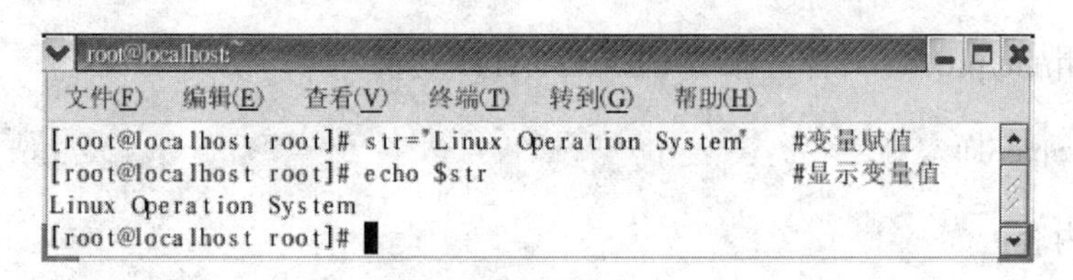

图 5-40 注释行的应用操作界面

2．转义字符

转义字符“\”也称反斜线，一般放在特殊符号前，则取消该特殊符号的特殊含义；放在指令的最末端，则表示该行指令与紧邻下一行视为同一行（使得回车符无效，只起换行作用）。

例如：转义字符的应用示例如图 5-41 所示。

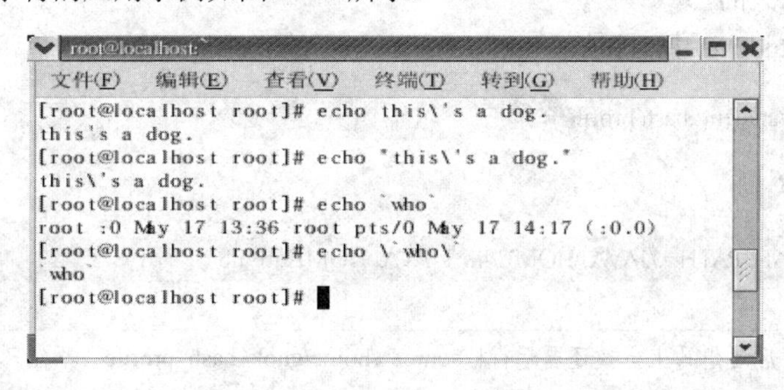

图 5-41 转义字符的应用操作界面

3．后台操作符

后台操作符“&”放置在命令名后，可以在后台启动该程序，并且马上显示主提示符，提醒用户输入新的命令进行其他操作，这样利用前后台进程轮流在 CPU 上执行，可以提高工作效率和系统资源利用率。

5.4 Shell 的变量

Linux 系统中的 Shell 变量和其他高级语言中的变量定义是一样的：Shell 变量的名字必须是由字母、数字和下画线（“_”）组成，并且以字母或下画线开头；变量值是以字符串形式存放在内存中某一特定的存储单元中，并且该值的长度在理论上是没有限定的，并且可以改变。Shell 变量分为 Shell 环境变量和用户自定义变量。

5.4.1 Shell 的环境变量

Shell 的环境变量主要用于定制 Shell 的运行环境，并保证 Shell 命令的正确执行。设置环境变量有以下 3 种常用的方法。

1．在/etc/profile 文件中添加变量

利用 Vi 编辑器，在文件/etc/profile 文件中增加变量，该变量将会对 Linux 下所有用户有效，并且是“永久的”。

例如：编辑/etc/profile 文件，添加 CLASSPATH 变量。

```
# vi /etc/profile↙
```

添加如下内容：

```
export CLASSPATH=./JAVA_HOME/lib;$JAVA_HOME/jre/lib
```

📖 注意：修改文件后要想马上生效还要运行# source /etc/profile，不然只能在下次重进此用户时生效。

2．在用户目录下的.bash_profile 文件中增加变量

利用 Vi 编辑器，在用户目录下的.bash_profile 文件中增加变量，该变量仅会对当前用户有效，并且是“永久的”。

例如：编辑 student 用户目录（/home/student）下的.bash_profile。

```
$ vi /home/student/.bash.profile ↙
```

添加如下内容：

```
export CLASSPATH=./JAVA_HOME/lib;$JAVA_HOME/jre/lib
```

📖 注意：修改文件后要想马上生效还要运行$ source /home/guok/.bash_profile，不然只能在下次以此用户重新登录时生效。

3．直接运行 export 命令定义变量

在 Shell 的命令行下直接使用命令 export 来定义环境变量，该变量只在当前的 Shell(BASH)或其子 Shell(BASH)下有效，Shell 关闭了，变量也就失效了，再打开新 Shell 时就没有这个变量，需要使用的话还需要重新定义。

例如，利用 export 命令将本地变量 name 修改为环境变量，定义后用户可通过 env |grep “变量名”命令查看所定义的环境变量，其运行结果如图 5-42 所示。

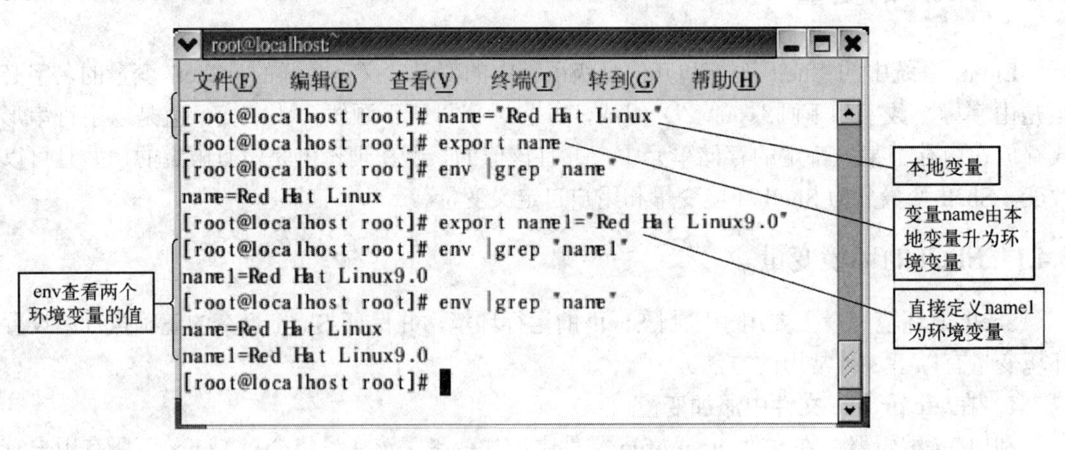

图 5-42 设置环境变量操作界面

利用 env 查看环境变量时也可以不加后面 grep“变量名”，那么该命令实现的功能就是查看所有的环境变量。输入：env |more↙，其运行结果如图 5-43 所示。

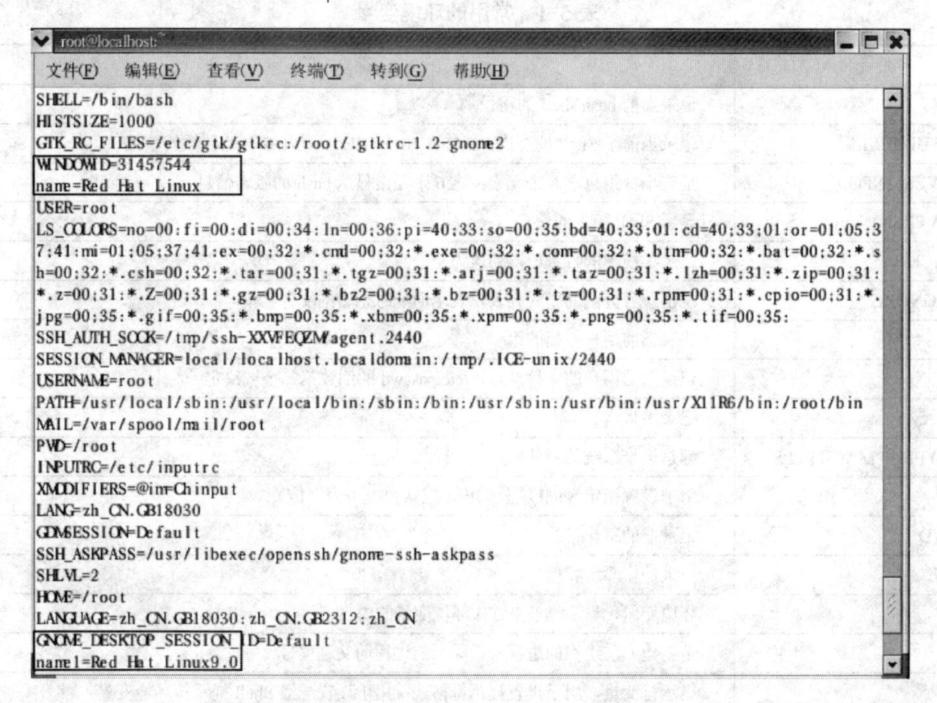

图 5-43　env 查看环境变量操作界面

需要补充说明的是，用户也可以运行 readonly 这个参数给 name 以只读属性；用户还可以使用 set 查看所有本地定义的环境变量；使用 unset 删除指定的环境变量。例如，利用 set 查看本地定义的环境变量，输入 set |more↙，其运行结果如图 5-44 所示。

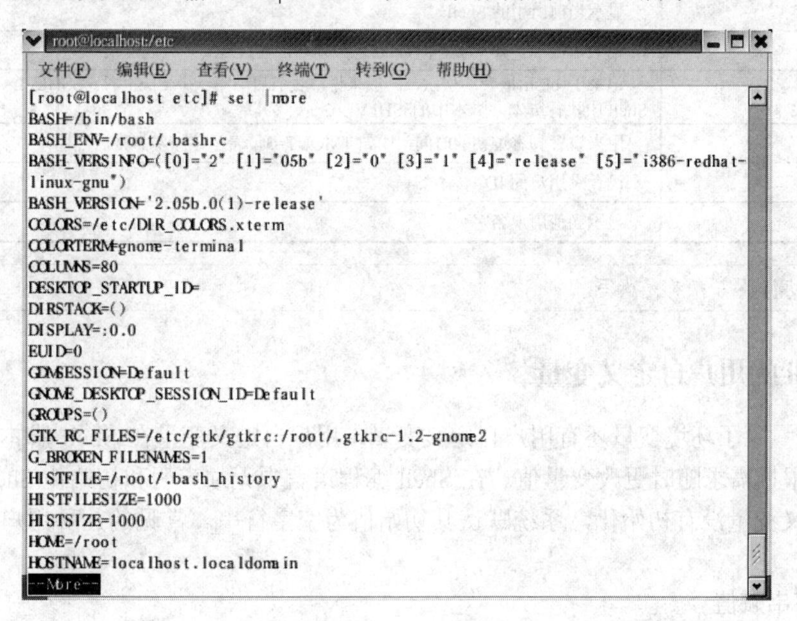

图 5-44　set 命令查看本地环境变量操作界面

常用的环境变量如表 5-1 所示。

表 5-1 常用的环境变量

环境变量	说 明
BASH	记录当前 bash shell 的路径
BASH_SUBSHELL	记录当前子 Shell 的层次。BASH_SUBSHELL 是从 0 开始计数的整数
BASH_VERSINFO	是一个数组包含 6 个元素，这 6 个元素显示 bash 的版本信息
BASH_VERSION	显示 Shell 版本的信息
DIRSTACK	记录了栈顶的目录值，初值为空
GLOBLGNORE	是由冒号分割的模式列表，表示通配时忽略的文件名集合
GROUPS	记录当前用户所属的组
HOME	记录当前用户的家目录，由/etc/passwd 的倒数第二个域决定
HOSTNAME	记录主机名
HOSTTYPE 和 MACHTYPE	都是记录系统的硬件架构
IFS	用于设置指定 Shell 域分隔符，默认情况下为空格
OLDPWD	记录旧的工作目录
OSTYPE	记录操作系统类型
PATH	环境变量，显示当前 PATH 环境变量的内容
PPID	是创建当前进程的进程号，即当前进程的父进程号
PS1	提示符变量，用于设置提示符格式，用于设置一级 Shell 提示符环境变量
PS2	用于设置二级 Shell 提示符环境变量
PWD	记录当前路径
REPLY	REPLY 变量与 read 和 select 有关
SECONDS	记录脚本从开始到结束耗费的时间
SHELL	显示当前所用的 Shell
SHELLOPTS	记录了处于“开”状态的 shell 选项列表，它只是一个只读变量
SHLVL	记录了 bash 嵌套的层次，一般来说，我们启动第一个 Shell 时。$SHLVL=1。如果在这个 Shell 中执行脚本，脚本中的$SHLVL=2
TMOUT	用来设置脚本过期的时间，比如 TMOUT=3，表示该脚本 3 秒后过期
UID	已登录用户的 ID
USER	显示当前用户名字

注意：环境变量一般都是大写。

5.4.2 Shell 的用户自定义变量

Shell 变量除了环境变量还有用户自定义变量，用户自定义变量在 Shell 脚本中占用临时存储空间，根据需求随时更改变量值。在 Shell 编程语言中无须声明和初始化 Shell 变量，定义一个自定义变量没有初始化，系统默认其初始值为空字符串。常见的几种用户自定义变量如下：

1．字符串赋值

字符串赋值形式是最为常见的形式，前面章节中已经见过，其格式：

变量名=字符串

若引用该变量的值需用在变量名前加上符号“$”。

例如，str=hello　　#定义一个变量 str，并且赋值为 hello

注意：赋值号“=”两侧不允许有空格。

2．变量值中含有空格、制表符或换行符

若在给变量赋值时，值中含有空格、制表符或换行符，则需要用双引号（“""”）把该值括起来。

例如，str="hello world"

注意：若没有双引号括起来带有空格的字符串，则变量 str 接收的值为 hello，而不是 hello world。

3．变量值可以引入某字符串中

用户自定义的变量也可以引用到某个长的字符串中，对重复输入的同字符串比较适用。

例如，用户自定义的变量在字符串中的引用示例，如图 5-45 所示。

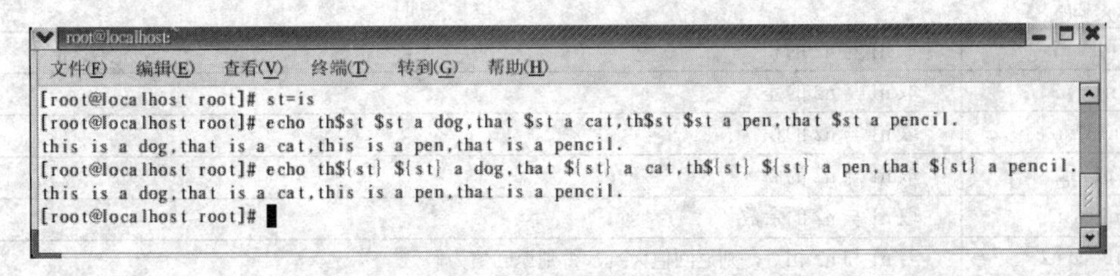

图 5-45　用户自定义变量在字符串中的引用

注意：一般用户自定义变量在长字符串中引用时，在开头或中间部分变量名尽量用花括号“{}”括起来，若放在长字符串末尾就直接用“$”变量名引用即可。

5.5　Shell 的运算

运算，顾名思义就是告诉计算机哪些数值应该用哪种运算符来进行运算，通过表达式对变量、数字、字符用的运算符号就叫运算符，其中运算符包括算术运算符、逻辑运算符、关系运算符、赋值运算符以及按位运算符等；而表达式则是由各类运算符和数字、变量、字符对象组成的集合体。

5.5.1　Shell 的运算符

Shell 中常用运算符包括：算术运算符、按位运算符、逻辑运算符、关系运算符及赋值运算符等。

1．算术运算符

Shell 中的算术运算符包括：+（加）、-（减）、*（乘）、/（除）、%（取余）。

2．按位运算符

Shell 中的按位运算符包括：～（取反）、<<（左移）、>>（右移）、|（按位或）、^（按

位异或)、&（按位与）。

3．逻辑运算符

Shell 中的逻辑运算符包括：!（非）、-a/&&（与）和-o/||（或）。

4. 关系运算符

Shell 中的关系运算符包括：<（小于）、<=（小于或等于）、>（大于）、>=（大于或等于）、==（等于）和!=（不等于）。

5．赋值运算符

Shell 中的赋值运算符包括：=、+=、-=、^=、|=、<<=、>>=、%=、/=、*=、&=等。

5.5.2 Shell 的运算表达式

1．数值表达式

数值表达式是利用算术运算符以及数值测试运算符将运算对象连接起来组成的式子，具体如表 5-2 所示。

表 5-2 数值表达式

表达式	说　明
n1 + n2	取 n1 与 n2 的和
n1 - n2	取 n1 与 n2 的差
n1 * n2	取 n1 与 n2 的积
n1 / n2	取 n1 与 n2 的商
n1 % n2	取 n1 与 n2 的余数
n1 –eq n2	若 n1 与 n2 相等，则返回值为真，否则返回值为假
n1 –ne n2	若 n1 不等于 n2，则返回值为真，否则返回值为假
n1 –lt n2	若 n1 小于 n2，则返回值为真，否则返回值为假
n1 –le n2	若 n1 小于或等于 n2，则返回值为真，否则返回值为假
n1 –gt n2	若 n1 大于 n2，则返回值为真，否则返回值为假
n1 –ge n2	若 n1 大于或等于 n2，则返回值为真，否则返回值为假

注意：运算符与运算对象之间必须加空格，以下雷同。

2．按位运算表达式

按位运算表达式是由按位运算符与运算对象组成的式子，具体如表 5-3 所示。

表 5-3 按位运算表达式

表达式	说　明
~var	取反运算符，把 var 中所有的二进制位的 1 变为 0，0 变为 1
var << n	按位左移运算符，最右端的移出位上补 0 值，每运算一次按位左移只要移出的数值中没有 1 就相当于 var 乘 2
var >> n	按位右移运算符，把 var 中所有的二进制位向右移动 n 位，忽略最右移出的各位，最左的各位上补 0（正数）或补 1（负数），每运算一次右移只要移出的数值中没有 1 就可以实现 var 除以 2
var ^ val	按位异或运算符，比较 var 和 val 的对应位，对应二进制位如果二者不同则结果为 1，否则为 0
var | val	按位或运算符，比较 var 和 val 的对应位，对于每个二进制位来说，如果对应位只要有一个是 1，结果就为 1，否则为 0
var & val	按位与运算符，只有 var 和 val 对应二进制位上均为 1 结果才为 1，其余都为 0

3．逻辑运算表达式

逻辑运算表达式是由逻辑运算符及运算对象组成的式子，具体如表 5-4 所示。

表 5-4 逻辑表达式

<table>
<tr><th>表达式</th><th>说　明</th></tr>
<tr><td>! n</td><td>非运算符，运算对象为 1 取非结果就为 0，反之，运算对象为 0 取非结果就为 1</td></tr>
<tr><td>n1 -a n2/n1 &&n2</td><td>与运算符，只有两个运算对象均为 1，结果才为 1</td></tr>
<tr><td>n1 –o n2/n1 || n2</td><td>或运算符，只要两个运算对象中有一个为 1，结果即为 1</td></tr>
</table>

4．赋值运算表达式

赋值运算表达式是由赋值运算符以及运算对象组成的式子，具体如表 5-5 所示。

表 5-5 赋值表达式

<table>
<tr><th>表达式</th><th>说　明</th></tr>
<tr><td>var=n</td><td>将数值 n 赋值给变量 var</td></tr>
<tr><td>var+=n</td><td>相当于 var= var+n</td></tr>
<tr><td>va -=n</td><td>相当于 var= var−n</td></tr>
<tr><td>var*=n</td><td>相当于 var= var*n</td></tr>
<tr><td>var/=n</td><td>相当于 var= va/n</td></tr>
<tr><td>var%=n</td><td>相当于 var= var%n</td></tr>
<tr><td>var&=n</td><td>相当于 var= var&n</td></tr>
<tr><td>var|=n</td><td>相当于 var= var|n</td></tr>
<tr><td>var^=n</td><td>相当于 var= var^n</td></tr>
<tr><td>var<<=n</td><td>相当于 var= var<<n</td></tr>
<tr><td>var>>=n</td><td>相当于 var= var>>n</td></tr>
</table>

📖 注意：赋值运算符与运算对象之间不能加空格，加空格后会出现语法错误。

5．字符串测试表达式

Shell 中字符串测试表达式如表 5-6 所示。

表 5-6 字符串测试表达式

表达式	说　明
str	若字符串 str 为非空字符串，则返回值为真，否则为假
str1 = str2	若 str1 与 str2 相等，则返回值为真，否则为假
str1 != str2	若 str1 与 str2 不相等，则返回值为真，否则为假
-n str	若 str 长度非零，则返回值为真，否则为假
-z str	若 str 长度为零，则返回值为真，否则为假

📖 注意：运算对象无论是变量还是字符串常量均需要用双引号括起来，如，test "$s" = "ab"。

6．文件测试表达式

Shell 中文件测试是判断当前路径下的文件属性及类型，所指的文件一般用变量所代表的文件名表示，其具体格式如表 5-7 所示。

表 5-7　文件测试表达式

表达式	说　明
-r file	若文件存在并且是用户可读的，则返回值为真，否则为假
-w file	若文件存在并且是用户可写的，则返回值为真，否则为假
-x file	若文件存在并且是用户可执行的，则返回值为真，否则为假
-f file	若文件存在并且是普通文件，则返回值为真，否则为假
-d file	若文件存在并且是目录文件，则返回值为真，否则为假
-p file	若文件存在并且是 FIFO 文件，则返回值为真，否则为假
-s file	若文件存在并且不是空文件，则返回值为真，否则为假

说明：

1）算术运算符中的乘运算符必须在乘号“*”前加转义字符“\”。

2）Shell 中的测试语句有以下两种语法格式。

```
test expression     #使用关键字 test
[ expression ]      #使用方括号
```

📖 注意：test 语句中使用变量时，为了增强可读性最好用双引号将变量名括起来。

3）按位运算符的运算对象 var 要求将其转化为二进制后再进行计算。

4）逻辑与运算符“-a”与“&&”等价，逻辑或运算符“-o”与“||”等价。

5）赋值运算符要求赋值号左侧必须是变量，右侧可以是变量也可以是常量或表达式。

6）各个运算符与运算对象之间需要用空格隔开。

7）字符表达式：直接书写、单引号或双引号括起来均可，但为了增加可读性建议用双引号括起来。

5.6　Shell 的输入/输出语句

在 Shell 中经常需要用到输入语句通过输入设备读取所需数据，输出语句将结果显示在输出设备中。

5.6.1　Shell 中输入/输出标准文件

Linux/UNIX 中每个命令以进程的方式运行，而每个进程运行时自动打开 3 个文件，这些文件称为命令的标准文件，分别用于命令读取输入、输出结果以及输出错误信息，即标准输入文件（stdin）、标准输出文件（stdout）、标准错误输出文件（stderr），这些文件与执行命令的终端相关联。更明确地说，键盘是标准输入，显示屏是标准输出和标准错误输出。因此，在默认的情况下，每条命令都是从键盘读取输入，并将输出和错误消息发送到显示屏上。通过使用 Linux/UNIX 中文件重定向命令，可以将命令的输入、输出以及错误消息重定向到其他文件中。这就可以将多个命令结合在一起，以完成单个命令不能完成的复杂任务。

5.6.2 Shell 中输入/输出命令

Shell 的输入/输出命令最常用的有两个，即 read 和 echo，其中 echo 在前面章节已经简单的应用。

1. read 命令

read 命令是标准的输入命令，用户可以利用 read 命令由标准输入读取数据，然后赋给指定的变量。其格式：

```
read 变量 1 [变量 2]... [变量 n]
```

说明：

1）利用 read 命令可以交互式地为变量赋值。输入数据时，数据间以空格或制表符作为分隔符。

2）若变量个数与给定数据个数 n 相同，则依次对应赋值。

3）若变量个数少于数据个数 n，则将多余的后边所有数据值赋值给最后一个变量。

4）若变量个数多于给定数据个数 n，没有获取值的变量默认为空串。

2. echo 命令

echo 命令是将其后的参数在标准输出设备上显示出来。各参数间以空格隔开，以换行符终止。如果数据间保留多个空格，则要用单引号或双引号把它们括起来。通常，最好用双引号把所有参数括起来，这样不仅可保证 Shell 对它们进行正确的解释，同时也增加可读性。其格式：

```
echo [-neE] [字符串]
```

说明：

- -n：不要在最后自动换行。
- -e：打开反斜杠 ESC 转义，在字符串中出现特殊字符需要特殊处理。
- -E：取消反斜杠 ESC 转义（默认）。

echo 的参数中有一些特殊字符，主要用于输出控制或打印出无法显示的字符，如表 5-8 所示。

表 5-8 echo 命令中的特殊字符

特殊字符	说明
\a	响铃警告
\\	插入反斜线
\b	退格
\c	最后不加换行符
\f	换行但光标仍停留在原来的位置
\n	换行且光标移至行首
\r	回车
\t	水平制表符
\nnn	插入 nnn（八进制）所代表的 ASCII 字符

例如，验证 read 与 echo 命令，如图 5-46 所示。

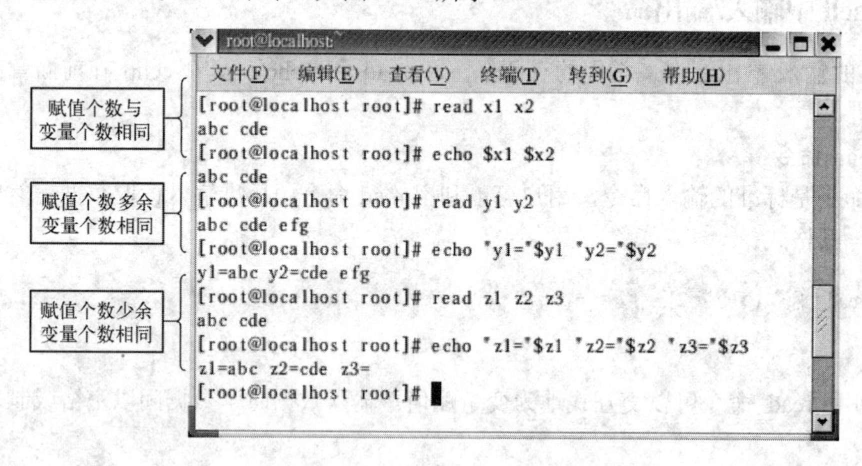

图 5-46　read 与 echo 命令操作界面

例如，验证 echo 中特殊字符（含转义字符）的应用，如图 5-47 所示。

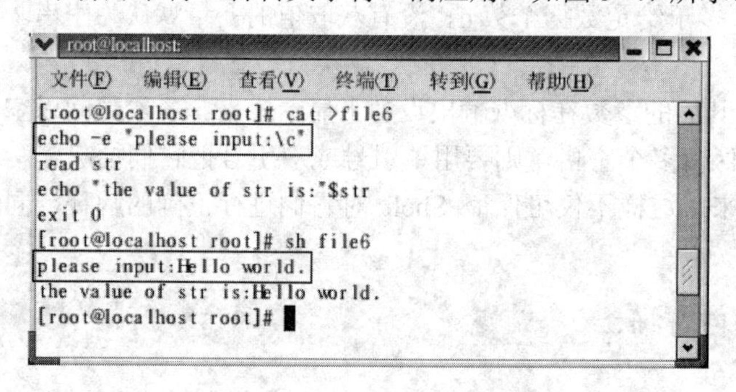

图 5-47　echo 命令中含特殊转义字符操作界面

5.7　Shell 的控制语句

Shell 程序与其他高级语言一样，也有控制结构控制着 Shell 脚本中语句的执行顺序。控制结构包括：分支结构（单分支、双分支、多分支）和循环结构。双分支结构由 if 语句实现，多分支结构由 if 和 case 语句实现，循环结构由 for、while 和 until 语句实现。其中涉及以下一些常用命令：

- seq：产生 1～9 的数字序列。
- expr：对表达式求值（运算符和数值之间要有空格）。
- []：对括号中的表达式直接求值。

例如，

```
expr 3 / 5            #结果为 0
expr 3 \* 5           #结果为 15（这里的*前要加转义字符）
echo `expr 3 + 5`     #打印结果 8（当 expr 出现在语句中时要加反引号）
```

5.7.1 if 语句

if 语句用于条件控制结构中实现分支结构，包括：单分支、双分支和多分支结构。

1．单分支结构

单分支结构的格式：

```
if 判断条件
then 命令 1
fi
```

说明：

1）if、then 和 fi 是关键字。

2）判断条件有 4 种格式：

- 用一对方括号“[ ]”将测试条件括起来进行条件判断。
- 用 test 命令进行条件判断。
- 用语句[[条件表达式]]进行条件判断。
- 利用一般命令执行成功与否来作为判断条件。

【例 5-1】 利用单分支结构实现：判断某学生考试是否通过。

```
[root@localhost root]#cat > lx5_1
echo –e "please input a score:\c"
read num
if [ $num –ge 60 ]                    #输入数值与 60 比较，大于或等于 60 为通过
then echo "you’re pass. "
fi
```

运行结果如图 5-48 所示。

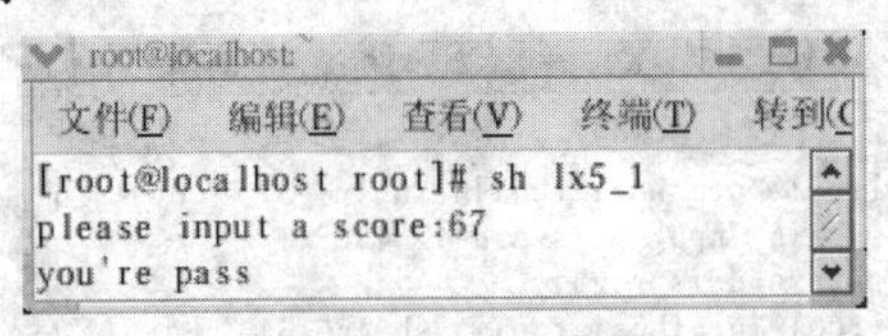

图 5-48 【例 5-1】运行结果

📖 注意：利用一对方括号表示条件测试时，在左方括号“[”之后、右方括号“]”之前各应有一个空格。

2．双分支结构

双分支结构的格式：

```
if 判断条件
then 命令 1
else 命令 2
fi
```

说明：

1）if、then、else 和 fi 是关键字。

2）判断条件同上，仍然有 3 种格式可用。

【例 5-2】 利用双分支结构实现：判断指定文件在当前目录下是否存在并且是一个普通文件。

```
[root@localhost root]#cat > lx5_2
if test -f "$1"
then echo "$1 is an ordinary file . "
else echo "$1 is not an ordinary file . "
fi
```

运行结果如图 5-49 所示。

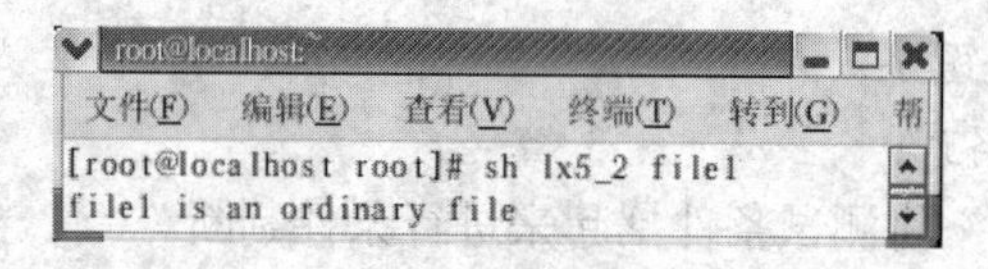

图 5-49 【例 5-2】运行结果

【例 5-3】 利用双分支结构实现：判断用户登录密码是否正确。

```
[root@localhost root]#cat > lx5_3
echo –e "please input password:\c"
read str
if [[ $str = "123456" ]]
then echo "password is right,OK. "
else echo "sorry,password is wrong. "
fi
```

运行结果如图 5-50 所示。

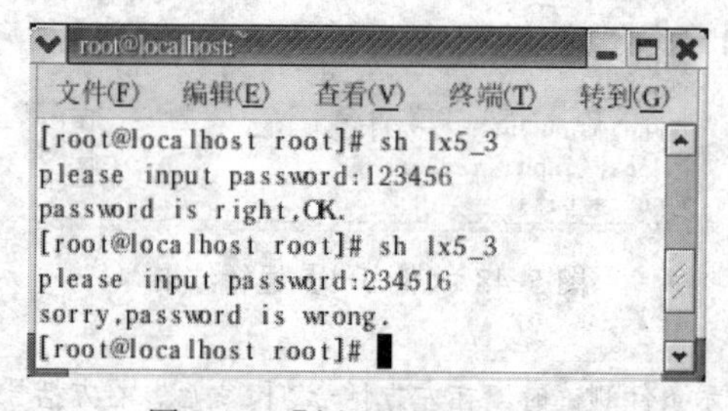

图 5-50 【例 5-3】运行结果

【例 5-4】 利用双分支结构实现：判断某用户是否在当前 Linux 系统中工作。

```
[root@localhost root]#cat > lx5_4
echo "input s name: "
read name
if who | grep $name
then echo "Hello,$name. "
else echo "$name isn't user of this system. "
fi
```

运行结果如图 5-51 所示。

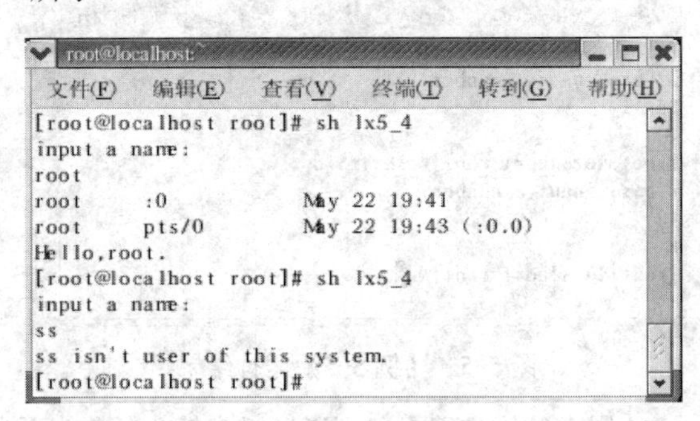

图 5-51 【例 5-4】运行结果

3．多分支结构

Shell 中利用 if…else 中嵌套 if…else 来实现多分支结构，其语法格式：

```
if 判断条件 1
    then 命令 1
elif 判断条件 2
    then 命令 2
elif 判断条件 3
    then 命令 3
...
[else 命令 n]
fi
```

说明：

1）if 语句中 else 部分可以默认。

2）if 语句的 else 部分中的 else—if 结构可以用关键字“elif”代替“else if”。

【例 5-5】 利用 if...else 的嵌套结构实现：编写一个脚本，用两种方法实现成绩等级分类，即 100～90 分为“A”级，89～80 分为“B”级，79～70 分为“C”级，69～60 分为“D”级，其余分数为“E”级。

```
[root@localhost root]#cat > lx5_5
echo "Please input a number:"
read cj
if [ $cj -ge 90 ]
then echo "A"
elif [ $cj -ge 80 ]
then echo "B"
elif [ $cj -ge 70 ]
then echo "C"
elif [ $cj -ge 60 ]
then echo "D"
else echo "E"
fi
```

运行结果如图 5-52 所示。

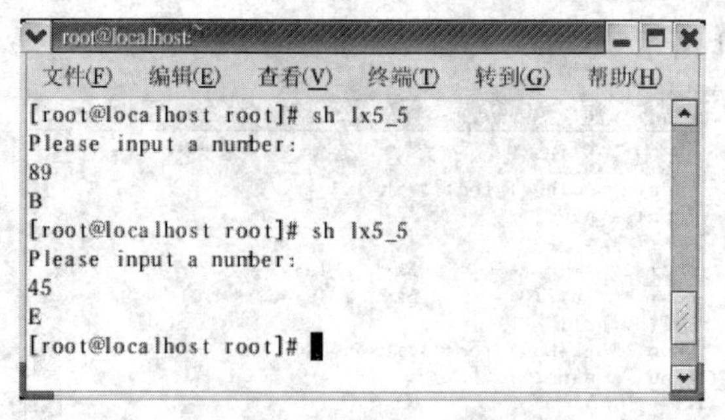

图 5-52 【例 5-5】运行结果

【例 5-6】 利用 if...else 的嵌套结构实现：显示通过键盘输入的信息是数字、字符还是其他。

```
[root@localhost root]#cat > lx5_6
echo –e "please input:\c"
read num
if [ $num –ge 0 ] && [ $num –le 9 ]
then echo "it is number. "
elif [ "$num" \> "a" ] && [ "$num" \< "z" ]
then echo "it is little char. "
elif [ "$num" \> "A" ] && [ "$num" \< "Z" ]
then echo "it is big char. "
else echo "it is orther. "
fi
```

运行结果如图 5-53 所示。

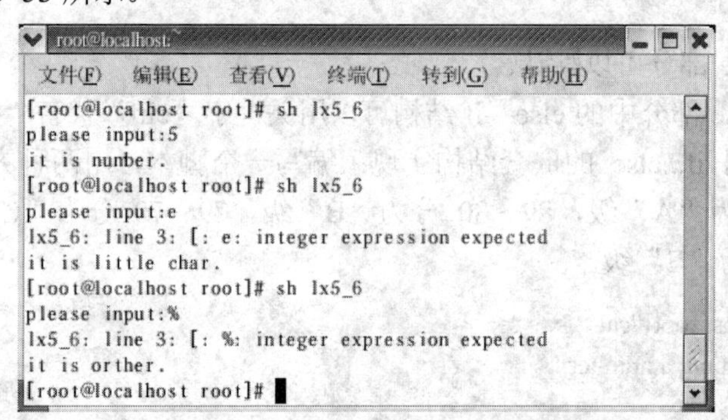

图 5-53 【例 5-6】运行结果

5.7.2 case 语句

case 语句是在 Shell 中另一种多分支结构，该语句允许进行多重条件选择，是一种更简单、便捷的语句。其语法格式：

```
case 字符串 in
     模式字符串 1) 命令列表 1;
     模式字符串 2) 命令列表 2;
     …
     模式字符串 n) 命令列表 n;
```

```
esac
```

其执行过程是用“字符串”的值依次与各模式字符串进行比较，若字符串与某一个模式字符串匹配，那么就执行该模式字符串之后的各个命令，直至遇到两个分号（“;;”）为止。若没有任何模式字符串与该字符串的值相符合，则不执行任何命令。

说明：

1）每个模式字符串后面可有一条或多条命令，其最后一条命令必须以两个分号结束。

2）模式字符串中可以使用通配符。

3）如果一个模式字符串中包含多个模式，那么各模式之间应以竖线（“|”）隔开，表示各模式是“或”的关系，即只要给定字符串与其中一个模式相配，就会执行其后的命令表。

4）各模式字符串应是唯一的，不允许重复，并且要合理安排它们出现的顺序。

5）case 语句以关键字 case 开头，以关键字 esac（case 的颠倒顺序）结束。

6）case 的退出（返回）值是整个结构中最后执行的命令的退出值。若没有执行任何命令，则退出值为零。

【例 5-7】 利用 case 语句实现：分数等级的划分（90～100 为 A，80～89 为 B，70～79 为 C，60～69 为 D，其余为 E）。

```
[root@localhost root]#cat > lx5_7
echo –e "Please input a number:\c"
read    score
result=$(( ($score - $score / 10) / 10 ))
case $result in
10)   echo "It’s A" ;;
9)    echo "It’s A" ;;
8)    echo "It’s B";;
7)    echo "It’s C";;
6)    echo "It’s D";;
*)    echo "It’s E";;
esac
```

运行结果如图 5-54 所示。

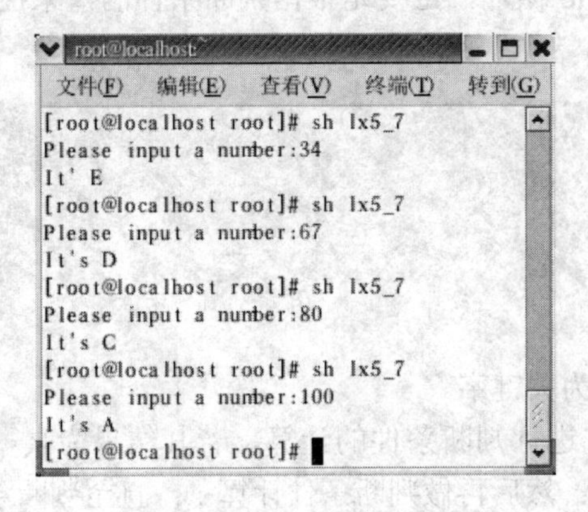

图 5-54 【例 5-7】运行结果

【例 5-8】 利用 case 语句实现：根据参数名，执行对应操作或输出对应信息。

```
[root@localhost root]#cat > lx5_8
case $1 in
file)        echo "it is file. " ;;
dir)   echo "it is path. "
ls -l;;
[dD]ate)    echo "It's order."
              echo `date`;;
*)                    echo "It is wrong. "
esac
```

其运行结果如图 5-55 所示。

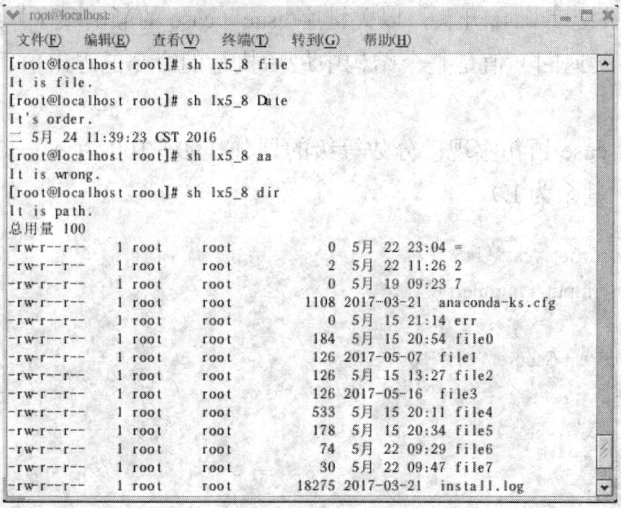

```
root@localhost:
文件(F)  编辑(E)  查看(V)  终端(T)  转到(G)  帮助(H)
[root@localhost root]# sh lx5_8 file
It is file.
[root@localhost root]# sh lx5_8 Date
It's order.
二 5月 24 11:39:23 CST 2016
[root@localhost root]# sh lx5_8 aa
It is wrong.
[root@localhost root]# sh lx5_8 dir
It is path.
总用量 100
-rw-r--r--    1 root     root         0  5月 22 23:04 =
-rw-r--r--    1 root     root         2  5月 22 11:26 2
-rw-r--r--    1 root     root         0  5月 19 09:23 7
-rw-r--r--    1 root     root      1108 2017-03-21  anaconda-ks.cfg
-rw-r--r--    1 root     root         0  5月 15 21:14 err
-rw-r--r--    1 root     root       184  5月 15 20:54 file0
-rw-r--r--    1 root     root       126 2017-05-07  file1
-rw-r--r--    1 root     root       126  5月 15 13:27 file2
-rw-r--r--    1 root     root       126 2017-05-16  file3
-rw-r--r--    1 root     root       533  5月 15 20:11 file4
-rw-r--r--    1 root     root       178  5月 15 20:34 file5
-rw-r--r--    1 root     root        74  5月 22 09:29 file6
-rw-r--r--    1 root     root        30  5月 22 09:47 file7
-rw-r--r--    1 root     root     18275 2017-03-21  install.log
```

图 5-55 【例 5-8】运行结果

5.7.3 while 语句

Shell 中有 3 种用于循环的语句，它们是 while 语句、for 语句和 until 语句。

while 语句也称为 while 循环，主要是根据判断条件的值来决定重复执行情况。其语法格式：

```
while 判断条件
do
    命令列表
done
```

说明：

1）while、do 和 done 为关键字。

2）其执行过程是，先进行判断条件的计算，若其结果为真，则进入循环体（do...done 之间），执行其中命令列表；然后再做判断条件计算……直至判断条件为假时才终止 while 语句的执行。

【例 5-9】 利用 while 语句实现：求 1～100 所有奇数的和。

```
[root@localhost root]#cat > lx5_9
x=1
sum=0
while [ $x –le 100 ]
do
    sum=`expr $sum + $x`
    x=`expr $x + 2`
done
echo "sum="$sum
```

其运行结果如图 5-56 所示。

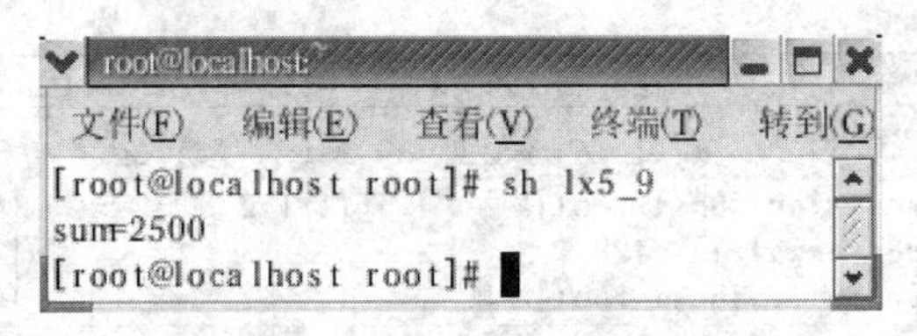

图 5-56 【例 5-9】运行结果

【例 5-10】 利用 while 语句实现：判断一个文件是否为普通文件，若是则显示其内容，若不是则显示对应提示信息。

```
[root@localhost root]#cat > lx5_10
while [ $1 ]
do
if [ -f $1 ]
then echo "display : $1 "
cat $1
else echo "$1 is not a file name . "
fi
shift                #使用 shift 命令实现左移位置参数
done
```

其运行结果如图 5-57 所示。

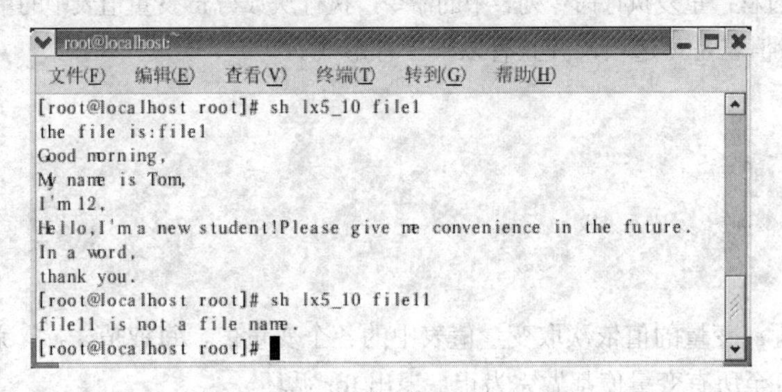

图 5-57 【例 5-10】运行结果

【例 5-11】 利用 while 和 shift 语句实现：求任意个数的积（以参数形式赋值）。

```
[root@localhost root]#cat > lx5_11
x=1
while [ $# -gt 0 ]
do
    x=`expr $x \* $1`
    shift
done
echo "the result is: "$x
```

其运行结果如图 5-58 所示。

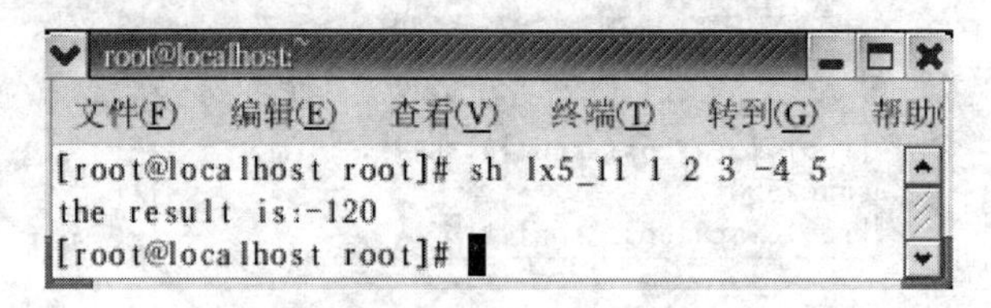

图 5-58 【例 5-11】运行结果

注意：$#为特殊变量，表示包含参数的个数。

5.7.4 for 语句

for 语句是最常用的建立循环结构的语句，其语法格式：

```
for 变量 [in 变量值表]
do
    命令列表
done
```

说明：

1）for、in、do 和 done 是关键字。

2）其执行过程：重复执行命令列表中的命令，执行次数与 in 变量值表中的单词个数相同。

3）in 变量值表是可选项，并且有以下 3 种形式。

形式 1：

```
for 变量 in 变量值表
do
    命令列表
done
```

其执行过程：变量的值依次取变量值表中的各个变量值，每取值一次，就进入循环体执行命令列表，直至所有变量值都做完为止，退出 for 循环。

形式 2：

```
for 变量 in 文件表达式
do
    命令列表
done
```

其执行过程：变量的值依次取当前目录下或给定目录下与文件表达式相匹配的文件名，每取值一次，就进入循环体执行命令列表，直至所有匹配的文件名取完为止，退出 for 循环。

形式 3：

```
for  i  in  $*                 或者  for  i
do                                   do
    命令列表                              命令列表
done                                 done
```

这两种形式是等价的。其执行过程：变量 i 依次取位置参数的值，然后执行循环体中的命令表，直至所有位置参数取完为止。

📖 注意：在格式上，变量值表中各字符串之间要以空格隔开。

【例 5-12】 利用 for 语句实现：求 1+2+3+…+100 的和。

```
[root@localhost root]#cat > lx5_12
sum=0
for i in `seq 1 100`
do
sum=`expr $sum + $i`
done
echo "1+2+3+…+100 = "$sum
```

其运行结果如图 5-59 所示。

图 5-59 例 5-12 运行结果

📖 注意：其中 seq 1 100，即表示 1 ~ 100 所有的数字。

【例 5-13】 利用 for 语句实现：显示指定文件的内容（这里显示 file1、file2 和 file3 共 3 个文件的内容）。

```
[root@localhost root]#cat > lx5_13
for i in file[123]
do
      cat $i
done
```

其运行结果如图 5-60 所示。

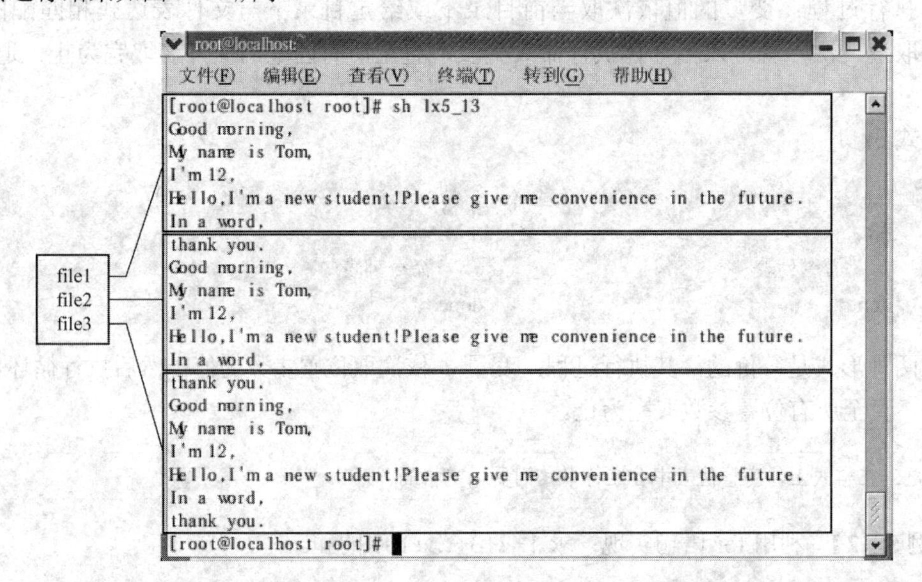

图 5-60 【例 5-13】运行结果

【例 5-14】 利用 for 语句实现：利用参数实现显示指定目录下的指定文件，若文件不存在则提示出错信息。

```
[root@localhost root]#cat > lx5_14
dir=!;shift
if [ -d $dir ]
then cd $dir
   for name                        #等价于 for name in $*
   do
      if [ -f $name ]
      then cat $name
            echo "The end---- ${dir}/$name"
      else echo "Invalid ------${dir}/$name"
      fi
   done
else echo "Wrong path name:$dir"
fi
```

其运行结果如图 5-61 所示。

```
[root@localhost root]# sh lx5_14 /root file1 file10 file15
Good morning,
My name is Tom.
I'm 12,
Hello,I'm a new student!Please give me convenience in the future.
In a word,
thank you.
The end----- /root/file1
Invalid------/root/file10
Invalid------/root/file15
[root@localhost root]#
```

图 5-61 【例 5-14】运行结果

5.7.5 until 语句

在 Shell 中还有一种与 while 语句功能类似的循环语句 until 语句，该语句与 while 语句的不同在于，while 语句在执行循环体时要求判断条件为真时执行，直到条件为假才退出循环；而 until 语句在执行循环体时要求判断条件为假时执行，直到条件为真才退出循环。其语句格式：

```
until 判断条件
do
        命令列表
done
```

说明：

1）until、do 和 done 为关键字。

2）执行过程是，首先计算判断条件，若判断条件为假，则进入循环体内执行命令列表，然后再次计算判断条件……直至判断条件为真时终止循环。

【例 5-15】 利用 until 语句实现：求 5!。

```
[root@localhost root]#cat > lx5_15
x=1
mul=1
until [ $x –gt 5 ]
do
  mul=`expr $x \* $mul`
  x=`expr $x +1`
done
echo "5!= "$mul
```

其运行结果如图 5-62 所示。

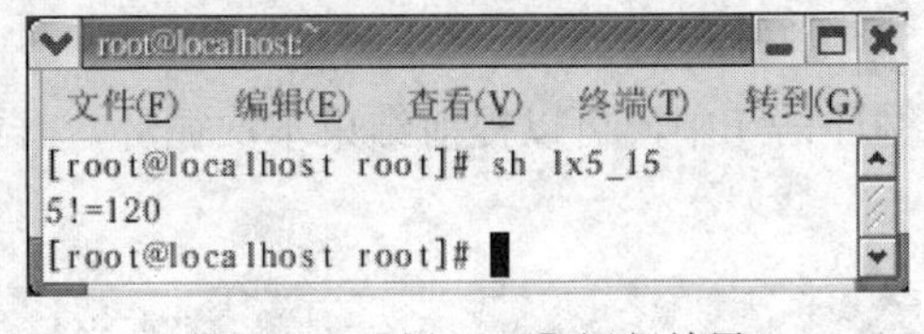

图 5-62 【例 5-15】运行结果

5.7.6 break、continue、exit 语句

在 Shell 中还包括几个特殊的语句，用于特殊情况处理，这里主要介绍 3 个常用的语句，即 break 语句、continue 语句和 exit 语句。

1．break 语句

break 语句应用在循环语句中，可以使循环提前结束。其语法格式：

```
break [ n ]
```

说明：

1）n 为可选项，表示要跳出几层循环（循环嵌套语句）。默认值是 1，表示只跳出一层循环。

注意：循环层数是由内向外编号，依次为 1、2、3……。

2）执行过程为 break 语句在循环体内，当执行到该语句时，提前结束本层循环，执行后续语句。

【例 5-16】 利用 break 语句实现：改编例 5-15，利用 break 语句实现求 5!。

```
[root@localhost root]#cat > lx5_16
x=1
mul=1
while true
do
  mul=`expr $x \* $mul`
  x=`expr $x + 1`
  if[$x –gt 5]
  then break
  fi
done
echo "5!= "$mul
```

其运行结果如图 5-63 所示。

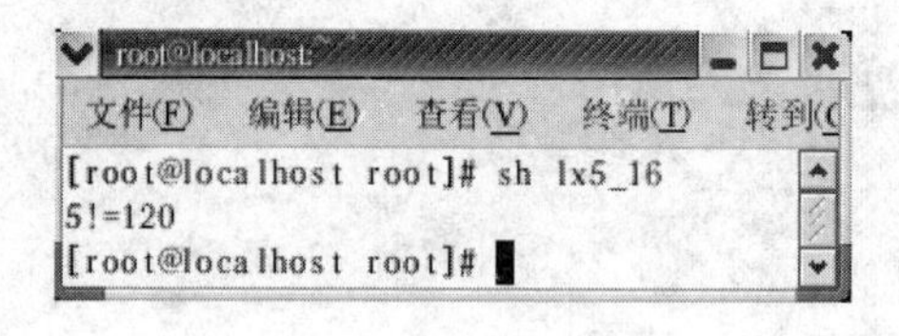

图 5-63 【例 5-16】运行结果

2．continue 语句

continue 语句应用在循环语句中，可以提前结束本次循环，开始进行下一次循环。其语法格式：

```
continue [ n ]
```

说明：

1）n 为可选项，表示从包含 continue 语句的最内层循环体向外跳到第几层循环。默认值为 1，表示只跳出一层循环。

2）执行过程为 continue 语句在循环体内，当执行到该语句时，结束指定层循环，进行下一次新的循环操作。

【例 5-17】 利用 continue 语句实现：求出 1～30 中 3 的倍数。

```
[root@localhost root]#cat > lx5_17
for i in `seq 1 30`
do
  num=`expr $i % 3`
  if [ $num != 0 ]
  then continue
  else echo $i
  fi
done
```

其运行结果如图 5-64 所示。

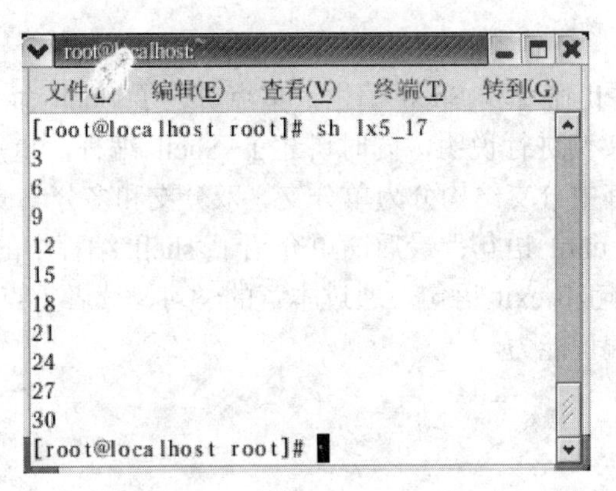

图 5-64 【例 5-17】运行结果

3．exit 语句

在 Shell 中 exit 语句用来退出正在运行的 Shell 脚本，其语法格式：

```
exit [n]
```

说明：n 为可选项，用来设定退出的值，若无此选项则表示退出值为最后一个命令的执行状态。

【例 5-18】 利用 exit 语句实现：连续输出 1～10 这 10 个数字，遇到数字 5 以后退出 shell 脚本的执行。

```
[root@localhost root]#cat > lx5_18
for i in 1 2 3 4 5 6 7 8 9 10
do
  echo $i
```

```
        if [ $i == 5 ]
        then exit -1
        fi
    done
```

其运行结果如图 5-65 所示。

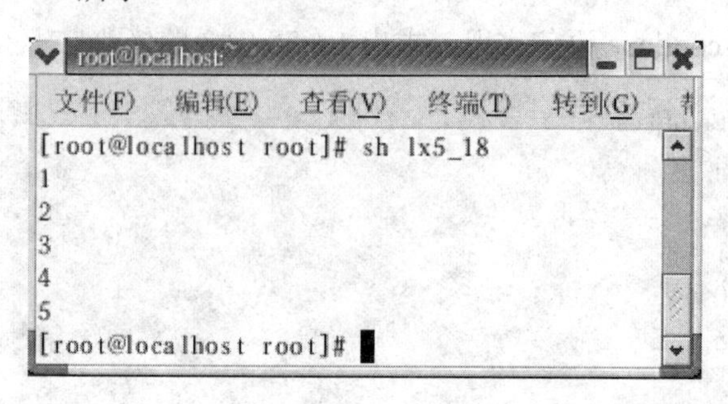

图 5-65 【例 5-18】运行结果

本章小结

本章主要介绍了 Shell 命令和 Shell 编程，重点讲述了 Shell 命令的格式、功能以及使用时需要注意的事项并用实例进行说明，同时讲述了 Shell 编程，重点介绍了两种基本结构：分支结构、循环结构。其中分支结构分为单分支、双分支和多分支 3 种结构，循环结构包括 for 语句、while 语句和 until 语句；最后简单介绍了 shell 编程中的 3 个常用的特殊语句，break 语句、continue 语句和 exit 语句。通过本章的学习，读者重点掌握 shell 的语句结构和控制语句，进一步提高编程能力。

思考题与实践

1）简单阐述什么是管道，以及管道命令行的操作过程。

2）简单阐述环境变量与用户自定义变量的区别。

3）简单阐述 Shell 脚本的执行方法。

4）写一个脚本，利用循环和 continue 关键字，计算 100 以内能被 5 整除的数之和。

5）写一个脚本以方便用户查询 rpm 的相关信息。这个脚本首先提示用户选择查询依据，比如：文件名、包名、全部等；然后提示用户选择查询信息，比如包名、包里所包含的所有文件、包的信息等；最后询问是否继续查询，是则继续执行，否则退出。

第6章 文 件 管 理

文件系统是操作系统的重要组成部分，用户在使用操作系统时，最经常用的就是文件系统。操作系统通过文件系统对用户的程序和数据进行组织、存放、保护和共享，其目的是方便用户执行创建、读取、修改及执行文件的相关操作。因此，用户需要掌握 Linux 文件系统的基本知识和操作方法。

6.1 Linux 系统的文件及其类型

文件系统是 Linux 操作系统管理计算机软、硬件资源的基础，主要负责信息的存储、检索、更新、共享和保护。

6.1.1 Linux 系统的文件含义

文件是操作系统用来存储文件信息的基本结构，它是操作系统在分区上保存信息的方法和数据结构。文件具有以下特性。

1）任何具有独立意义的一组信息都可以组织成一个文件。

2）可保存性。

3）可按名存取，无须了解它在存储上的具体物理位置。

1．文件命名

文件名是用来标识文件的字符串。Linux 系统文件名命名规则如下。

1）由字母（可用汉字）、数字、下画线、圆点等字符构成。

2）长度最多可用 256 个字符，避免使用“？*\/ ！$&*#()；<>”等特殊字符。

3）同一目录下不能有相同的文件名，不同目录下可以同名。

4）避免使用+（加）、-（减）、.（圆点）作为普通文件的第一个字符。Linux 中 .（圆点）在第一位置时表示隐含文件。

5）文件的属性与取名无关，文件名中不规定扩展名。

6）区分英文字符的大小写，比如 myfile、Myfile 和 myFILE 表示的是 3 个不同的文件。

2．目录

目录是存储有关文件的位置、大小等信息的集合。Linux 中常用的目录有子目录、父目录、工作目录、用户主目录。

1）子目录：包含在另一个目录中的目录。

2）父目录：包含子目录的目录称为父目录。

3）工作目录（working directory）：用户登录到系统中之后，系统时刻为他记录一个当前目录，所有的操作在默认的情况下都在此目录进行，此目录称为工作目录，或当前目录。

例如：/home/student。

4）用户主目录（Home Directory）：用户登录到系统时的工作目录，这是由系统管理员为用户建立账号时指定的。用户一般在自己的主目录下工作，用户是该目录的“所有者”，对该目录拥有所有的权限。用户主目录通常与用户的登录名相同，也称为“起始目录”或“个人目录”。

3．路径

文件的存取访问要求用户除了能正确指出文件名外，还要求能准确掌握文件的位置即路径。路径是由目录名和“/”（斜杠）做分隔符组成的字符串，用来表示文件或目录在文件系统中所处的层次的一种方法。路径又分绝对路径和相对路径。

1）相对路径：以当前目录为起点，表示系统中某个文件或目录在文件系统中位置的方法。例：./hello.c。

2）绝对路径：以根目录/为起点，表示系统中某个文件或目录位置的方法。例：/home/student/hello.c。

6.1.2 Linux 文件系统的目录结构

Linux 采用与 Windows 完全不同的独立文件存取方式，在 Windows 中一块硬盘若想正常使用，必须达到以下条件：硬盘必须进行分区，必须进行格式化，每个分区必须要某一种分区格式，并且还要有盘符（C:\、D:\、E:\等）；而在 Linux 中也要满足这几个条件，但分区的定义以及某些操作与 Windows 中却不一样，Linux 中没有分区的概念，也没有独立盘符的概念，一切的文件都是从“根（/）”目录开始的并按照文件系统目录标准 FHS 采用树形结构来存放文件并定义每个区域的用途。

1．Linux 系统目录结构的特点

Linux 文件系统的树形（层次型）目录结构特点如下。

1）整个文件系统看成文件的集合，按层次管理。

2）每个文件或目录文件都属于一个目录，目录间形成上下级（层）关系。

3）最高层的目录称为“根”目录。

4）每个目录下都可有文件或目录，目录像树枝，文件像树叶，最高级的目录就像树根，称为“根目录”，整个文件系统形成一棵倒挂的树。

5）某目录的上级（层）目录称为它的“父目录”，当前目录的父目录用“..”表示，当前目录用“.”表示。

2．Linux 文件系统的目录布局

Linux 采用树状结构构成了其文件系统，从而管理组织系统的所有文件。如图 6-1 描述了 Linux 文件系统所采用的标准目录布局结构。

Linux 文件系统常用目录如下。

- /：也称为根目录，它是 Linux 系统目录树的起点，也是系统中的唯一分区，如果还有其他分区，必须挂载到/目录下某个位置。
- /bin：称为命令文件目录，也称为二进制目录。包括管理员和普通用户使用的 Linux 命令可执行文件。如命令解释器 Shell。
- /sbin：用来存放系统管理员或 root 用户的命令文件。
- /root：根用户（超级用户）的主目录，它属于系统管理员。

● /mnt：用于系统引导后临时挂载文件系统的挂载点，目的是为某些设备提供挂载目录。如 cdrom 的挂载目录是“/mnt/cdrom”。

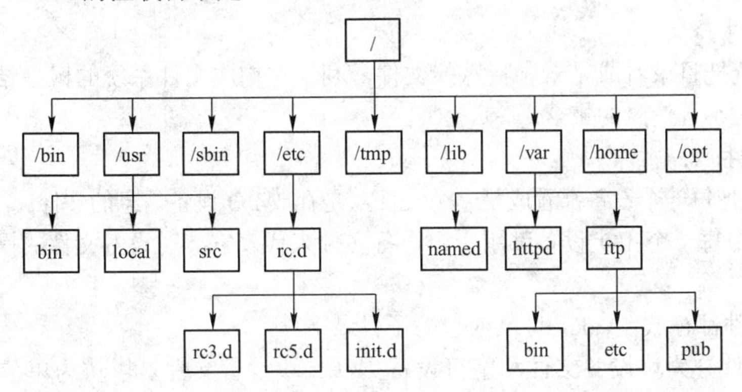

图 6-1　文件目录布局

● /boot：存放系统启动时要用到的程序，例如采用 LILO 引导。
● /lib：存放了各种编程语言库，例如 C、C++等。
● /dev：包含了 Linux 系统中使用的所有外部设备，它实质上是访问这些外部设备的端口，在 Linux 系统中访问外部设备相当于访问一个文件或目录。例如在系统中输入“cd/dev/cdrom”，就可以看到光驱中的文件。
● /etc：存放了系统管理时要用到的各种配置文件和子目录。
● /var：用于保存 variable（或不断改变的）文件，例如日志文件和打印机假脱机文件。
● /proc：称为虚拟的系统目录，可以在这个目录下获取系统硬件详细信息。
● /tmp：是用户和程序的临时目录，用来存放不同程序执行时产生的临时文件。该目录下的所有文件会定时被删除，防止产生的文件占用磁盘空间。
● /home：包括所有用户的个人用户目录。
● /usr：Linux 系统中占用硬盘空间最大的目录，主要存放系统安装的应用程序和不常变化的数据。
● /usr/bin 和/usr/sbin：它们类似于“/”根目录下对应的目录（/bin 和/sbin），大多数用户命令在这个目录下。

📖 注意：/bin 目录不能包含子目录；该目录下的文件由系统管理员来使用，普通用户对大部分文件只有只读权限。

6.1.3　Linux 的文件类型

Linux 系统中所有的软、硬件信息都组织成文件，并以文件的形式进行组织和管理。Linux 文件系统中有以下 4 种基本的文件类型。

1. 普通文件

包括文本文件、数据文件、可执行的二进制程序文件等。

● 文本文件是以文本的 ASCII 编码形式存储，Linux 的配置文件大多是文本文件。
● 数据文件是用来存储数据信息类的文件。例如，电子表格、数据库以及字处理文档。

● 二进制程序文件直接以文本的二进制形式存储，一般是可执行的程序、图形、图像和声音等文件。

2. 目录文件

Linux 系统把目录看成是一种特殊的文件，利用它构成文件系统的树型结构，存储有关文件的位置、大小等信息的集合。

3. 设备文件

Linux 系统把每一个设备都看成是一个文件，是存放 I/O 设备信息的文件。

● Linux 中每一个 I/O 设备都用一个设备文件来代表它。对设备文件的操作就是对设备的操作。

● 设备文件都存放在 /dev 目录或它的子目录下。

● 设备文件分为块设备文件和字符设备文件。块设备文件是以块为单位存取信息，如磁盘等设备文件；字符设备文件是以字符为单位存取信息，如打印机等设备文件。

4. 链接文件

链接文件为系统中多个用户以不同访问权限实现共享文件提供了一种机制，实际上是给系统中已有的某个文件指定另外一个可用于访问它的文件名称。链接文件分为硬链接和软（符号）链接（详细内容在 6.4 节中介绍）。

6.2 Linux 系统的文件操作命令

Linux 系统中文件的基本操作主要包括文件和目录的创建、显示、复制、移动、删除、检索、排序等。

通常，用户可以在图形环境下启动文件管理器 Nautilus 或 Konqueror，可以查看文件、目录信息，使用菜单命令或快捷菜单对文件目录进行创建、复制、重命名、删除、修改属性等操作。

1．文件、目录编辑

在 GNOME 图形环境下，依次选择“主菜单”→“主文件夹”→“在 Nautilus 文件管理器中查看主文件夹”菜单命令，如图 6-2 所示。

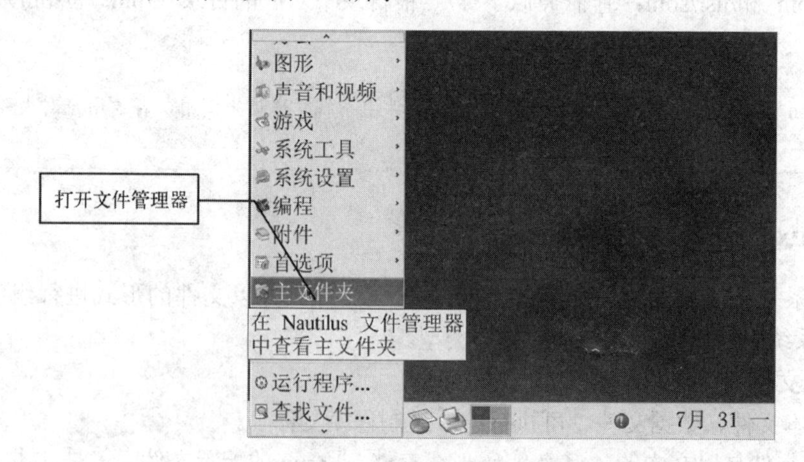

图 6-2　选择菜单命令

打开“文件管理器 Nautilus”，在此窗口中显示当前目录下的文件、目录基本信息，选中某个文件或文件夹后右击，弹出快捷菜单，如图 6-3 所示。选择其中相应菜单项可对文件或目录进行打开、复制、重命名、删除、修改属性、创建链接等操作。

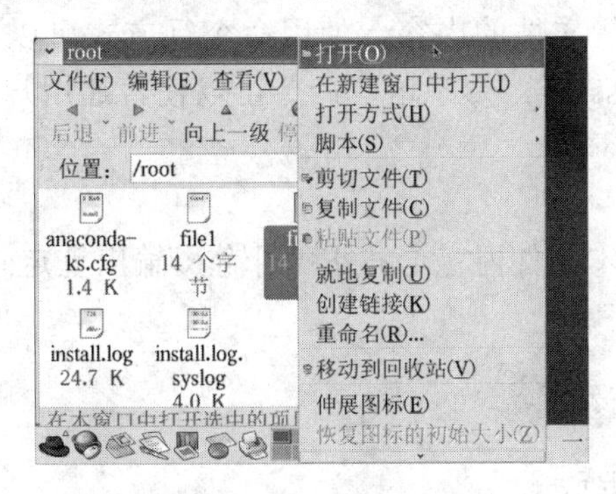

图 6-3　文件快捷菜单

另外，选中某个文件或文件夹后也可以单击菜单栏中的“编辑”弹出下拉菜单来完成上述操作，如图 6-4 所示。

2. 文件、目录检索

同理，用户也可以在图形环境下完成文件、目录的检索功能，依次选择“主菜单”→“查找文件”菜单项，打开“搜索文件”窗口，如图 6-5 所示。“搜索文件夹”下拉列表中默认显示用户的主目录，用户可单击此下拉列表框，然后选择其他目录文件查找的起始路径。在“名称包含”（Look in folder）文本框中输入文件或目录名，可使用通配符，然后单击“查找”按钮，“搜索结果”列表框中将显示满足条件的文件和目录列表。

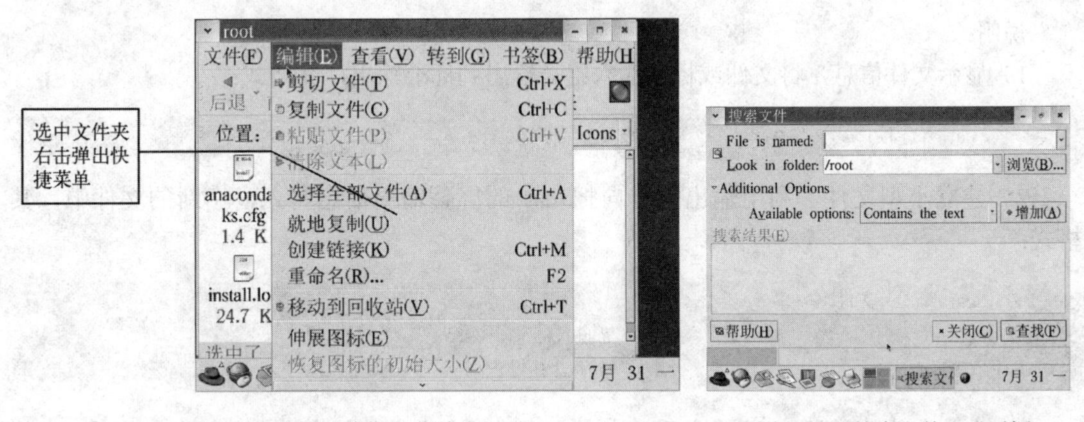

图 6-4　选择“编辑”菜单　　　　图 6-5 “搜索文件”对话框

注意：如果添加搜索选项则可以实现多条件、复杂表达式查找，单击“Additional option”按钮，搜索文件窗口中多出“Availabel option”下拉列表框选择其中的选项，再单击“添加”按钮则可按选中的条件进行文件和目录检索。

虽然图形环境操作便捷，使用起来比较直观，但是目前图形化系统界面还不能完成所有的操作，部分操作仍然需要在字符界面下进行，采用字符界面系统资源占用少、高效直观。下面章节主要介绍字符界面环境下文件系统的操作方法和步骤。

6.2.1 文件信息显示命令

用户常常需要查看一些文件的内容，使用命令行方式可以灵活地分页显示较大文件的内容，如 cat、more、less 等，熟悉这些命令可以使普通用户和系统管理员工作时更加方便。

1．cat 命令

cat 命令用于查看纯文本文件内容，另外利用输入/输出重定向可以实现建立小型文件以及文件连接，其命令格式：

```
cat [选项] <文件列表>
```

cat 命令选项如表 6-1 所示。

表 6-1 cat 命令选项

命令选项	说明
-b	在非空白文本内容的行前显示行号
-E	在显示的文本内容的每一行的最后加上“$”符号
-n	在显示的文本内容的每一行的前面加上符号（包括空白文本），编号从 1 开始递增
-s	如果文件中有多个连续空白行，则显示只以一行表示
-T	将文中的跳格（〈Tab〉）以“^I”表示
-v	控制字符以“^”表示（除跳格和换行字符除外），ASCII 码值大于 127 的扩展字符用 M-表示

说明：

1）显示文件信息，将文件或标准输入组合输出到标准输出，其格式：

```
cat [选项] <文件名>
```

2）建立小型文件，利用输出重定向把 cat 的屏幕输出信息写入一个新的文件中，其格式：

```
cat > <文件名>
…                                   #输入信息
Ctrl+d                              #存盘并推出
```

3）合并文件。利用 cat 命令及重定向命令可以把多个文件的内容合并起来，并以一个新文件名命名。其格式：

```
cat <文件 1> <文件 2> ... <文件 n > > <新文件名>
```

📖 注意：“[]”表示可选项，<>表示必选项，命令、命令选项、文件名之间有空格。

例如，创建文本文件 file1、file2，输入相应的文本信息，连接文件 file1、file2，合并为文件 file3。

在命令行处输入“cat > file1”命令，用户在输入完命令后，输入信息“Good morning！”后，同时按下〈Ctrl+D〉组合键，完成存盘并退出，此时输入的信息已经存放到文件 file1 中。同样输入命令“cat > file2”创建文件 file2，并输入保存文件内容为“Tom and Jack！”。

file1 和 file2 创建完成后，输入命令“cat file1”，可以显示文本文件 file1 的内容，显示结果为“Good morning！”；输入命令“cat file2”，文本文件 file1 的内容显示结果为“Tom and Jack！”，如图 6-6 所示。

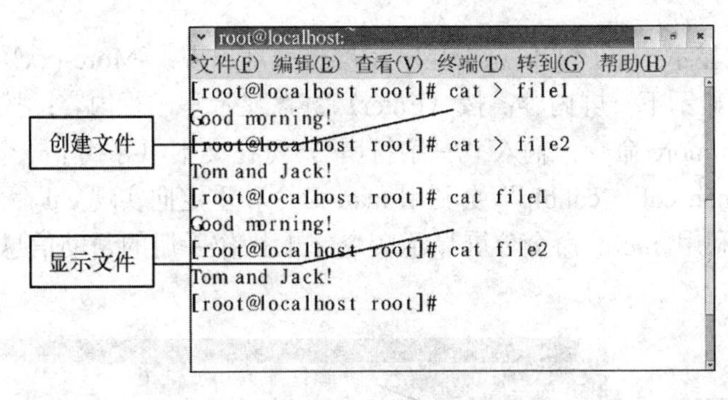

图 6-6 cat 创建显示文件操作命令窗体

将已经存在的 file1 和 file2 连接合并成文件 file3，输入命令“cat file1 file2 > file3”，检验命令执行情况，可以输入命令“cat file3”查看文件内容，如图 6-7 所示。

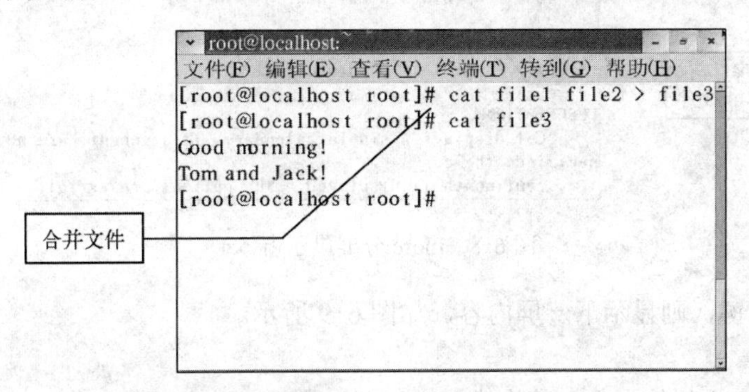

图 6-7 cat 连接多个文件操作执行窗体

📖 注意：如果输入文本的行末尾输入“↙”（回车），则文本的光标移到下一行的首字符位置上。

---

2. more 命令

more 命令主要功能是分屏显示文本文件的内容，其命令格式：

```
more [选项] <文件名>
```

more 命令选项如表 6-2 所示。

表 6-2　more 命令选项

命令选项	说　明
-num	指定每次要显示的行数
-p	在显示每屏内容时先清屏再显示
-f	记录显示的文本内容实际行数，不包括自动换行数
-s	如果文件中有多个连续空白行，合并为一行

说明：

1）该命令一次显示一屏，若信息未显示完屏幕底部出现：-More-(xx%)。

2）按 Space，显示下一屏内容；按〈Enter〉键，显示下一行内容；按〈B〉键显示上一屏；按〈Q〉键退出 more 命令；输入“/ +字符串”，可在文本中寻找下一个匹配字符串。

例如，命令“man cal > cal.hlp”是利用 man 命令和重定向实现 cal 命令操作手册信息组成的文件 cal.hlp；利用 more 命令分屏显示命令 cal 操作手册的帮助信息文件 cal.hlp 的内容，如图 6-8 所示。

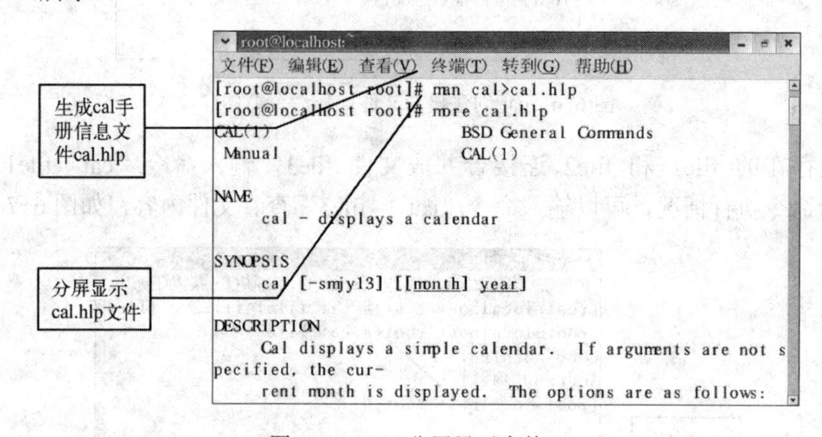

图 6-8　more 分屏显示窗体 1

按〈Space〉键，则显示下一屏内容，如图 6-9 所示。

3. less 命令

分屏显示文本文件的内容，其格式：

```
less [命令选项] <文件名>
```

说明：

1）和 more 功能相似，显示文件时允许用户既可以向前又可以向后翻阅文件。

2）向前翻，按〈PageUp〉键；向后翻，按〈PageDown〉键；指定位置，输入百分比；退出，按〈Q〉键。

less 命令的使用方法与 more 基本相同，只是分屏操作的按键有所区别，这里不再进一步讲解。

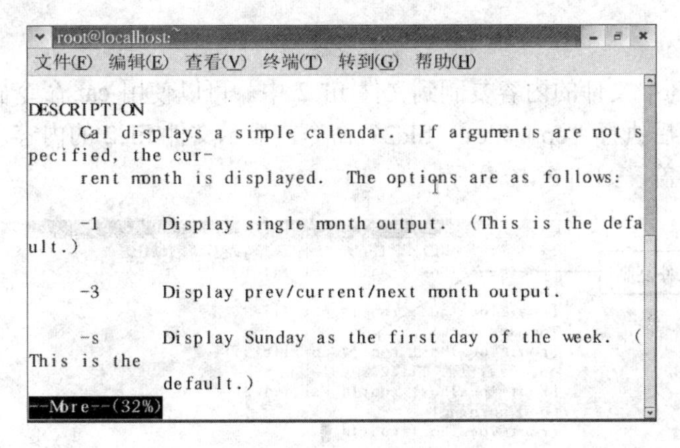

图 6-9 more 分屏显示窗体 2

6.2.2 文件复制、删除及移动命令

对用户而言，复制、删除、移动文件或目录就是将需要的文件或目录从目录树上的一个位置复制、移动到另一个位置，或者从当前位置删除。文件或目录一旦执行了上述操作任务就不能恢复，因此用户注意选择合适的选项参数，系统就会在执行上述命令时对用户进行适当提示。

1．cp 命令

cp 命令主要功能是完成文件、目录复制操作。其格式：

```
cp [选项] <源文件|目录> <目标文件|目录>
```

cp 命令选项如表 6-3 所示。

表 6-3 cp 命令选项

命令选项	说明
-a	该选项常在复制目录时使用，它保留链接、文件属性，并递归地复制目录
-f	如果目标文件或目录已存在，就覆盖它，并且不做提示
-i	与 f 选项正好相反，它在覆盖时，会让用户回答“Y”来确认
-r	若给出的源是一个目录，那么 cp 将递归复制该目录下所有的子目录和文件，不过这要求目标也是一个目录名

说明：若原文件是普通文件，直接复制到目标文件；若是目录，需要使用“-r”将整个目录复制到目标位置。

cp 命令示例：

```
cp file1 file2     #将文件 file1 复制到文件 file2 中，文件将覆盖原有文件
cp ./* direcotory1   #将当前目录下的所有文件（不包含目录）复制到 direcotory1 中
cp -r direcotory 1 direcotory 2    #将目录 direcotory 1 及其子目录复制到目录 direcotory 2 中
cp -f file1 file2   #文件将覆盖原有文件，且不发出提示信息
```

注意：cp 命令复制一个文件，源文件保持不变。

例如，实现 file1 文件的内容复制到文件 file2 中。可以使用 cat 命令显示 file1、file2 文件原来的内容，然后执行“cp　file1　file2”命令，显示文件 file2 的内容，可以看到 file2 的内容已经完全被覆盖，如图 6-10 所示。

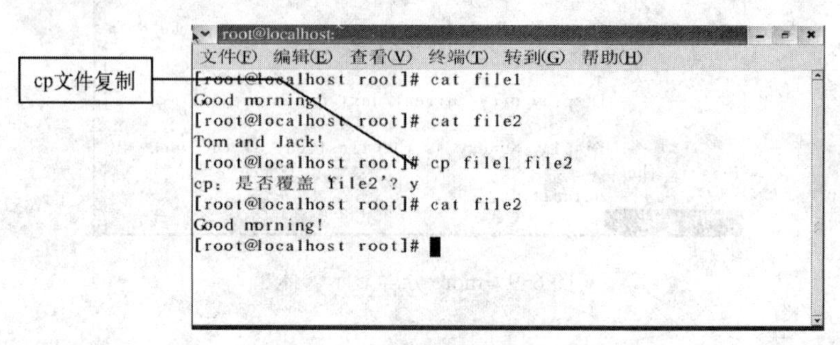

图 6-10　cp 命令文件复制窗体

2. rm 命令

rm 命令主要功能是删除文件、目录。删除一个目录中的一个或多个文件或目录，也可删除某个目录及其下面的所有文件和子目录，其命令格式：

```
rm　[选项]　<文件名|目录名>
```

rm 命令选项说明如表 6-4 所示。

表 6-4　rm 命令选项

命令选项	说　明
-d	删除非空目录（只限超级用户）
-f	强制删除文件或目录已存在
-i	与 f 选项正好相反，它在删除时，会让用户回答“Y”来确认
-r 或-R	指示 rm 将参数中列出的全部目录和子目录都递归地删除

说明：如果用 rm 删除目录一定使用-r 或-R 选项。

注意：rm 一旦删除文件就无法恢复，所以一定格外小心使用。如要删除一个以“-”开始命名的文件-hello，请使用 rm -- -hello 或 rm ./-hello 这两种命令。

例如，删除当前工作目录下所有文件和目录。首先用 ls 命令查看当前工作目录/home/student 下的所有文件和目录，然后输入“rm　-r　*”命令删除当前目录下所有文件和目录后，可以看见执行上述命令后当前工作目录下的所有文件和目录都被删除，如图 6-11 所示。

3. mv 命令

mv 命令的主要功能是移动文件或目录，其命令格式：

```
mv　[选项]　<源文件|目录>　<目标文件|目录>
```

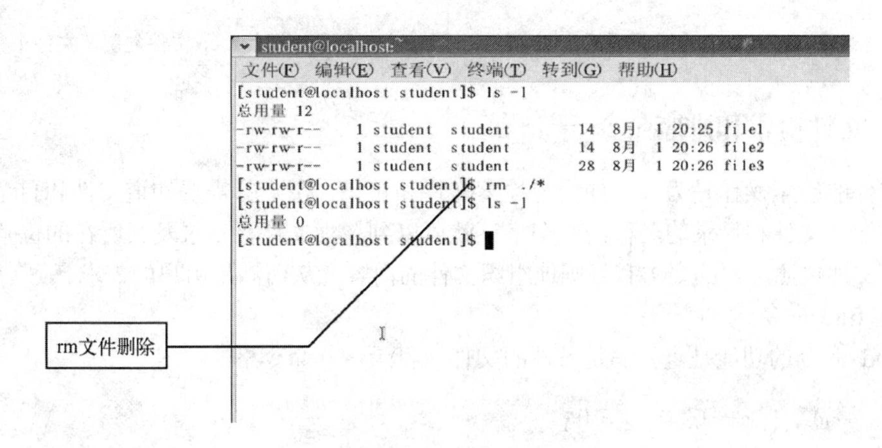

图 6-11 rm 命令删除文件窗体

mv 命令选项如表 6-5 所示。

表 6-5 mv 命令选项

命令选项	说明
-f	如果操作要覆盖某已有的目标文件时不给任何指示
-i	与 f 选项正好相反，它在移动并覆盖时，会让用户回答“Y”来确认

说明：

1）移动文件或目录时，如果目标目录不存在，则系统自动建立。

2）如果更名后的新文件名已经存在，则将新文件名的扩展名末尾加上“bak”，例如，更名后的新文件名是“ok.txt”则需更名为“ok.txtbak”。

mv 命令示例：

```
mv file1 file2                 #将源文件名 file1 改为目标文件名 file2
mv file1 directory1            #将文件 file1 移动到目标目录 directory1
mv directory1 directory2       #目标目录已存在：源目录 directory1 移动到目标目录 directory2
mv directory1 file1            #目标目录不存在：改名
```

例如，将上面示例中合并后的文件 file3 改名为 file4。可以先显示 file3 的内容，然后输入命令“mv file3 file4”，显示命令执行结果如图 6-12 所示。

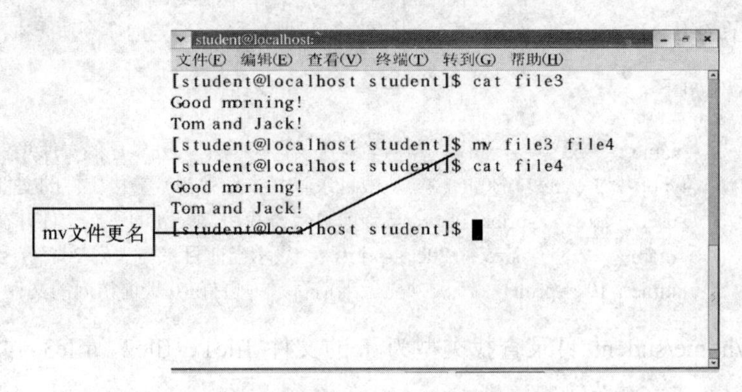

图 6-12 mv 命令文件更名窗体

📖 注意：mv 与 cp 文件名结果不同，mv 文件移动，文件个数没增加；cp 文件复制，文件个数增加。

6.2.3 文件检索和排序命令

文件的检索操作是为了方便用户检索文件和目录，用户只需要知道文件和目录的名称，甚至只知道文件和目录的名称的几个字符就可以到检索文件、目录及其所在的位置；而排序可以使文件按照用户的要求有规则地组织文件的内容，从而满足用户的需求。

1. find 命令

find 命令的功能是查找满足条件的文件、目录，其命令格式：

```
find  [目录]  [选项]  [操作]
```

find 命令选项如表 6-6 所示。

表 6-6 find 命令选项

命令选项	说明
-name '字符串'	查找文件名中包含所给字符串的所有文件
-user '用户名'	查找属于指定用户的文件
-group '用户组名'	查找属于指定用户组的文件
-type x	查找类型为 x 的文件，x 可以是以下几种类型文件： b 块设备文件；c 字符设备文件；d 目录文件；p 命名管道文件；f 普通文件；l 符号链接文件；s socket 文件
-atime n	查找 n 天以前访问过的文件
-size n(c)	查找文件大小为 n 块，若带 c 按字符（字节）计算

说明：

1）命令中的如果有目录表示从该目录起遍历其下所有的子目录，查找满足条件的文件，默认时表示当前目录。

2）命令中的选项是一个逻辑表达式，当表达式为“真”时，搜索条件成立，为“假”时不成立。

3）操作如下。

```
-print                     #将查找到的文件或目录送往标准终端输出
-exec 命令名 {}\;          #将查找到的文件或目录按命令名给定的命令功能执行
```

4）命令示例如下。

```
$ find ./ -name '*.txt' –print      #从当前目录查找所有以.txt 结尾的文件并在屏幕上显示出来
$ find / -type l –exec rm{}\;       #从根目录查找类型为符号链接文件的文件将其删除
$ find ./ –user 'tom' -print        #从当前目录查找用户 tom 的所有文件并在屏幕上显示
$ find ./ -name "*.c" -size +20c -print  #显示当前目录中大于 20 字节长的.c 文件名
$ find ./ -atime 10 -print          #显示当前目录中恰好 10 天前访问的文件名
```

例如，从/home/sudent 目录查找类型为 f 的文件 file1、file2、file3 并将其删除，如图 6-13 所示。

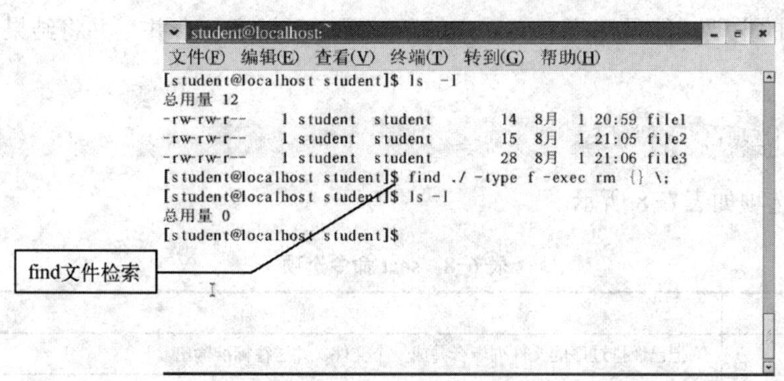

图 6-13 find 命令查找窗体

注意：上图命令 “-exec rm {}\;” 中的 “}” 两侧有空格，{}代表找到的文件名。

2. grep 命令

grep 命令的功能是在文件中搜索指定的字符串模式，其命令格式：

```
grep [选项] [字符串] <文件名...>
```

grep 命令选项如表 6-7 所示。

表 6-7 grep 命令选项

命 令 选 项	说 明
-F	查找字符串
-i	要查找的字符串不区分字母的大小写
-r	以递归方式查找目录下的所有子目录的文件

说明：该命令不仅仅是在文件中搜索指定的字符串，还要列出含有匹配于模式的字符串的文件名，并输出含有该字符串的文本行。

例如，在 file3 中查找包含“om”的所有行，不管字符的大小写，如图 6-14 所示。

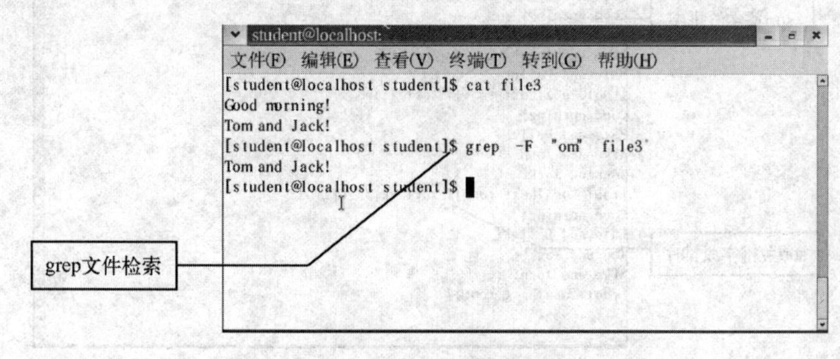

图 6-14 grep 命令查找窗体

3. sort 命令

sort 命令的主要功能是逐行对文件中的所有行进行排序与合并，并将结果显示在屏幕。其命令格式：

```
sort  [选项]  <文件列表>
```

sort 命令选项如表 6-8 所示。

表 6-8　sort 命令选项

命令选项	说　明
-m	把已经排过序的文件列表合并成一个文件，并送往标准输出
-d	按字典顺序排序，可比较的字符仅包含字母、数字、空格、制表符
-c	检查给定的文件是否排过序
-r	按降序排序，默认时是升序
-f	忽略大小写
-n	按数值进行排序
-k n	指定每行按第几个字段（关键字）进行排序，n 为第 n 个字段

说明：排序的依据是从输入文件的每一行提取的一个或多个排序关键字进行的。排序关键字定义了用来排序的最小单位。

命令示例：

```
sort  file1                #对 file1 文件按每行第 1 个字符进行排序输出
sort  file1  file2         #对 file1 和 file2 两个文件合并起来进行排序输出
sort  -r  file1            #对 file1 文件按每行第 1 个字符进行反序排序输出
sort  -r -o  outfl  file1  #对 file1 文件按每行第 1 个字符进行反序排序输出给文件 outfl
sort  -n  file1            #对 file1 文件按每行第 1 个字段进行排序输出
sort  -k  3  file1         #对 file1 文件按每行第 3 个字段进行排序输出
```

例如，将已经存在的文件 file3 先进行每行第 1 个字符排序，然后按每行第 3 个字符进行排序显示排序结果，如图 6-15 所示。

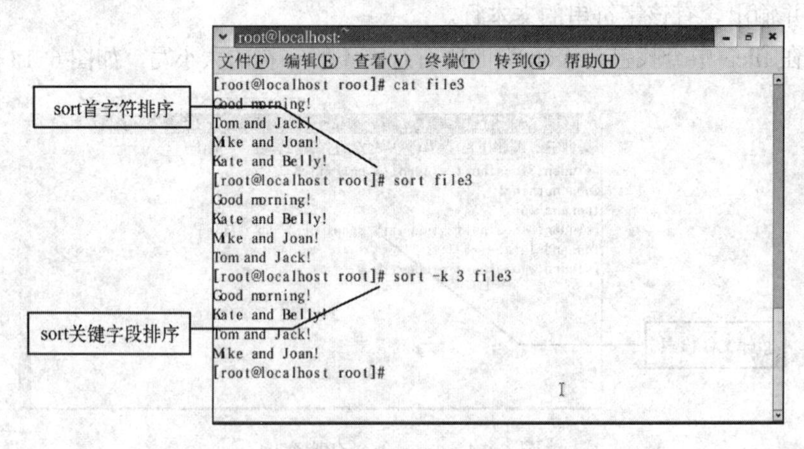

图 6-15　sort 命令排序窗体

6.2.4 目录操作命令

Linux 文件系统是以目录结构进行布局的，用户在管理、访问文件过程中总是处在某个目录下，这个目录称为用户当前的工作目录。另外，每个用户又都拥有一个自己的个人目录，位置一般是在“/home”的下面，通常用来保护用户自己的数据文件。因此熟练掌握目录的基本操作方式才能更安全地使用 Linux 环境。

用户对目录的基本操作有显示当前的工作目录、改变当前的工作目录、列出目录的内容、创建一些新的目录和删除某些目录等。

1. pwd 命令

pwd 命令主要功能是显示当前工作目录，该命令不带参数。其命令格式：

```
pwd
```

说明：通过使用该命令，用户可以随时查看当前所在工作目录。

例如，显示当前的工作目录，如图 6-16 所示。

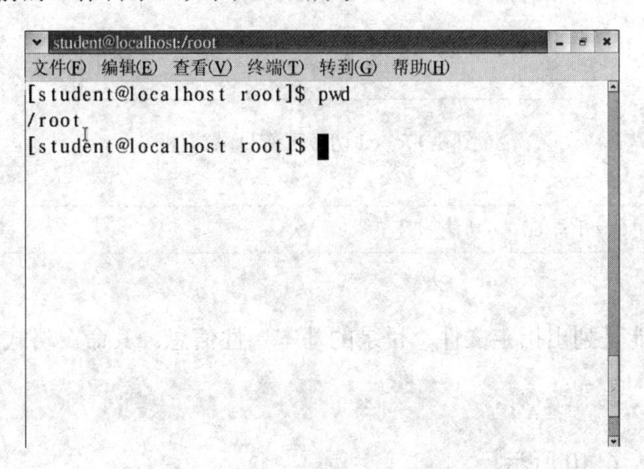

图 6-16 pwd 显示当前工作目录窗体

2. cd 命令

cd 命令主要功能改变工作目录，目录的表示可以是相对路径名或绝对路径名。其命令格式：

```
cd [选项] <目录名>
```

cd 命令选项如表 6-9 所示。

表 6-9 cd 命令选项

命令选项	说明
“.”	代表当前目录
“..”	代表当前目录的父目录
“/”	代表根目录
“~”	表示当前用户的主目录，与不带任何参数的形式效果一致

命令示例：

```
cd    directory1       #切换到 directory1 目录
cd    ..               #返回上一层目录
cd    ../directory1    #切换到上级目录下的 directory1 下
cd                     #切换到个人主目录下
cd    ~                #切换到个人主目录下
```

例如，输入上面的命令示例如图 6-17 所示。

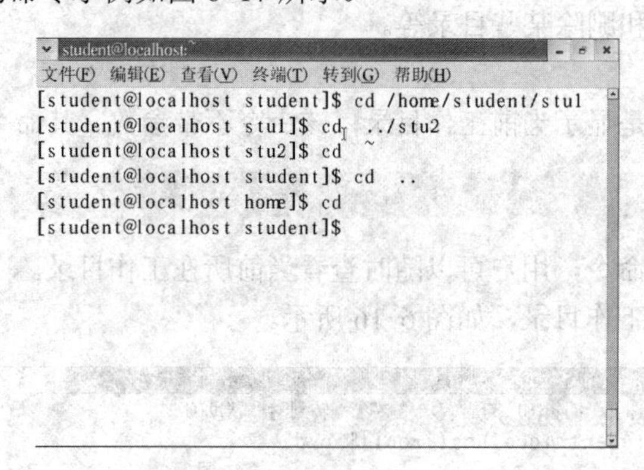

图 6-17 cd 切换工作目录窗体

注意：命令示例中的 cd 与 cd ~功能一致。

3. ls 命令

ls 命令主要功能是列出指定文件、目录的基本属性信息。其命令格式：

```
ls  [选项]  <目录或文件名>
```

ls 命令选项如表 6-10 所示。

表 6-10 ls 命令选项

命令选项	说明
-a	列出指定目录下所有文件和子目录的信息（包括隐含文件）
-A	同-a，但不列出“.”和“..”
-b	当文件名中有不可显示的字符时，将显示该字符的八进制数字
-c	按文件的状态时间排序输出文件目录内容，排序依据是索引节点 ctime，即属性更改时间
-C	分成多列显示
-d	显示目录名而不是显示目录下的内容，一般与-l 连用
-f	在列出的文件名后加上符号来区别不同类型
-R	递归地显示指定目录的各级子目录中的文件
-s	给出每个目录项所用的块数，包括间接块
-t	按最后修改时间排序，即内容修改时间（新的在前，旧的在后）
-l	以长格式显示文件的详细信息

说明如下。

- -f：在列出的文件名后加上符号来区别不同类型，符号和它们表示的意义如下。

  /：表示一个目录名。

  *：表示一个可执行文件。

  @：表示一个符号链接文件。

  |：表示管道文件。

  =：表示 socket 文件。

- 以长格式显示文件的详细信息，包括：文件的类型与权限、链接数、文件所有者、文件所有者所属的组、文件大小、最近修改时间、文件名。其中文件类型与权限由10列组成，可分为两部分，如图 6-18 所示。

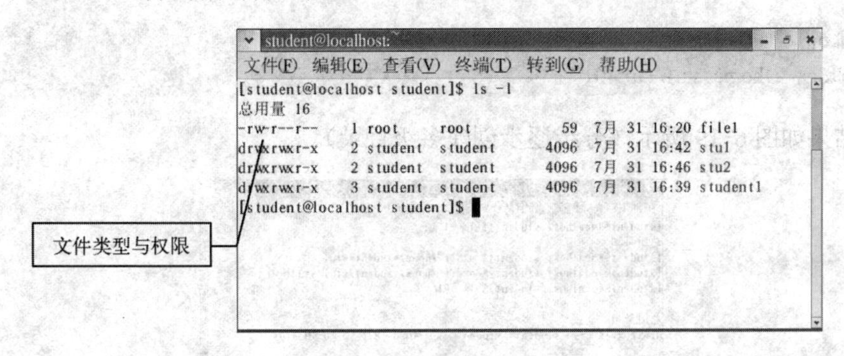

图 6-18　ls 长格式显示窗体

第一列定义文件类型如表 6-11 所示。

表 6-11　第一列文件类型

文 件 类 型	说　明
d	列出指定目录下所有文件和子目录的信息（包括隐含文件）
-	表示是普通文件
l	表示是符号链接
b	表示是块设备文件
c	表示是字符设备文件

第 2～10 列定义文件权限：r 表示读；w 表示写；x 表示执行。

例如，图 6-18 中显示的 root 目录下的第一个文件 file1 的基本属性信息如下：

文件的类型与权限值为“-rw-r—r—”，说明该文件是普通文件；权限为“rw-r—r--”；文件链接数是 1；文件所有者为 root；文件所有者所属的组是 root；文件大小为 59 byte；最近修改时间 7 月 30 日 16:20，文件名为 file1。

4. mkdir 命令

mkdir 命令功能是创建目录。其命令格式：

```
mkdir    [选项]  <目录名>
```

mkdir 命令选项如表 6-12 所示。

表 6-12 mkdir 命令选项

命令选项	说明
-m 数字	用 m 后的数字设置新建的目录的权限
-p	如果目录名中的路径中包含着不存在的子目录，那么就逐一的建立，直到最后的子目录为止

说明：在某个目录下创建它的子目录；目录名前面如果没有路径名，则表示在当前目录下创建；如果有路径名，就在指定的路径下建立。新建的子目录必须不能和已经存在的文件名或目录名重名。

例如，在/home/student 目录下创建 stu1，并在/home/student/stu1 目录下创建 stu1-01。

方法 1：输入下面命令：

```
mkdir    /home/ stu1
mkdir    /home/ stu1/ stu1-01
```

显示结果如图 6-19 所示（分级逐步创建多级目录）。

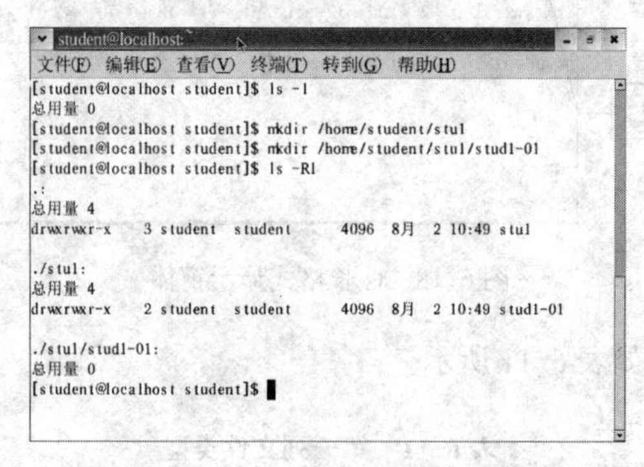

图 6-19 mkdir 创建多级目录显示窗体 1

方法 2：输入下面命令：

```
mkdir    -p   /home/student/stu1/ stu1-01
```

显示结果如图 6-20 所示（一次完成多级目录的创建）。

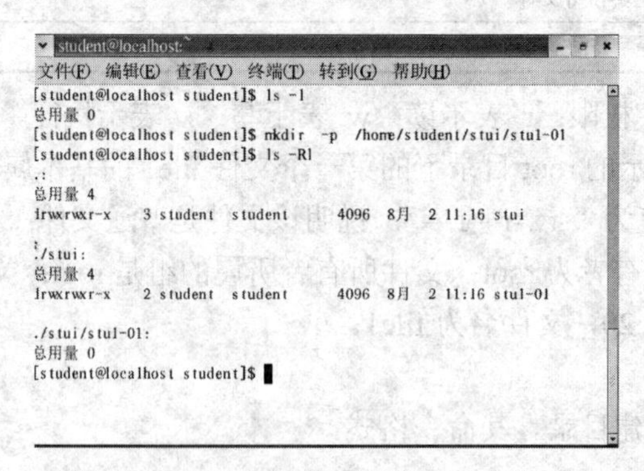

图 6-20 mkdir 创建多级目录显示窗体 2

因此，可以看出两种方法执行命令效果是一样的，而方法 2 更方便简洁。

另外，在 6.2.2 节中已经详细讲解了文件、目录的删除命令，这里不再赘述。

6.3 文件的权限

Linux 是多用户的操作系统，允许多个用户同时在系统上登录和工作。为了确保系统和用户的安全，通过根据用户的代号（UID）来确定不同用户，从而在登录系统后用来区别不同用户所建立的文件或目录。同时 Linux 文件系统通过给系统中每个文件按照所属的所有者、组和其他用户来设置相应的访问权限，从而安全合理地使用文件和目录，并要求 Linux 下每一个文件必须严格地属于一个用户、组或其他用户，从而建立安全的访问机制。

通常，用户可以在图形环境下选中需要修改文件权限的文件或文件夹（目录），右击弹出快捷菜单，出现“文件属性”对话框。在此对话框的“基本”选项卡中修改文件名，并可修改文件图标，如图 6-21 所示。

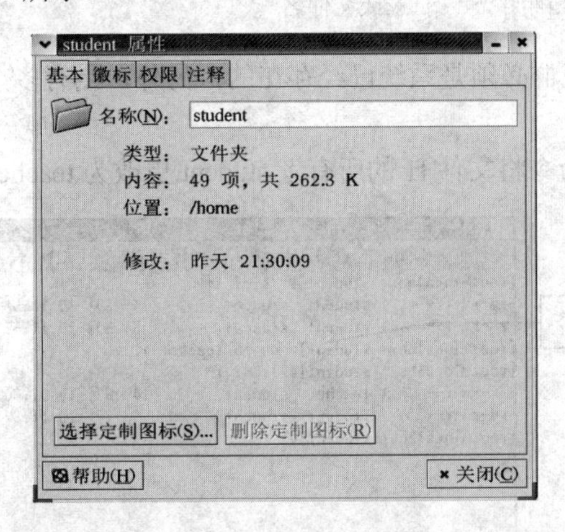

图 6-21 “文件属性”对话框的“基本”选项卡

在“文件属性”对话框的“权限”选项卡，显示修改文件的权限，如图 6-22 所示。用户可通过选中相应的复选框来选择或撤销文件的读、写、执行等权限。

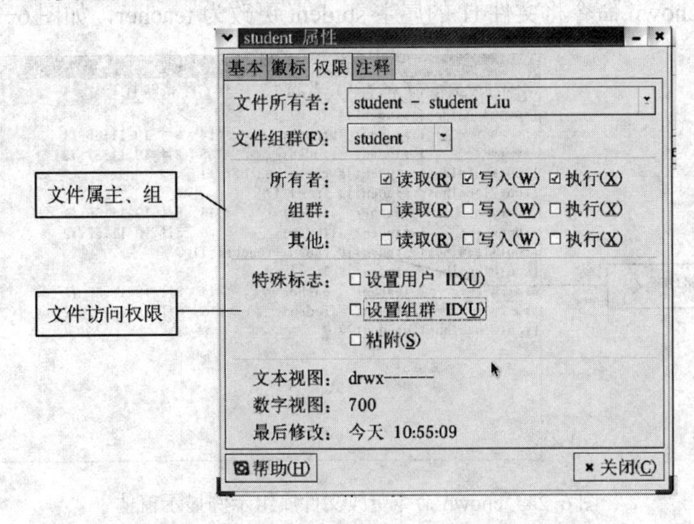

图 6-22 “文件属性”对话框的“权限”选项卡

6.3.1 文件的属主与属组

当某个用户对文件进行读、写、执行时，首要条件是该用户要具备相应的访问权限。如果没有相应的权限，则需要修改用户对该文件的访问权限，通常用户只能修改自己创建的文件属性，只有超级用户或具有超级用户权限的系统管理员才具有对所有文件访问权限。

所谓文件的属主即是文件的所有者，默认情况下文件和目录的创建者就是属主。属主对文件和目录拥有最高权限。

为方便简化管理，Linux 将具有相同的特性用户划归为一个组群，称之为属组。一个用户只能属于一个主要组群（主组），但同时可以属于多个附加组群（附加组）。

chown 命令功能是修改文件或目录所有者或组群。其命令格式：

```
chown    [所有者][:[组]]    <目录或文件名>
```

说明：所有者和属组群必须是系统已经存在的；另外，当有多个文件同时更改，请使用空格隔开。

例如，使用 chown 命令将文件 f1 的所有者 student 更改为 teacher，如图 6-23 所示。

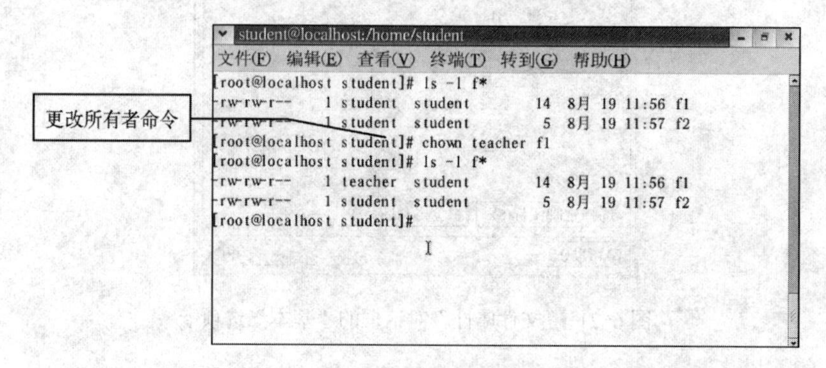

图 6-23 chown 命令更改文件所有者示例显示窗体

例如，使用 chown 命令将文件 f1 的属主 student 更改为 teacher，如图 6-24 所示。

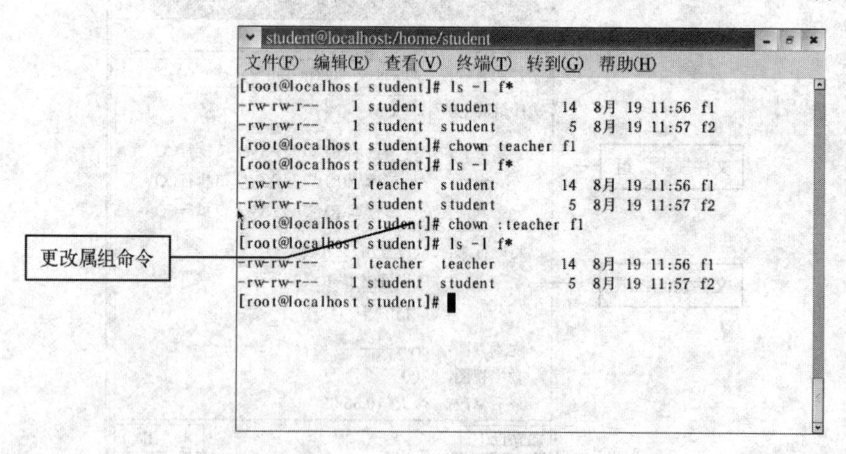

图 6-24 chown 命令更改文件属组示例显示窗体

6.3.2 文件的访问权限

每个文件在创建的时候系统会赋予它一个默认的属性，通常文件具有以下 3 种属性。

1. 文件、目录访问权限

（1）文件的操作

读（r）：允许读文件的内容。

写（w）：允许向文件中写入数据。

执行（x）：允许将文件作为程序执行。

（2）目录的操作

读（r）：允许查看目录中有哪些文件和目录。

写（w）：允许在目录下创建（或删除）文件、目录。

执行（x）：允许访问目录（用 cd 命令进入该目录，并查看目录中可读文件的内容）。

2. 文件属主、组分类

文件所有者（owner）：建立文件、目录的用户。

同组用户（group）：属于同一组群的用户对属于该组群的文件有相同的访问权限。

其他用户（other）：除了文件所有、同组用户的其他用户。

3. 访问权限的表示

（1）字母表示

利用 ls –l 显示文件、目录，前 10 列依次是读（r）、写（w）、执行（x），表示无读、写、执行权限，如图 6-25 所示。

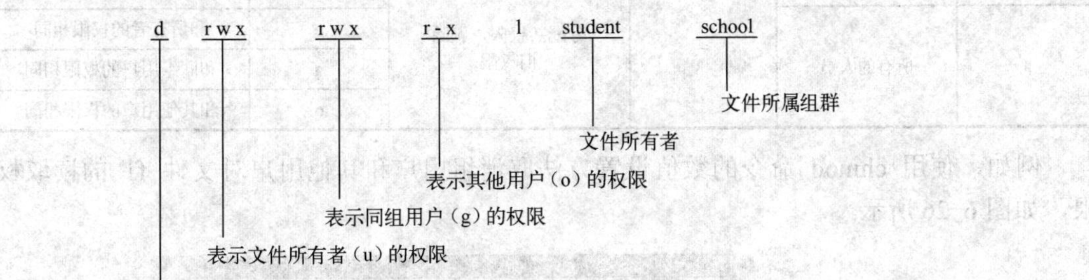

图 6-25 文件权限字母表示法

（2）数字表示法

为了使用方便简捷，权限也可以用数字表示，如表 6-13 所示。

表 6-13 权限对应表

字母表示形式	十进制表示形式	权限含义	字母表示形式	十进制表示形式	权限含义
---	0	无权限	r--	4	可读
--x	1	可执行	r-x	5	可读、执行
-w-	2	可写	rw-	6	可读、写
-wx	3	可写、执行	rwx	7	可读、写、执行

📖 注意：新建的文件访问权限是由系统设置的，只有文件所有者或超级用户可以修改文件权限。

下面简单介绍常用的文件权限命令。

1. chmod 命令

chmod 命令功能如下。

1）数值方式修改指定文件或目录访问权限。其命令格式：

```
chmod    [n1n2n3]    <文件名或目录名>
```

说明：选项 n1n2n3 为用 3 位八进制数字表示的文件访问权限。其中 n1 代表所有者的权限，n2 代表同组用户的权限，n3 代表其他用户的权限。例如，选项 511 代表所有者的权限是读、执行权限，没有写权限，同组用户只有读权限，其他用户只有读权限。

2）字母方式修改指定文件或目录的访问权限。其命令格式：

```
chmod    [ugoa][+-=][rwxugo]    <文件名或目录名>
```

说明：该命令格式采用字母形式完成对文件权限的增减，如表 6-14 所示。

表 6-14　文件权限选项对应表

<table>
<tr><th>用户标识</th><th>用户标识含义</th><th>设定方法字符</th><th>设定方法字符含义</th><th>权限字符</th><th>权限字符权限含义</th></tr>
<tr><td>u</td><td>所有者</td><td>+</td><td>增加权限</td><td>r</td><td>读</td></tr>
<tr><td>g</td><td>同组</td><td>-</td><td>删除权限</td><td>w</td><td>写</td></tr>
<tr><td>o</td><td>其他人</td><td rowspan="4">=</td><td rowspan="4">分配新权限，删除旧权限</td><td>x</td><td>执行</td></tr>
<tr><td rowspan="3">a</td><td rowspan="3">所有的人员</td><td>u</td><td>和所有者的权限相同</td></tr>
<tr><td>g</td><td>和同组用户的权限相同</td></tr>
<tr><td>o</td><td>和其他用户的权限相同</td></tr>
</table>

例如，使用 chmod 命令的数值设置方法取消组用户和其他用户对文件 f1 的读取权限，如图 6-26 所示。

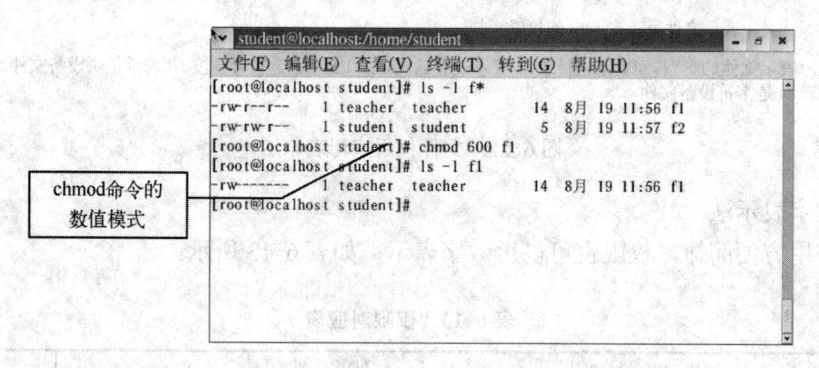

图 6-26　chmod 命令的数值更改文件权限显示窗体

例如，使用 chmod 命令的字母方法撤销文件 f1 所有者的写权限，增加组用户和其他用户对文件 f1 的读取权限，并赋予 f2 所有者、同组用户和其他用户拥有读、写权限，如图 6-27 所示。

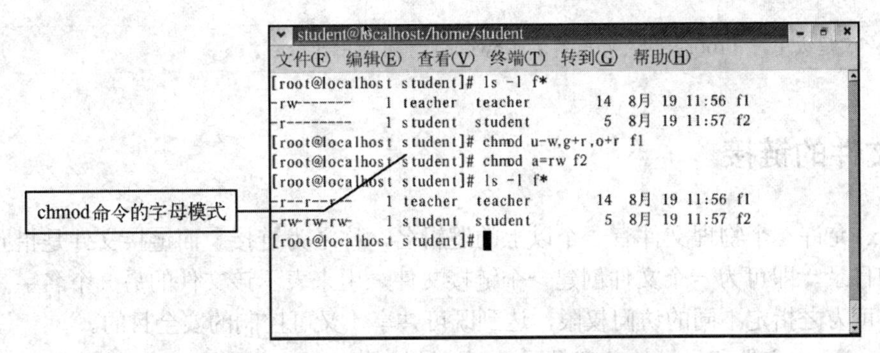

图 6-27 chmod 命令的字母更改文件权限显示窗体

注意：在 Linux 中有一个 umask 命令，该命令的功能是设置文件或目录的默认权限。使用时注意文件的执行权限不可由 umask 命令赋给，只能通过 chmod 命令修改，如图 6-28 所示。关于 umask 命令的使用可以参见操作手册，这里不再赘述。

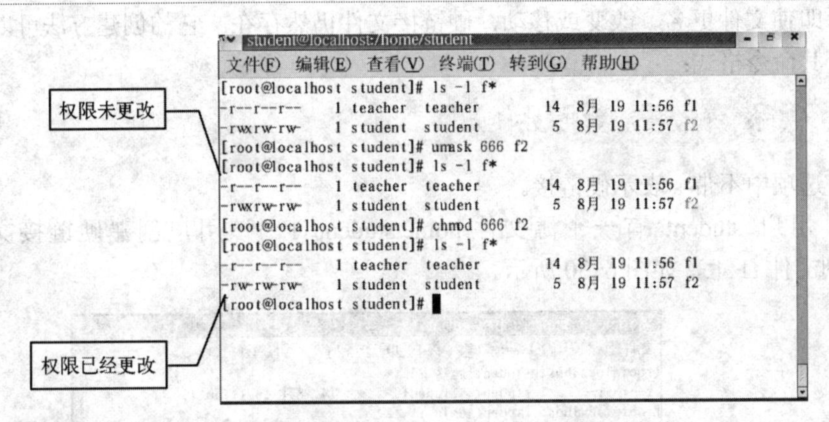

图 6-28 umask 命令与 chmod 命令的区别显示窗体

2. chgrp 命令

chgrp 命令的功能是改变文件或目录组群。其命令格式：

```
chgrp [组群] <文件|目录>
```

说明：“组群”选项是组别名或组别代号。

例如，将文件 f1 的 teacher 组别改为 student，如图 6-29 所示。

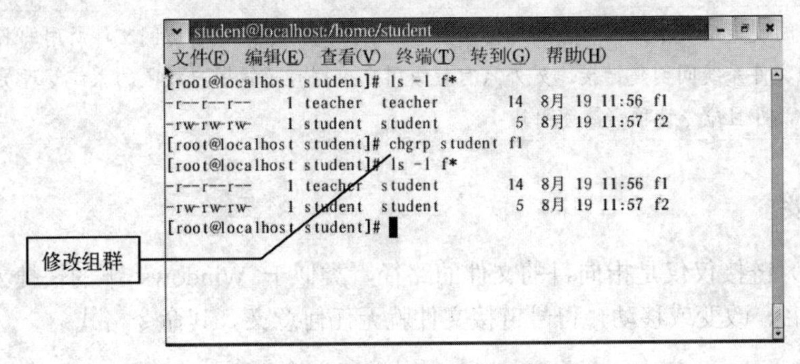

图 6-29 chgrp 命令示例显示窗体

📖 注意：仅超级用户（root）和文件所有者（owner）才可使用此命令。

6.4 文件的链接

Linux 允许一个物理文件有一个以上的逻辑名，称之为链接。而链接文件是指向被链接的文件和目录，即可为一个文件创建一个链接文件，用来表示该文件的另一个名字。链接不同的文件可为之指定不同的访问权限，达到既可共享，又可控制的安全目的。

在 Linux 中文件和目录的共享是通过创建链接的方式来实现的。Linux 支持两种链接方式：硬链接和软链接。

6.4.1 硬链接

硬链接复制文件 i-node，也就是保留文件所链接文件的索引节点（即磁盘的物理位置等）信息，即使文件更名、改变或移动，硬链接文件仍然存在。它的创建方法可以通过命令 ln 来实现，其命令格式：

```
ln [选项] <源文件> <目标文件>
```

说明：选项中不带-s 表示硬链接。

例如，用户 student 有一个源文件/home/student/f1，该用户创建硬链接文件/home/student/f2 到文件 f1 上，如图 6-30 所示。

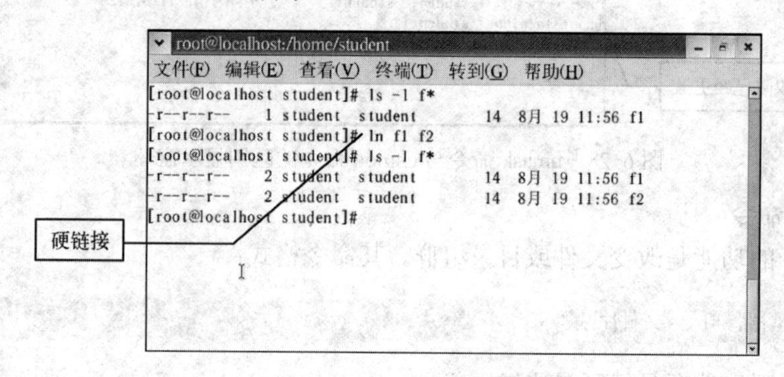

图 6-30 ln 创建硬链接显示窗体

📖 注意：文件的硬链接对于文件所作的任何修改都是有效的，不依赖于访问文件所用的名字。硬链接不能在不同的文件系统间创建链接。另外只有超级用户或拥有超级用户权限的系统管理员才可以创建目录的硬链接，并且命令选项需要为-d 或-F。

6.4.2 软链接

软（符号）链接仅仅是指向目的文件的路径，类似于 Windows 下的快捷方式，如果被链接的文件更名、改变或移动，符号链接文件就无任何意义。其命令格式：

```
ln [选项] <源文件> <目标文件>
```

说明：选项中带-s 表示软链接。

例如，依据上图 6-30，用户可以继续创建一个软链接文件 f3 并显示，可以观察到文件 f2 与 f3 是两个完全不同的链接文件，如图 6-31 所示。

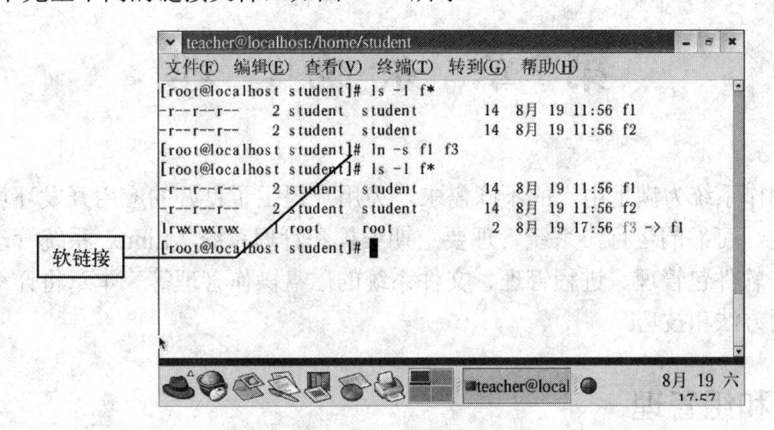

图 6-31 ln 创建软链接显示窗体

注意：文件的软链接可以跨越不同的文件系统创建链接。另外可以创建目录的软链接。

本章小结

本章简要介绍了 Linux 文件系统目录结构的标准布局及以 ext2 和 ext3 等为主构成的多种文件系统，简述了 Linux 文件的 4 种类型：普通文件、目录文件、设备文件、链接文件，介绍了链接文件的硬链接、软链接使用方法；另外重点讲解了 Linux 文件系统中文件和目录的显示、添加、修改、删除、查找、复制等操作方法及命令，同时也重点讲述了文件和目录访问权限的设置、修改等常用操作方法及命令，为后续章节的学习奠定基础。

思考题与实践

1）文件的类型有哪些？简要说明链接文件分类及各自特点。

2）如何把两个文件合并成一个文件？

3）说明文件权限读、写、执行的 3 种标志符号依次是什么。简要说明一个文件、目录权限的设置方法。

4）已知已存在文件/root/exer 的访问权限为 rw-r--r--，现要增加所有用户的执行权限和同组用户的写权限，请写出正确的命令。

5）请给出下面命令的执行结果。

① cd / ② cd .. ③ cd ../.. ④ cd

第7章 系统管理

Linux 操作系统为满足用户的不同需求，为用户提供了良好的应用开发环境。为保证系统安全、稳定、可靠的运行，系统管理要定期维护和管理系统。Linux 系统管理主要包括用户和组管理、软件包管理、进程管理、文件系统的磁盘操作管理等。本章将详细介绍各部分的概念、使用方法和技巧。

7.1 用户和组管理

Linux 系统是一个多用户的操作系统，任何一个要使用系统资源的使用者（即用户），都必须首先申请一个账号，然后用这个账号登录系统。用户和组管理是 Linux 系统管理的基础，是在多用户环境下系统安全运转的保证。

7.1.1 用户和组管理概述

用户的账号一方面可以帮助系统对使用系统的用户进行跟踪，并控制用户对系统资源的访问；另一方面也可以帮助用户组织文件，为用户提供安全性的保护。组是具有共同特性的用户的逻辑集合，使用组有利于管理员分批管理用户，提高工作效率。一个用户（也称为账号或账户）可以属于多个组，例如：某公司有技术组和领导组，陈某是该公司的技术主管，则他既属于技术组也属于领导组。账号的管理主要包括用户的管理、组的管理和口令的管理。

Linux 使用用户权限机制对系统进行管理，这种管理主要包括创建或删除用户、修改用户属性、添加或删除组、修改组成员和设置登录属性信息等。它的主要功能在于分配不同的用户权限来使用本系统资源，通过这种用户权限系统管理机制来保证用户数据与文件的安全。

1．用户

Linux 系统中每个登录的成员都要有一个用户账号（UID）。用户登录时必须输入用户名和口令，只有该用户名、口令验证正确时，用户才能被允许进入 Linux 系统。账号实质上就是一个用户在系统上的标识，系统依据账号来区分每个用户的文件、进程、任务，给每个用户提供特定的工作环境（如用户的工作目录、Shell 版本以及 X-Windows 环境的配置等），使每个用户的工作都能独立不受干扰地进行。

Linux 中用户分成 3 组：超级用户、系统用户和普通用户。

- 超级用户（root 用户）：是每个 Linux 系统都必须有的，并且只有一个。它拥有最高权限，可以删除、终止任何程序。在安装时必须为 root 用户设置口令。另外，通常为减少风险要避免普通用户得到 root 用户权限。超级用户 UID 的值为 0。
- 系统用户：是与系统运行和系统提供的服务密切相关的用户，通常在安装相关的软件包时自动创建并保持默认状态。系统用户不能登录，系统用户的 UID 值为 1～499。

- 普通用户：是在系统安装后由超级用户创建的，通常完成指定权限的操作，而且也只能操作自己所拥有权限的文件和目录，普通用户的 UID 值为 500～6000。

2．组

组是具有相同特性的用户集合。对组操作等价于对组中每个成员进行操作，组中的每个用户可共享组中的资源。每个用户至少属于一个组。Red Hat Linux 组按性质划分为系统组和私有组。

- 系统组：可以容纳多个用户，若使用系统组，在创建一个新的用户时，系统自动指定他所属的系统组。
- 私有组：私有组中只有用户自己。当在创建一个新用户 user 时，若没有指定他所属于的组，Red Hat 就建立一个和该用户同名的私有组。

3．用户和组的关系

用户和组的关系如下。

- 组是用户的集合，一个系统可以容纳多个用户。
- 同一个用户可以同属于多个组，这些组可以是私有组（GID≥500），也可以是系统组（GID<500）。
- 当一个用户同属于多个组时，将这些组分为以下两种。

  主组：用户登录系统时的组。

  附加组：可切换的其他组。

7.1.2 用户和组配置文件

Linux 下的用户和组配置文件主要有 4 个，它们分别是用户账号信息文件/etc/passwd、用户口令信息文件/etc/shadow、组账号信息文件/etc/group、组口令信息文件/etc/gshadow。

1．用户账号信息文件/etc/passwd

/etc/passwd 保存除口令外的用户账户信息，所有用户都可以查看/etc/passwd 文件的内容。其文件格式的内容如图 7-1 所示。

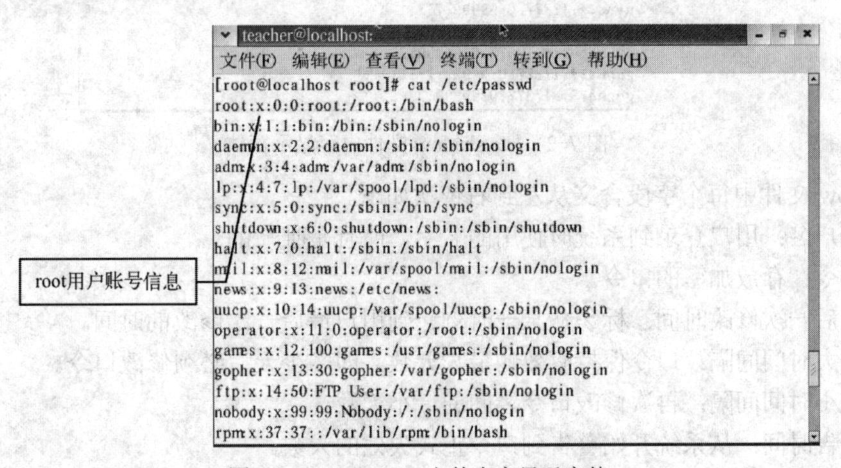

图 7-1 /etc/passwd 文件内容显示窗体

passwd 文件中每一行代表一个用户账号，每个用户账号的信息又用“:”划分为多个字段来表示用户的属性信息。passwd 文件中各字段从左到右依次为用户名、口令、用户 ID、组 ID、用户相关信息、用户主目录、用户登录环境，每个字段的定义如下。

- 用户名：在系统中是唯一的，可由字母、数字和符号组成。
- 口令：此字段存放加密口令。
- 用户 ID（User ID）：系统内部用它来标识用户且唯一。超级用户：UID=0，GID=0；普通用户：UID≥500；系统用户：0＜UID＜500。
- 组 ID（Group ID）：系统内部用它来标识用户属性。
- 用户相关信息：例如用户全名等。
- 用户主目录：用户登录系统后所进入的目录。
- 用户登录环境：用户工作的环境，负责解释用户所输入的命令让系统得以了解用户要做什么事情，Linux 默认为 bash。

> 📖 注意：其中口令字段用“x”来填充，加密后的口令保存在/etc/shadow 文件中。

2．用户口令信息文件/etc/shadow

/etc/shadow 文件根据文件/etc/passwd 产生，只有超级用户才能看到其内容。其文件格式的内容如图 7-2 所示。

shadow 文件中保留的是 MD5 算法加密的口令。MD5 算法口令是一种单向算法，理论上认为该算法口令难以破解。与 passwd 文件类似，shadow 文件中每一行也代表一个用户账号，每个用户账号的信息又用“:”划分成 9 个字段，每个字段用来表示用户的属性信息。

图 7-2　/etc/shadow 文件内容显示窗体

shadow 文件中每个字段含义从左到右依次如下。

- 用户名：用户登录到系统时使用的名字，而且是唯一的。
- 口令：存放加密的口令。
- 最后一次修改时间：标识从某一时刻起到用户最后一次修改的时间。
- 最大时间间隔：口令保持有效的最大天数，即多少天后必须修改口令。
- 最小时间间隔：再次修改口令之间的最小天数。
- 警告时间：从系统开始警告到口令正式失效的天数。
- 不活动时间：口令过期多少天后，该账号被禁用。
- 失效时间：指示口令失效的绝对天数（从 1970 年 1 月 1 日开始计算）。
- 标志：未使用。

3. 组账号信息文件/etc/group

/etc/group 文件保存组账号信息，所有用户可以查看其内容。group 文件中的每一行内容表示一个组群的信息，各字段之间用“:”分隔。其文件格式内容如图 7-3 所示。

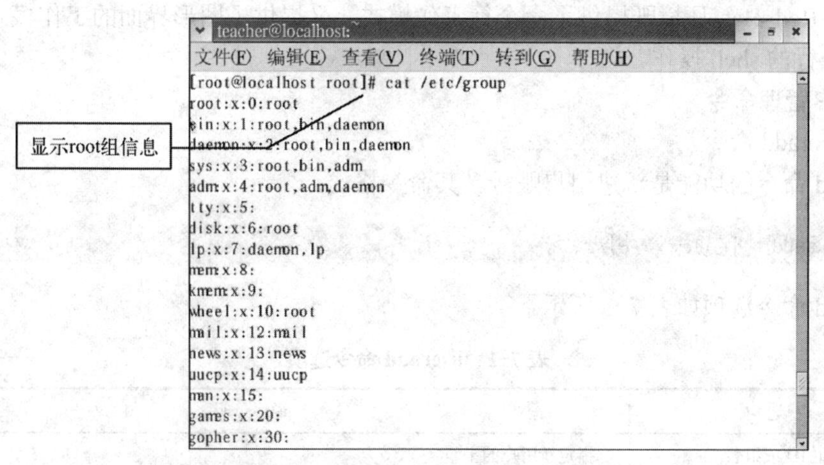

图 7-3　/etc/group 文件内容显示窗体

group 文件中各个字段含义从左至右依次如下。

- 组名：用户登录时所在的组名称，可由字母、数字和符号组成。
- 组口令：默认情况下不使用，必须经过特殊设置。
- 组 ID（GID）：组标识号，识别不同组的唯一标识。
- 组内用户列表：属于该组的所有用户名表，用“,”间隔。

4. 组口令信息文件/etc/gshadow

/etc/gshadow 文件与/etc/shadow 文件产生类似，只有超级用户才能看到/etc/gshadow 内容，如图 7-4 所示。其主要是用于保存加密的组口令，它根据/etc/group 文件加密产生。

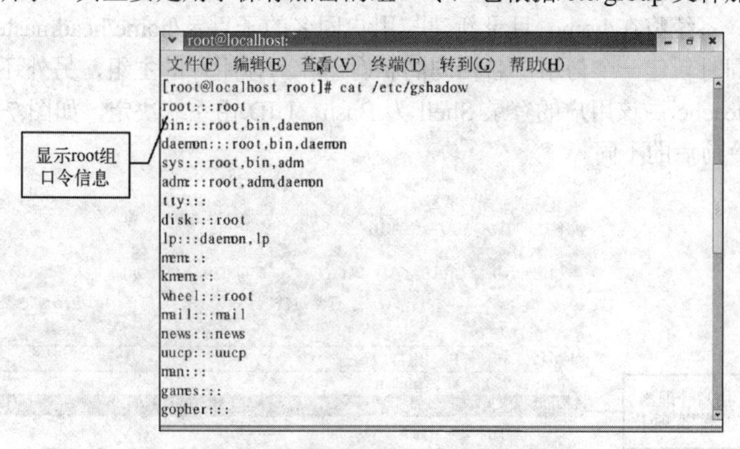

图 7-4　/etc/gshadow 文件内容显示窗体

📖 注意：以上介绍的与用户账号、组管理有关的 4 个文件，超级用户均可使用 Vi 编辑器读取、修改，而普通用户只能读取/etc/passwd 文件和/etc/group 文件。

7.1.3 用户和组管理命令

Linux 管理员管理用户账号时主要完成 3 项基本工作，即合理有效安全地新建、删除和管理用户。Red Hat 环境既提供了命令行工作模式，又提供了图形界面的工作模式。本节着重讲述命令行的 shell 操作。

1. 账户管理命令

（1）useradd 命令

useradd 命令的功能是新建用户账号。其命令格式：

```
useradd    [选项]    <用户名>
```

useradd 命令选项如表 7-1 所示。

表 7-1 useradd 命令选项

命令选项	说明
-g 组 ID 或组名	指定新用户的主组
-G 组 ID 或组名	指定新用户的附加组
-d 主目录	指定新用户的主目录
-s 登录 Shell	指定新用户使用的 Shell，默认为 bash
-e 有效期限	指定用户的登录失效时间，例如：08/31/2006
-u 用户 ID	指定用户 UID
-m 默认主目录	自动为相应目录创建与用户名同名目录

说明：只有超级用户才能使用此命令的权限。

例如，按照默认值新建用户账号 headmaster，其附加组为 teacher。Linux 系统将按照默认值新建用户。系统将在/home 目录新建与用户同名的子目录/home/headmaster 作为该用户的主目录，并同时新建一个与用户名相同的私有组作为该用户的主组，另外还要新建一个该用户的附加组 teacher。该用户的登录 Shell 为 Bash，UID 由系统决定，如图 7-5 和图 7-6 所示显示执行命令前后的不同。

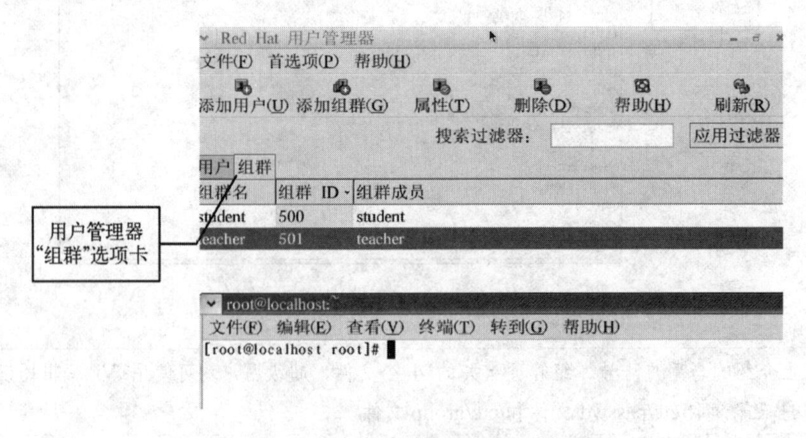

图 7-5 未添加新用户显示窗体

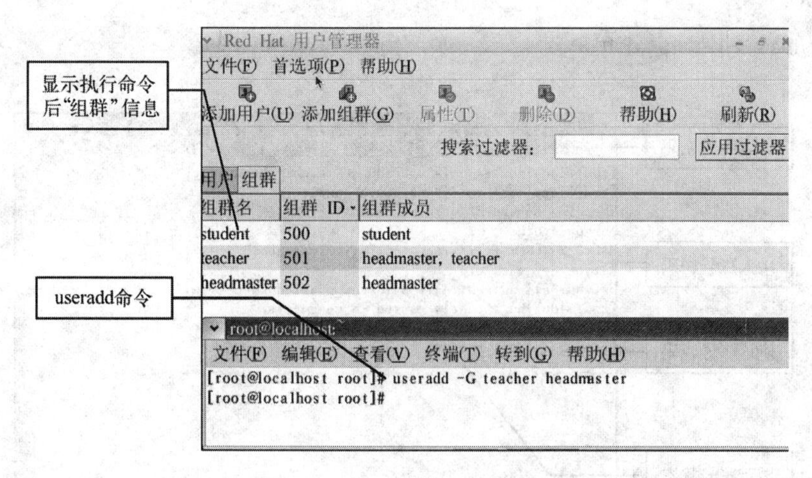

图 7-6　添加新用户后显示窗体

注意：使用 useradd 命令新建账号，将在/etc/passwd 文件和/etc/shadow 文件中增加新用户记录。如果还新建了私有组或附加组，那么还将在/etc/group 文件和/etc/gshadow 文件中增加记录。

（2）passwd 命令

passwd 命令功能是设置、修改用户的口令以及口令的属性。其命令格式：

```
passwd    [选项]    <用户名>
```

passwd 命令选项如表 7-2 所示。

表 7-2　passwd 命令选项

命 令 选 项	说　　明
-d 用户名	删除用户的口令，则该用户账号无须口令即可登录
-l 用户名	暂时禁用指定的用户账号
-u 用户名	恢复禁用用户账号
-S 用户名	显示指定用户账号的状态

说明：修改用户口令时，超级用户使用 useradd 命令创建用户账户之后需要使用 passwd 命令设置初始口令，否则该用户不能被允许登录。普通用户可以在使用初始口令登录后自行修改口令。

例如，图 7-6 中新建的账号 headmaster，为该用户 stud1 设置口令 123456，并显示该用户账户状态，如图 7-7 所示。

上述执行结果说明用户账号正常，口令设置完成并采用 MD5 算法进行了加密。

注意：Linux 中超级用户可以在不必输入用户原来口令的情况下对用户的口令进行设置；而普通用户必须在正确输入自己原来口令的前提下修改且只能修改自己的口令。

（3）usermod 命令

usermod 命令功能是修改用户的属性信息，只有超级用户可以使用该命令。其命令格式：

```
usermod    [选项]    <用户名>
```

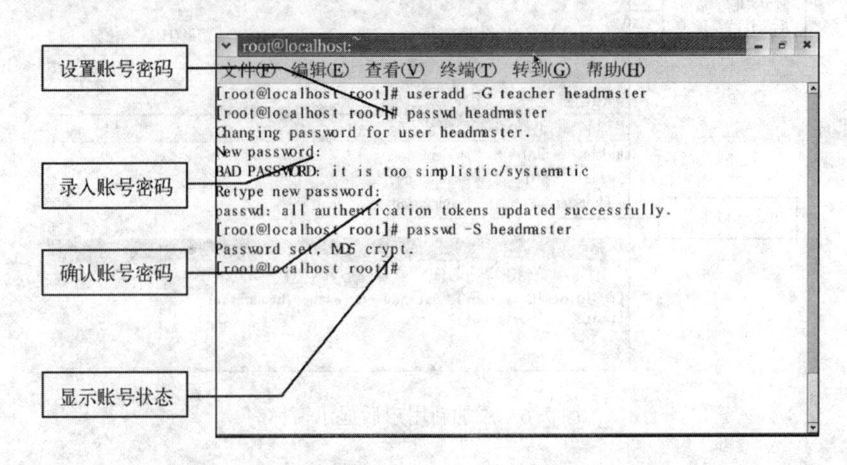

图 7-7　passwd 命令设置显示账户口令状态

usermod 命令选项如表 7-3 所示。

表 7-3　usermod 命令选项

命 令 选 项	说　明
-g 组 ID 或组名	指定新用户的主组
-G 组 ID 或组名	指定新用户的附加组
-d 主目录	指定新用户的主目录
-s 登录 shell	指定新用户使用的 Shell，默认为 bash
-e 有效期限	指定用户的登录失效时间，例如：08/31/2006
-u 用户 ID	指定用户 UID
-c 全名	指定用户全称
-f 缓冲天数	指定口令过期后多久将关闭此账号
-l 用户名	指定用户的新名称
-L 用户名	指定用户禁用

说明：usermod 命令选项与 useradd 命令基本相同，区别在于 usermod 命令可以修改用户名。另外，在禁用和恢复账号功能上，命令 usermod 不能等同于 passwd。

例如，将名为 student 的用户改为 student1，如图 7-8 所示。

执行该命令的结果是只更改了用户名，其余用户的基本属性信息均不变。

（4）userdel 命令

userdel 功能是删除指定的用户账号，只有超级用户才能使用该命令。其命令格式：

```
userdel    [选项]    <用户名>
```

说明：选项若是-r，则用于删除用户的账号及主目录。

例如，删除用户 headmaster 用户账号及主目录，如图 7-9 所示。

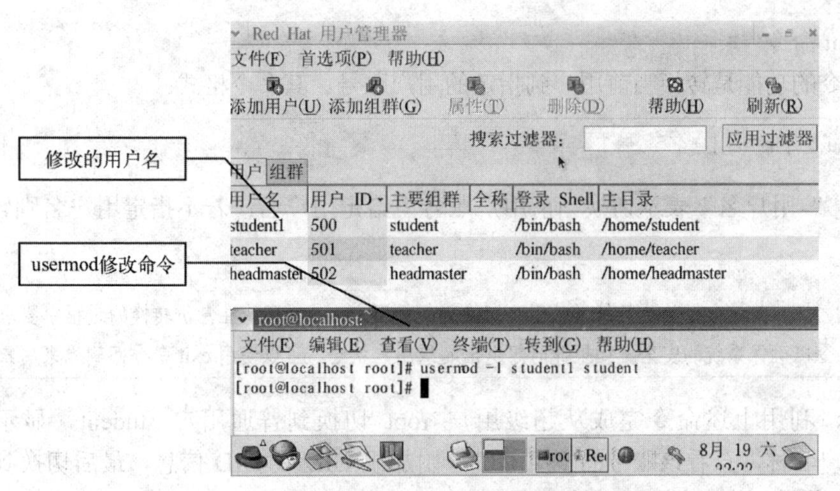

图 7-8　usermod 命令修改用户名称状态窗体

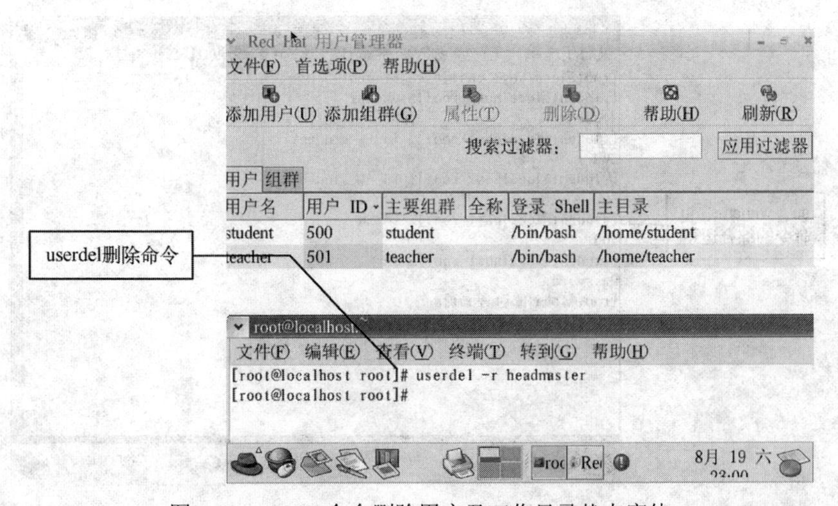

图 7-9　userdel 命令删除用户及工作目录状态窗体

（5）id 命令

id 命令的功能是查看用户组群信息，其命令格式：

```
id  [选项]  <用户名>
```

id 命令选项如表 7-4 所示。

表 7-4　id 命令选项

命令选项	说　明
-g	只显示用户主组的 GID
-G	只显示用户的附加组的 GID
-u	只显示 UID

（6）whoami 命令

whoami 命令的功能是用于显示当前用户的名称。其命令格式：

```
whoami
```

（7）su 命令

su 命令的功能是转换当前用户到指定的用户账号。其命令格式：

```
su  [-]  <用户名>
```

说明："-用户名"表示切换当前用户账号为给定用户名；若不指定用户名则转换当前用户到 root。

📖 注意："su –"该命令的执行结果从用户切换到超级用户 root，因此在身份转换的过程中要求输入超级用户的口令以确保系统的安全。如果此时想退出超级用户状态，可以使用 exit 命令回到原来用户状态。

例如，利用上述命令完成从超级用户 root 切换到普通用户 student，显示普通用户 student 用户名称，查看该账号的主组 GID、附加组 GID 及 UID 信息，最后切换到 root 账号操作步骤，操作过程如图 7-10 所示。

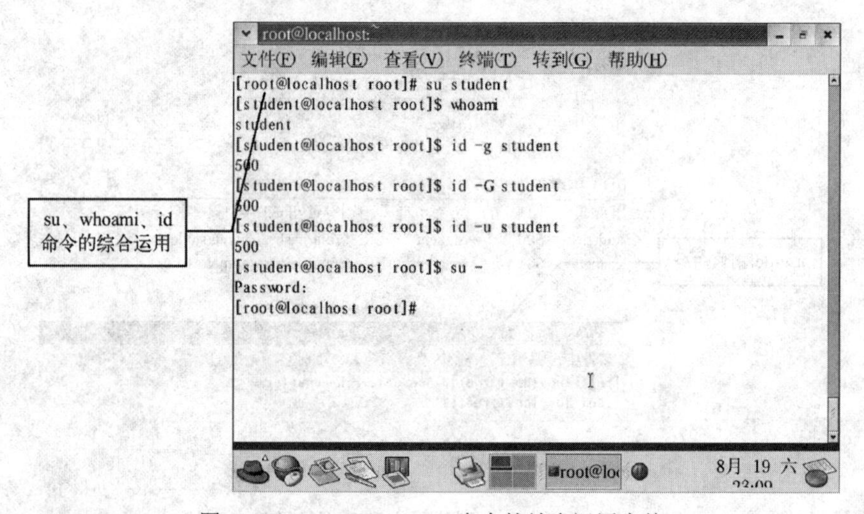

图 7-10　su、whoami、id 命令的综合运用窗体

📖 注意：id 的选项使用只能单独完成，不能组合使用。

2. 组管理命令

（1）groupadd 命令

groupadd 命令的功能是新建组群，只有超级用户才能使用此命令。该指令的执行结果是在/etc/group 文件和/etc/gshadow 文件中增加一行记录。其命令格式：

```
groupadd  [选项]  <组账号名>
```

groupadd 命令选项如表 7-5 所示。

表 7-5　groupadd 命令选项

命令选项	说　明
-r	用于创建系统组账号（GID<500 ）
-g	用于指定 GID

（2）groupmod 命令

groupmod 命令功能是修改指定组群，只有超级用户才能使用此命令。该指令的执行结果是修改/etc/group 文件相应记录的内容。其命令格式：

```
groupmod  [选项]  <组账号名>
```

groupmod 命令选项如表 7-6 所示。

表 7-6 groupmod 命令选项

命令选项	说明
-g	改变组账号的 GID，组账号名保持不变
-n	改变组账号名

（3）groupdel 命令

groupdel 命令的功能是删除指定组群，只有超级用户才能使用此命令。其命令格式：

```
groupdel  <组账号名>
```

例如，创建新组 worker 系统赋予默认的组账号为 503，改变组 worker 账号的 GID 值为 508，如图 7-11 所示；删除名为 headmaster 的组，如图 7-12 所示。

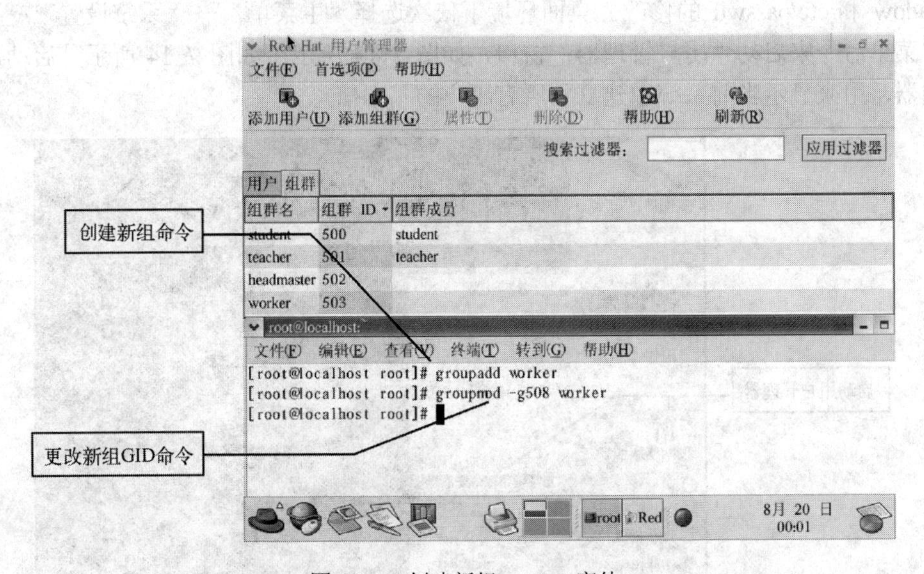

图 7-11 创建新组 worker 窗体

通过图 7-11 可以看到系统自动赋予 worker 默认的 GID 为 503，经过 groupmod 进一步更改，组 worker 的 GID 变为 508，如图 7-12 所示，同时删除了不作为任何账号主组的 headmaster 组。

注意：被删除的组账号必须存在；当有用户使用组账号作为主组时不能删除；在使用 userdel 命令删除用户账号时，与用户账号同名的主组也被同时删除。

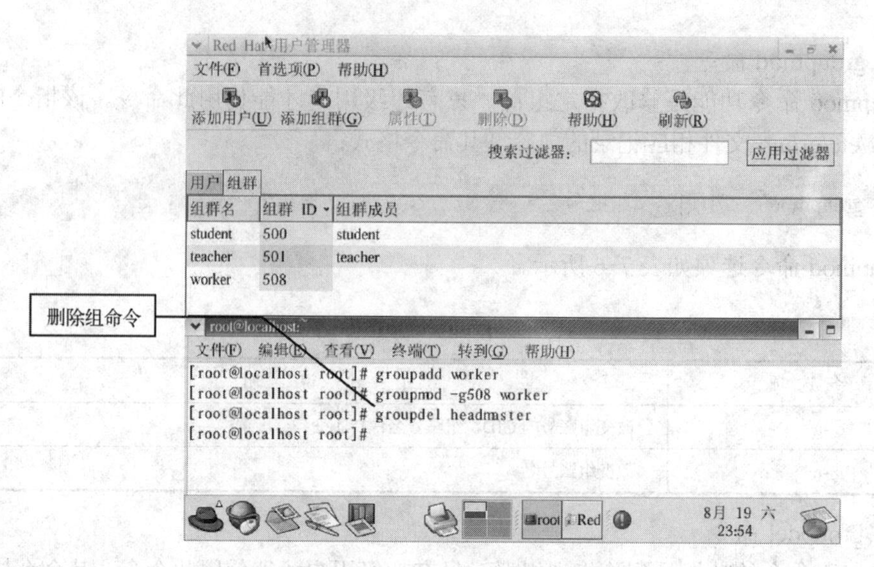

图 7-12 更改组的 GID 及删除组窗体

7.1.4 桌面环境下管理用户和组

用户只有在超级用户的身份下才能管理用户和组，因为用户和组的管理其实就是对文件/etc/shadow 和/etc/passwd 的修改。桌面环境下依次选择“主菜单”→“系统设置”→“用户和组”菜单命令来启动“用户管理器”窗口，如图 7-13 所示。如图 7-14 所示是启动后的用户管理器，用来显示当前系统中建立的所有用户的基本信息。

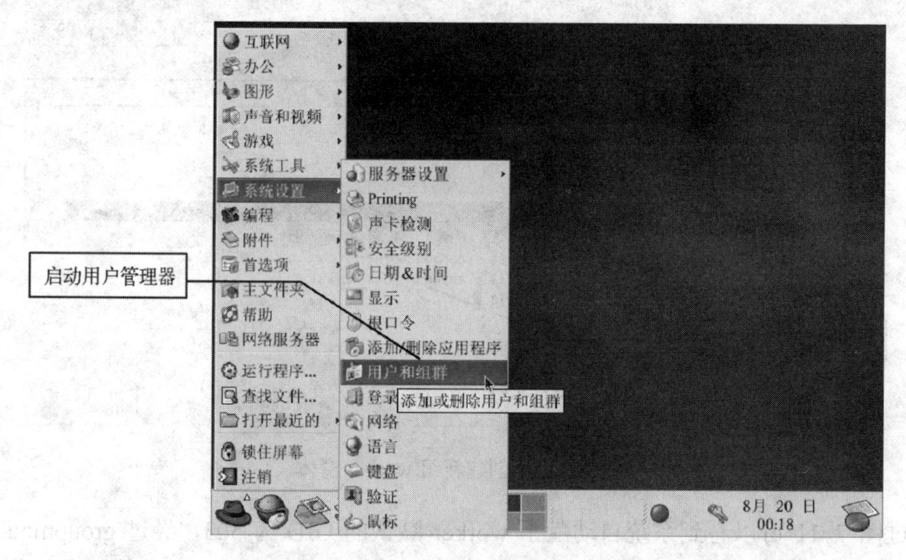

图 7-13 选择用户和组设置窗体

1. 管理用户

（1）添加用户

在图 7-14 中单击工具栏的“添加用户”按钮，弹出“创建新用户”对话框，如图 7-15 所示。依次输入姓名、全名（可省略）、两次口令后，单击“确定”按钮就添加了一个新用户。该用户默认的登录 Shell 采用 Bash，主目录是/home/worker，主组群名为 worker，单击用户管理器中的“刷新”按钮，可以看到，新建普通用户账号 worker 的信息已显示在列表中。另外用户也可以自行设置登录 Shell、用户主目录、主组群等。

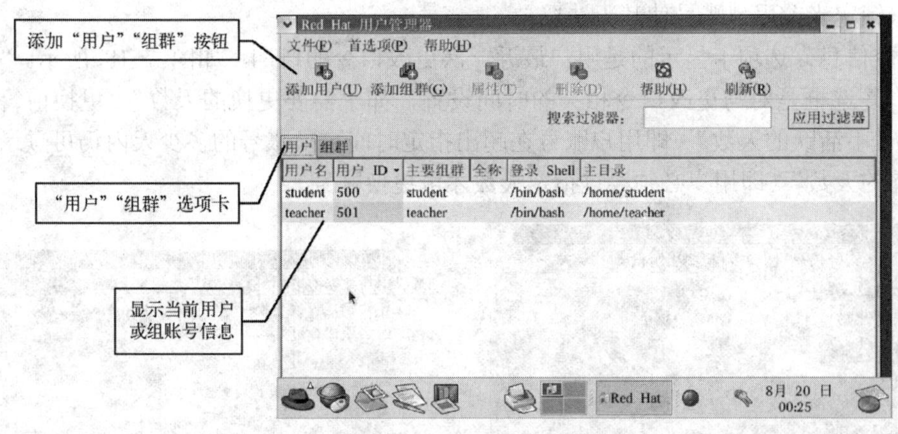

图 7-14 用户管理器

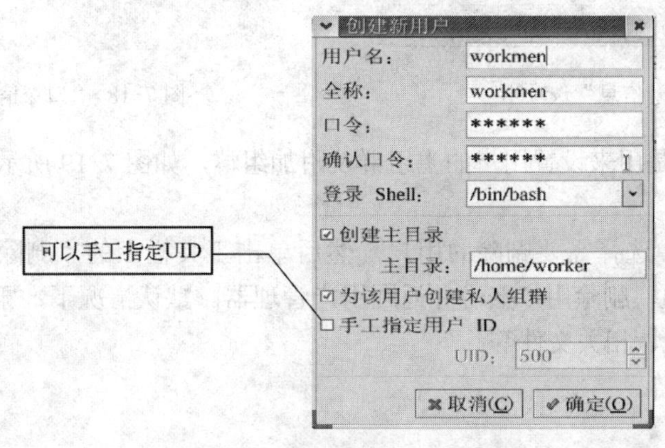

图 7-15 “创建新用户”对话框

（2）修改用户属性

在用户管理器选中某个用户（即选定被修改用户），例如 teacher，然后单击工具栏上的“属性”按钮，弹出“用户属性”对话框，如图 7-16 所示。窗口中有 4 个选项卡，分别是“用户数据”“账号信息”“口令信息”和“组群”。

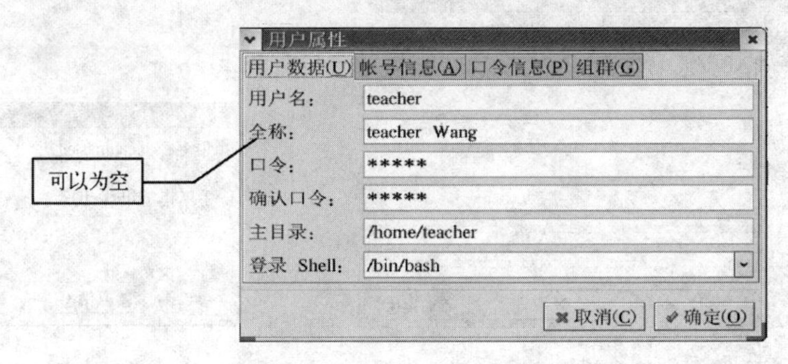

图 7-16 “用户数据”选项卡

在“用户数据”选项卡中可修改用户的基本信息，包括用户名、全称、口令、登录 Shell 和主目录。“账号信息”选项卡如图 7-17 所示，其中有两个复选框，“启用账号过期”用来设定该用户的登录时效，如果超过指定的输入日期用户将无法登录；“本地口令已被锁”用来锁定当前用户账号使其无法登录。

“口令信息”选项卡显示的是用户最近一次更改口令的日期，如图 7-18 所示。“启用口令过期”复选框是对与更改口令相关的时间设置，如“需要更换的天数”“更换前警告的天数”“账号不活跃的天数”（即用户账号在超出指定时间更换账号的多少天内仍可登录）、“允许更换前的天数”（即用户必须经过指定天数才可更换账号）。

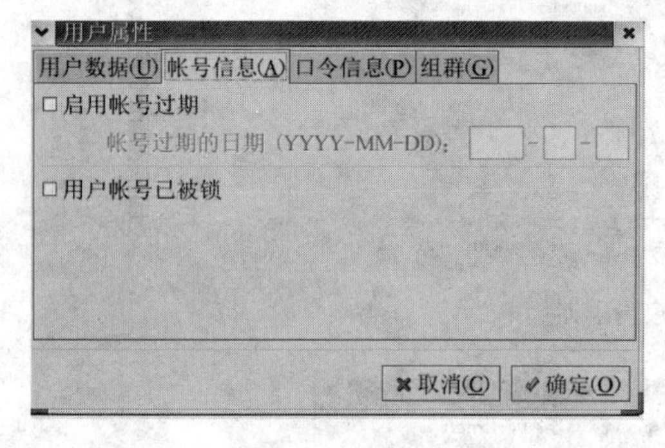

图 7-17 “账号信息”选项卡

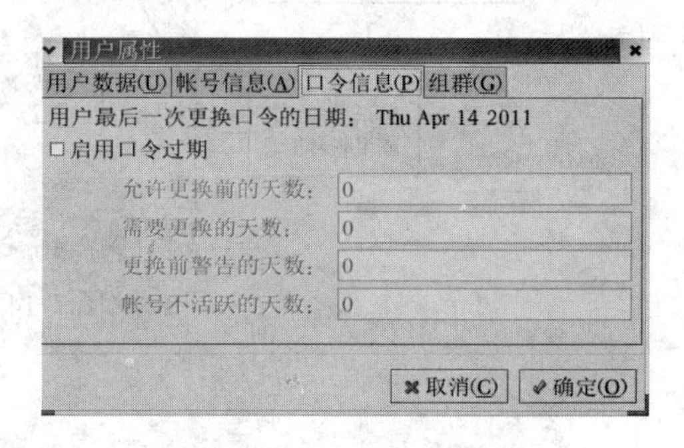

图 7-18 “口令信息”选项卡

“组群”选项卡是用来设置用户的主组群及附加组群，如图 7-19 所示。

（3）删除用户

在用户管理器中选择需要删除的用户，然后单击工具栏上的“删除”按钮，弹出对话框，单击“是”按钮，删除用户账号并返回用户管理器。默认情况下，删除用户的同时还将删除该用户的主目录、相关文件等。

2. 管理组

（1）添加组群

选中用户管理器中的“组群”选项卡，可显示当前系统的所有的私有组群。单击工具栏上的“添加组群”按钮，出现“创建新组群”对话框，如图 7-20 所示。输入“组群名”并单击“确定”按钮，即创建了一个新组群 headmaster。超级用户还可手工指定组群的 GID。

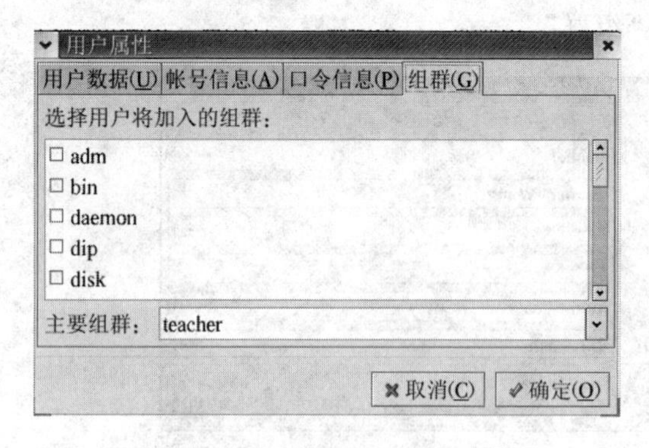

图 7-19 “组群”选项卡

图 7-20 “创加新组群”对话框

（2）修改组群的属性

在用户管理器中选择将被修改的组群，单击工具栏上的“属性”按钮，出现“组群属性”对话框，该对话框包括“组群数据”和“组群用户”两个选项卡。在“组群数据”选项卡中修改组群名字，在如图 7-21 所示的“组群名”文本框中输入新的组群名并单击“确认”按钮，则组群更名为刚刚输入的新名字。

在“组群用户”选项卡中可增减组群用户，如图 7-22 所示。

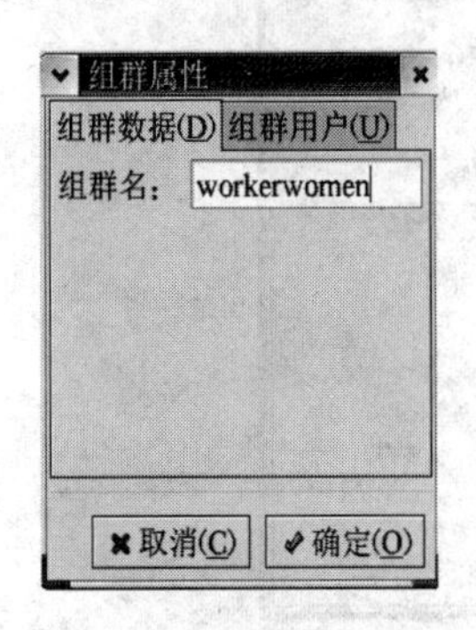

图 7-21 “组群数据”选项卡

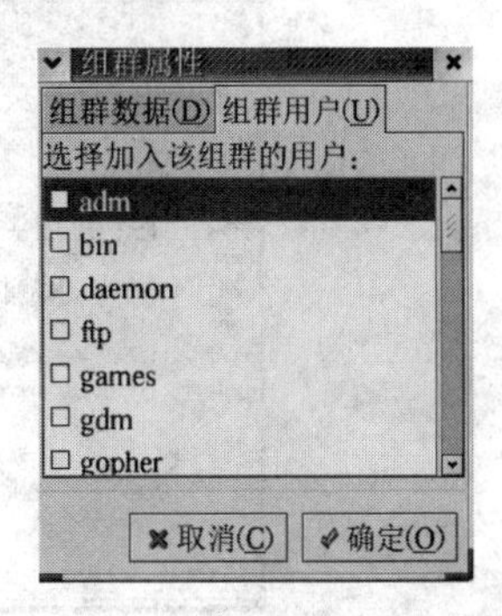

图 7-22 “组群用户”选项卡

（3）删除组群

在用户管理器中选择将被删除的组群，单击工具栏上的“删除”按钮，不需弹出确认对话框立即完成删除操作。这与删除用户有所不同，由于没有提示确认对话框，使用者在删除组群时一定要谨慎。

（4）显示所有用户和组

用户管理器中默认不显示超级用户（组）和系统用户（组）。如果需要查看包括超级用户（组）和系统用户（组）的所有用户（组），则选择“首选项”→“过滤系统用户和组群”命令，则在用户管理器中将显示所有的用户和组群，包括超级用户（组群）和系统用户（组群），如图 7-23 所示。

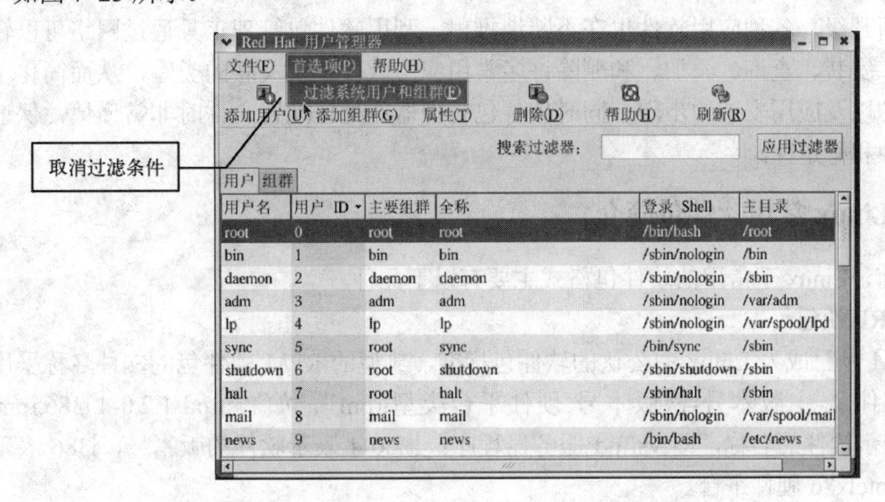

图 7-23 取消“过滤系统用户和组群”后显示的用户管理器

（5）搜索指定用户和组

为迅速查找指定用户（组），可在用户管理器的“搜索过滤器”的文本框中输入待搜索的用户名（组名），也可输入用户名（组名）的模糊查询，例如，输入“m*”后按〈Enter〉键或单击“应用过滤器”，则会显示过滤后的用户（组）列表，如图 7-24 所示。如果恢复显示所有的用户（组），只需在“搜索过滤器”文本框中输入“*”即可。通过在“用户”选项卡和“组群”选项卡之间切换来确定搜索的是用户还是组群。

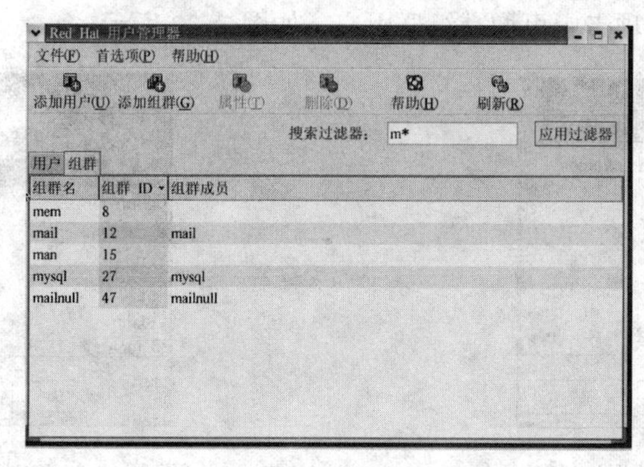

图 7-24　搜索、过滤的用户管理器

另外，在用户选项卡中有一排属性按钮，单击某个属性按钮可按该属性排列显示用户。例如，可以按照“用户名”“用户 ID”等进行排列。

在 Linux 系统中，系统管理员可以在图形界面下完成对用户账号、组群账号的管理，由于图形界面下的各项操作直观、简单和方便，不需记忆许多命令和命令选项，较容易掌握。但在字符界面的执行速度比图形界面下命令执行的速度快。

7.2　软件包管理

对于 Linux 操作系统而言，软件包管理是 Linux 系统的一个重要部分，随着操作系统内核的不断升级，各种应用软件也在不断地推出，利用软件包管理工具通过网络可以轻松便捷地下载、安装、查询、添加、和删除许多常用应用软件包及关联的类库，从而简化了系统升级、维护以及应用安装的步骤，同时软件包管理器在处理配置文件时非常谨慎，保证了系统的安全性和稳定性。

7.2.1　Linux 常用软件包简介

目前，Linux 下常用的软件包格式主要有以下几种。

1．RPM 包

RPM 包已成为 Linux 中公认的软件包标准，典型的 RPM 软件包的文件名称采用固定格式：“软件名-主版本号-次版本号.硬件平台类型.rpm”。如 vsftpd-1.2.0-4.i386.rpm，其中 vsftpd 表示软件的名称，即 vsftpd 服务器程序；1.2.0-4 表示软件的版本号，i386 表示软件包适用于 Intelx86 硬件平台。

获得 RPM 软件包的途径有两种，一种是在 RedHatEnterpriseLinux5 安装系统光盘中有

RPM 包的目录，它们在“\Server\RPMS”文件夹中；另一种是从 RPM 官方站点上下载。

2．TAR 包

Linux 系统常用的将多个文件打包存档的工具就是 tar 了，使用 tar 程序打出来的包称为 TAR 包，TAR 包文件的命名通常都是以“.tar”为扩展名，目前许多用于 Linux 操作系统的程序都打包为“.tar”档案文件的形式。

3．bz2 包

bzip2 是一个压缩工具，通常将扩展名为.tar 文件压缩后生成.tar.bz2 文件。

4．gz 包

通过压缩工具 gzip 可以将扩展名为.tar 文件压缩后生成.tar.gz 文件。

5．src 源码文件

源码文件就是软件的源码可见，源码包顾名思义就是源代码可见的软件包。这种软件包的打包格式有“.tar.gz”“.src.rpm”“.tar.bz2”等。通常安装这种软件包首先查看 Readme 或 Install 了解安装信息，进行自行编译后就能在当前目录或/src 目录下发现软件的可执行程序。

7.2.2 RPM 软件包管理

1．RPM 的含义

RPM（RedHat Package Manager）本意是 RedHat 软件包管理，顾名思义是 RedHat 贡献的软件包管理。虽然 RPM 打上了 RedHat 标志，但是它是基于 GPL 原则开发的开放式软件，现在包括 OpenLinux、Suse 以及 TurboLinux 等 Linux 的分发版本都有采用，可以算是公认的行业标准。

RPM 包中包含可执行的二进制程序以及程序运行时所需要的文件，一个 RPM 包中的应用程序除了自身所带的安装文件保证其正常安装外，还需要其他特定版本文件，这就是软件包的依赖关系，这些特点使得 Linux 与 Windows 在软件包工作的原理上基本相同。

2．RPM 的优点

（1）易用性

维护系统比较容易。安装、卸载和升级 RPM 软件包只需单条命令即可完成，简化了使用的烦琐步骤。

（2）面向软件包

RPM 是以面向软件包为单位进行管理，每个包是一个单独的应用程序，所以操作起来极为简单。

（3）包的升级性

RPM 允许智能地、全自动地升级用户软件，软件包中原来所做的配置在升级过程中被安全地保留下来，因此用户不会丢失配置信息。

（4）探测包的依赖性

软件包之间存在依赖关系，即某个软件包中的程序需要使用其他已经安装的软件包中的程序。因此 RPM 需要及时探测这种依赖信息，以便 RPM 安装、删除应用程序时使用这种依赖关系。

（5）强大的查询能力

使用 RPM 可以通过单条命令迅速查询已安装的软件包和文件的数据库，从而大大简化系统维护过程。

（6）软件包校验

RPM 通过维护系统数据库中大量已安装文件信息，通过探测相关联文件从而排除系统运行过程中常用错误。

3．RPM 的功能

1）安装：解开被压缩的软件包，并安装软件到计算机磁盘上。

2）查询：通过 RPM 数据库查询软件包的相关信息。

3）校验：校验软件包中程序的正确性。

4）升级：用新版本程序替换软件包中的旧版本程序。

5）删除：清除通过 RPM 安装的软件，即卸载软件。

4．RPM 包的命令

Linux 中使用 RPM 命令来操作各种 RPM 包，下面介绍几种常用命令。

（1）RPM 包安装命令

安装 RPM 包的基本命令格式：

```
rpm    [选项]  <RPM 包名>
```

rpm 安装命令选项如表 7-7 所示。

表 7-7　rpm 安装命令选项

命 令 选 项	说　明
-i	表示安装
-v	在安装中显示详细的安装信息
-h	安装过程中显示水平进度条，用“#”表示

（2）RPM 包的删除命令

删除 RPM 包的基本命令格式：

```
rpm  -e  <RPM 包名>
```

（3）RPM 包的查询

```
rpm    [选项]  <RPM 包名>
```

rpm 查询命令选项如表 7-8 所示。

表 7-8　rpm 查询命令选项

命 令 选 项	说　明
-qa	查询系统中安装的所有 RPM 软件包
-q	查询是否安装指定的安装包
qp	查询包中文件信息，用于安装前了解软件包中信息
-qi	查询系统中以安装包的描述信息
-ql	查询系统中已安装包里所包含的文件
-qf	查询系统中指定文件所属的软件包

例如，查询系统中是否已经安装 httpd-2.0.4.0-21 软件包 httpd-2.0.40-21，如图 7-25 所示，显示已经安装了该软件包。

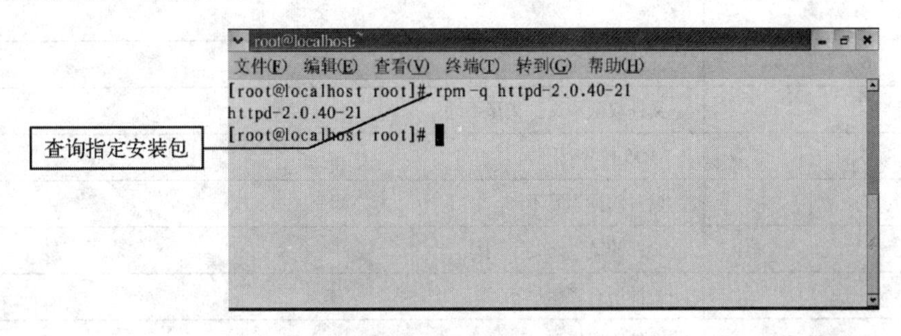

图 7-25 查询指定安装软件包

（4）RPM 包的升级命令

升级 RPM 包的基本命令格式：

```
rpm    [选项]  <RPM 包名>
```

rpm 升级命令选项如表 7-9 所示。

表 7-9 rpm 升级命令选项

命令选项	说明
-U	查询系统中安装的所有 RPM 软件包
-v	显示升级过程
-h	显示升级水平进度条，用“#”表示

（5）RPM 包的验证命令

验证 RPM 包的基本命令格式：

```
rpm    [选项]   <RPM 包名|文件名|空>
```

rpm 验证命令选项如表 7-10 所示。

表 7-10 rpm 升级命令选项

命令选项	说明
-V	验证安装软件包
-a	验证所有已安装软件包
-f	验证指定文件所属的软件包

说明：为确定 RPM 软件包中文件是否被损坏或被删除，可进行软件包验证，检验软件包中的各文件是否与原始软件包相同。软件包验证项目包括文件大小、文件权限等。若一切正常，则不输出任何内容；若输出 8 个字符，字符表示某项验证失败，字符及含义说明如表 7-11 所示。

表 7-11　rpm 验证失败字符

字　符	说　明
S	文件大小不同
M	文件权限和文件类型不同
5	MD5 校验码不同
D	设备的标识号不同
L	文件的链接路径不同
U	文件所有者用户不同
G	文件所属组群不同
T	文件修改时间不同

例如，用户可以使用验证命令校验所有的安装软件包的情况，如图 7-26 所示。

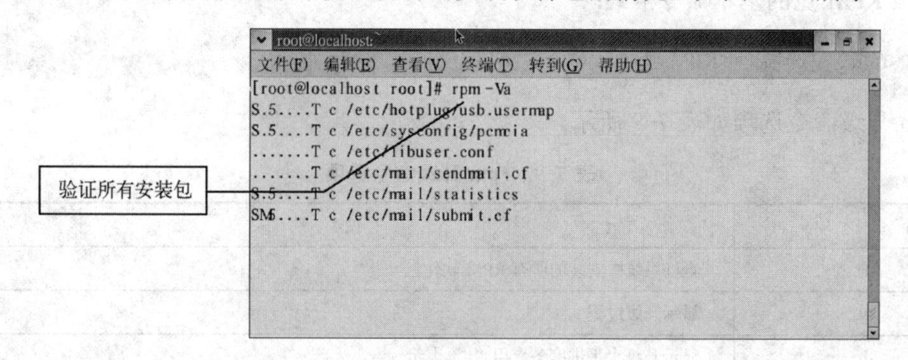

图 7-26　rpm 验证安装软件包显示窗体

7.2.3　TAR 软件包管理

1．TAR 包的含义

在 Linux 中 TAR 包的作用是文件、数据备份，使用 tar 命令把系统中需要备份的数据打包归档为一个文件，经过 tar 命令处理后文件的扩展名为“.tar”或“.tar.gz”，前者表示非压缩包，后者表示经过压缩的包文件。

2．TAR 包的作用

有一些已经安装的软件实际上无须备份，只需要对它的配置文件进行备份，以免重装时再全部重新配置。tar 命令可以将许多文件打包在一起形成一个备份文件保存在磁盘上，也可以从磁盘恢复 1 个、多个或所有的文件。另一方面不是所有的第三方程序都发布 RPM 软件包，这种情况就需要使用通用的 TAR 包来安装。

3．TAR 包的命令

```
tar [选项] <TAR 包名> <文件或目录名>
```

tar 命令选项如表 7-12 所示。

表 7-12 tar 命令选项

命令选项	说明
-z	表示使用“gzip”程序进行文件压缩、解压缩
-c	表示建立一个新的 tar 包
-v	表示执行命令时有更多提示信息
-f	表示指定 tar 包的文件名
-t	显示 tar 文件内容
-x	表示释放（extract），即从 tar 文件中取出文件

（1）建立 TAR 包

建立 TAR 包有两种方式：一种是只打包，不压缩；另一种是打包并压缩。其命令格式：

```
tar    [-zcvf]    <TAR 包名>
```

📖 注意：若建立 TAR 包为非压缩的 TAR 包，则不需用参数“-z”。“-z”使用“gzip”程序进行文件压缩，后面会简单介绍这个命令。

（2）查询 TAR 包

在释放 TAR 包之前，查看 TAR 包中的文件内容。其格式：

```
tar    [-ztf]    <TAR 包名>
```

tar 查询命令选项说明如表 7-12 所示。

（3）释放 TAR 包

释放分为解非压缩和压缩包两种方式，命令格式：

```
tar    [-zxvf]    <TAR 包名>
```

📖 注意：若释放 TAR 包为非压缩的 TAR 包，则不需用参数“-z”；默认释放的路径是当前文件的路径。

4．gzip 命令

gzip 的命令格式：

```
gzip  [选项]    <TAR 包名>    <文件或目录名>
```

gzip 命令的功能是对 tar 包文件进行压缩或解压缩。

gzip 命令选项如表 7-13 所示。

表 7-13 gzip 压缩、解压缩软件包选项

命令选项	说明
-z	表示使用“gzip”程序进行文件压缩
-c	表示文件输出到标准设备上，并保留原文件
-d	表示进行解压缩操作
-v	表示执行命令时有更多提示信息
-f	强制压缩文件，包括链接文件

📖 注意：经过 gzip 命令压缩的文件扩展名为.gz，压缩后原文件被删除；另外，如果选项为“-d”表示进行文件的解压缩操作。

例如，已知/home/student 中有文件 f1、f2，现使用 tar 命令将/home/student 中的文件归档生成 student.tar，并用 gzip 压缩生成 student.tar.gz，命令执行过程如图 7-27 所示；在执行上述操作后，再使用上述命令，更换选项进行文件的释放还原，如图 7-28 所示。

```
student@localhost:~
文件(F) 编辑(E) 查看(V) 终端(T) 转到(G) 帮助(H)
[student@localhost student]$ ls -l
总用量 8
-rw-rw-r--    1 student   student      14  7月 31 15:48 f1
-rw-rw-r--    1 student   student       9  7月 31 15:48 f2
[student@localhost student]$ tar cf student.tar /home/student
[student@localhost student]$ ls -l
总用量 28
-rw-rw-r--    1 student   student      14  7月 31 15:48 f1
-rw-rw-r--    1 student   student       9  7月 31 15:48 f2
-rw-rw-r--    1 student   student   20480  7月 31 16:12 student.tar
[student@localhost student]$ gzip student.tar
[student@localhost student]$ ls -l
总用量 12
-rw-rw-r--    1 student   student      14  7月 31 15:48 f1
-rw-rw-r--    1 student   student       9  7月 31 15:48 f2
-rw-rw-r--    1 student   student    2355  7月 31 16:12 student.tar.gz
[student@localhost student]$
```

归档指定文件

压缩指定归档文件

图 7-27　tar、gzip 归档压缩命令执行窗体

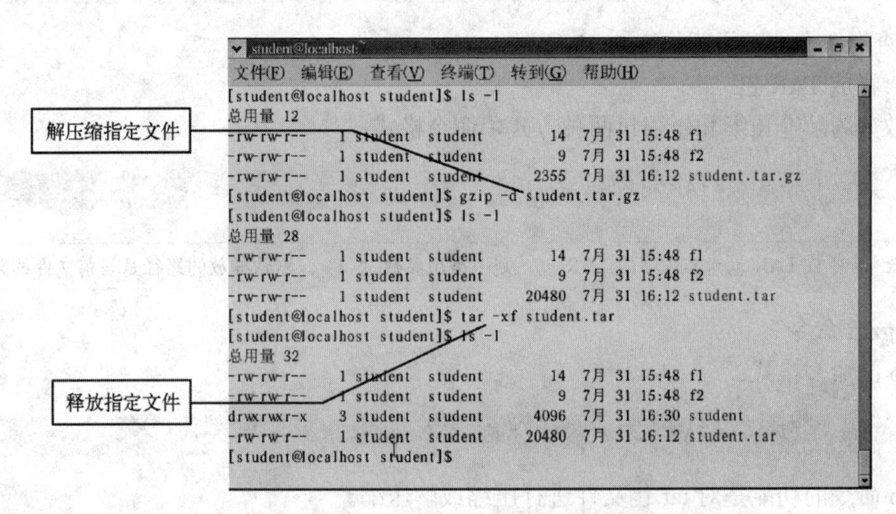

图 7-28　tar、gzip 命令释放还原执行窗体

7.2.4　src 源代码包的编译及安装

src 是 source 的缩写，源代码包通常是源码可见的软件包。软件的源代码可见并不等于软件是开源的，软件是否为开源软件必须具备两个条件：一是源代码可见；二是遵循 GPL 原则。Linux 中的 src 文件需要先编译后安装的过程，其步骤如下。

（1）释放 TAR

通常源代码一般以 file.tar.gz file.tar.bz2 或 file.src.rpm 打包，选择合适的软件工具释放软件包，可以使用 7.2.3 节讲过的解包命令进行释放。

（2）查看并阅读包内附带的软件安装说明

解开一个包后，进入解压包，一般都能发现 README 和 INSTALL 或 DOC 目录，提示该软件包的安装及编译过程。有时安装文档也会在开发者的主页上有详细说明及常见问题的处理等，大家可以查阅相关信息。

（3）进行编译、安装

用 tar.gz 和 tar.bz2 打包软件，通过 ./configure 来配置软件的功能，然后通过 make；make install 来安装；但是有的软件不需要进行./configure 配置，直接使用 make；make instal 进行编译和安装。

（4）清除临时文件

编译安装完成后需要使用 make clean 清除编译过程中产生的临时文件。

源代码软件包的安装配置灵活，用户可以根据个人需要配置软件功能模块，比较适合于有经验的用户。

7.3 进程管理

计算机内存中同时存放多个相互独立的已经开始运行的程序实体，这些程序实体按照某种规则轮流使用处理器，这是现代多任务操作系统实现资源共享，提高系统资源利用率的主要方式。描述这些程序实体的概念就是进程。

通常 Linux 系统中，同时存在多个进程，每个进程独立拥有各种必要的资源，占有处理机，独立运行。所以当某个进程进入等待状态时，操作系统将把处理机控制权交给其他可以运行的进程。这些系统中的进程之间存在着相互制约、相互依赖的约束关系。

7.3.1 Linux 系统的进程概述

进程是一个具有一定独立功能的程序关于某个数据集合的一次运行活动。在多道分时操作系统中，按照时间片轮流在各个进程间切换。对于单处理器系统，每一个时刻只能有一个进程在执行，当分配给该进程的时间片用完之后，不管该进程运行到什么程度，都必须立即停止，然后让出处理器资源，下一个进程进入执行状态。让出处理器的进程必须记录好正在运行的状态，包括寄存器、堆栈等各种信息，这些信息保证当处理器下次切换到这个进程时，进程能够正确地从上次执行到的位置继续往下执行。

1．进程和程序

进程和程序是一对相互联系又有区别的概念，它们的区别如下。

- 程序是指令的有序集合，是一个静态的概念，描述完成某个功能的一个具体操作过程；而进程是程序针对某一组数据的一次执行过程，更强调动态特征。一个完整的进程，包括程序、执行程序所需要的数据，同时还必须包括记录进程状态的数据资料。
- 进程与程序并非一一对应。一个程序在处理相同或不同的操作数据时可以同时对应多个进程。一个进程也可以包含多个程序，某个程序在运行过程中，可能同时调用多个其他程序，这些具有调用关系的多个程序共同构成一次完整的运行活动，即一个完整的进程。

2．进程状态

Linux 中进程具有以下基本状态。

- 就绪状态（R）：进程已获得除 CPU 以外的运行所需的全部资源。
- 运行状态（R）：进程占用 CPU，正在运行。
- 等待状态（W）：进程正在等待某一事件或某一资源。
- 挂起状态（D）：正在运行的进程，因为某个原因失去 CPU 而暂时停止运行。
- 终止状态（T）：进程已经结束。
- 休眠状态（S）：进程主动暂时停止运行。
- 僵死状态（Z）：进程已停止运行，但是相关控制信息仍保留。

3．进程的属性

每个运行的进程在 Linux 系统中都有一个生命期，描述进程生命期的信息称为进程的属性，常用的进程属性如下。

- 进程号（PID）：每个进程都有一个识别号 PID，PID 是用来区分不同进程的标识。系统启动后的第一个运行的进程是 init，它的 PID 是 1，init 是唯一一个由系统内核直接运行的进程。
- 所有者 ID：进程所属的用户。
- 进程优先级：Linux 中所有的进程按照时间顺序排列形成不同的队列，系统按一定的策略进行调度，优先级的取值范围为-20～19 的整数，取值越低，优先级越高，默认为 0。普通用户只能调低自己的进程优先级，超级用户可以调低或调高进程优先级。
- 进程状态：Linux 进程状态主要有就绪状态、运行状态、挂起状态、终止状态、休眠状态、僵死状态等。
- 父进程：除了 init 进程，其余进程都是由内核调用机制“fork”产生的，就是由已经存在的进程来创建新进程。例如，init 是 login 的父进程，login 是 bash 的父进程；而反过来说，bash 是 login 的子进程，login 是 init 的子进程。
- 进程时间：进程执行的时间。

4．进程的类型

（1）系统进程

操作系统启动后，系统环境平台运行所加载的进程，如 init 进程。

（2）用户进程

与终端相关联，使用一个用户 ID，是由用户所执行的进程。

（3）守护进程

在 Linux 启动时运行的进程，并且运行在后台。

7.3.2　守护进程的管理

在 Linux 系统中，提供给用户的应用服务是通过守护进程实现的。所谓守护进程，就是那些在后台运行的进程，有时也称为服务。这些进程为用户提供特定的服务，它是独立于控制终端并且周期性地执行某种任务或等待处理某些发生的事件，常常在系统引导装入时启动，在系统关闭时终止。选择运行哪些守护进程，要根据具体需求决定。

守护进程是在后台执行，所以系统在执行守护进程后，都会给创建该进程的用户发一个邮件，来说明守护进程的执行情况。常用的几个守护进程的命令如下。

1．at 命令

at 命令功能是用于在指定的时刻执行指定的命令或命令序列。其命令格式：

```
at [选项] <时间> <命令序列>
```

at 命令选项如表 7-14 所示。

表 7-14　at 命令选项

命令选项	说　明
-d	将待执行的工作删除
-f file	从 file 文件直接读取待执行的指令
-l	显示待执行的工作
-m	工作完成后，将结果以 E-mail 传回
-v	显示将要执行命令的时间

说明：

1）命令中的时间格式一种可以是“YY-MM-DD”“MMDDYY”“MM/DD/YY”“DD.MM.YY”；另一种可以采用“now+count”，其中 count 可以是 minutes、hours、days、weeks 等，例如“now+3days”。

2）命令序列的格式是每行“at>...”形式的一组命令，结束输入命令序列可以按组合键〈Ctrl+D〉即可。

例如，用户可以以超级用户 root 和普通用户 student 两个身份登录两个不同的终端并同时打开，要求 root 用户建立一个守护进程，该进程两分钟后向在线用户发出“How are you!”的问候。解决的方法首先进入 root 账户终端使用 at 命令创建一个守护进程，该进程的内容是使用 “wall”命令广播信息两分钟后到达，按要求输入内容后等待，如图 7-29 所示的上半部窗体。注意观察，当守护进程时间到时会发出蜂鸣，同时在 student 所在的终端接收到守护进程发来的信息，如图 7-29 所示下半部窗体。

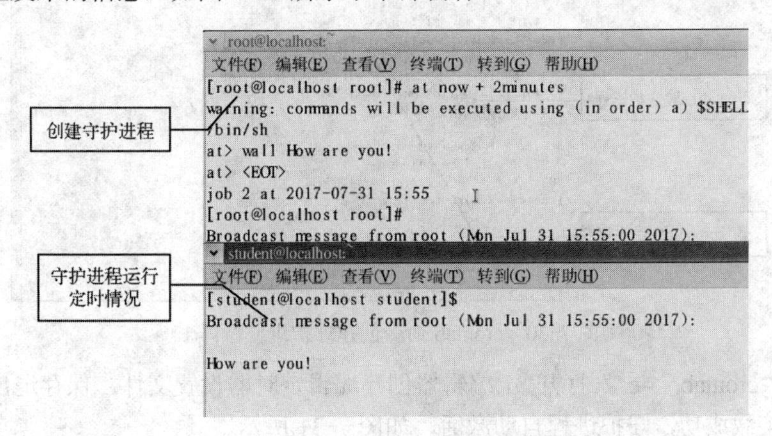

图 7-29　at 命令创建守护进程演示窗体

2．crontab 命令

crontab 命令的功能是配置定时器，以便让用户定时地执行命令或命令序列。其命令格式：

```
crontab  [-u 用户名]  file
crontab  [-u 用户名]  [ -l | -r | -e ]
```

crontab 命令选项如表 7-15 所示。

表 7-15　crontab 命令选项

命令选项	说　明
-e	编辑指定用户定时器设置文件
-l	列出指定用户定时器设置
-r	删除指定用户定时器设置
-u 用户名	指定设置定时器用户名称

说明：

1）用户在 crontab 中要求执行的命令被 cron 守护进程激活，这个守护进程每 1minute 检查一次是否有预订的作业执行。

2）守护进程设置文件的内容格式如下。

```
Minute Hour Day Month DayOfWeek  命令 1；命令 2；…
```

“Minute Hour Day Month DayOfWeek”分别对应的分、小时、天、月、第几天/周，若时间不使用则用“*”代替，例如“20****who”表示每隔 20 分钟显示一次当前用户名称。

📖 注意：时间的间隔之间要有空格，否则编辑出错。

3）编辑指定用户定时器设置文件有以下两种方法。

● 使用 “cat　> 文件名”创建编辑定时器设置文件，然后执行 crontab 命令激活守护进程，如图 7-30 所示。

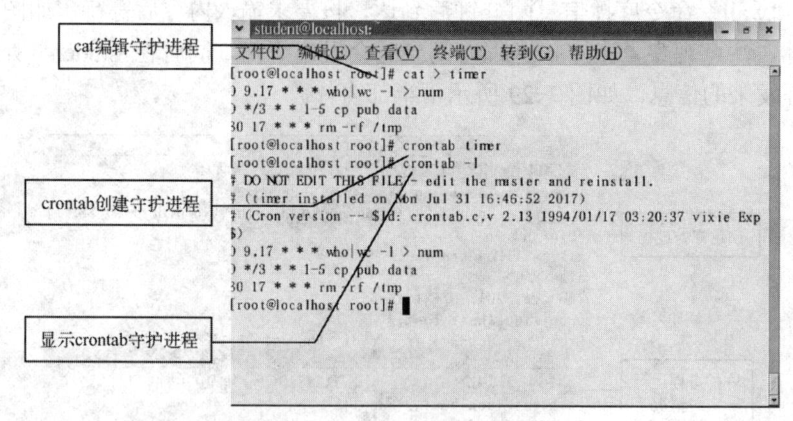

图 7-30　crontab 命令创建守护进程窗体 1

● 使用“crontab　–e ”打开 vi 编辑器创建编辑定时器设置文件，保存退出后设置文件自动装载成功，守护进程自动激活，如图 7-31 所示。

除了 at、crontab 命令，还有 batch、atd 等命令，这里不再赘述。

例如，某公司系统管理员日常工作如下：①每天上午 9:00～5:00 把上线人数统计到文件 num 中；②周一至周五每 3 小时进行一次文件备份，即把 pub 备份到 data；③每周五 17:30 删除临时文件。若分别使用上述两种方法完成，如图 7-30 与图 7-31 所示。

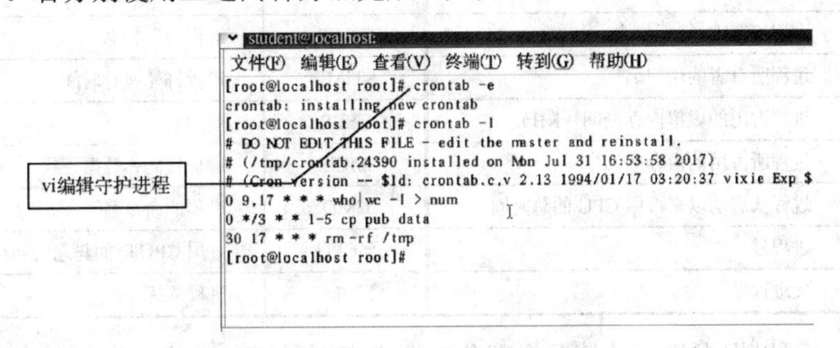

图 7-31 crontab 命令创建守护进程窗体 2

7.3.3 进程的控制命令

Linux 是多用户、多任务的操作系统，作为系统管理员需要对系统中的进程进行调度和管理。了解进程的详细情况，就需要掌握进程的常用控制命令。

1. ps 命令

ps 命令的功能是查询进程的详细情况，例如进程的标识号（PID）、终端编号（TTY）、使用 CPU 时间（TIME）及启动进程命令（COMMAND）等。其命令格式：

```
ps [选项]
```

ps 命令选项如表 7-16 所示。

表 7-16 ps 命令选项

命令选项	说明
-a	显示所有用户进程
-e	显示包括系统进程的所有进程
-f	显示进程的详细信息
-l	显示进程的详细列表
-x	显示没有控制终端的进程
-u	显示用户名和启动时间等信息

例如，显示所有进程的详细信息，如图 7-32 所示，其中显示的信息符号如表 7-17 所示。

```
root@localhost:
文件(F) 编辑(E) 查看(V) 终端(T) 转到(G) 帮助(H)
[root@localhost root]# ps -auxf
USER       PID %CPU %MEM   VSZ  RSS TTY      STAT START   TI
ME COMMAND
root         1  0.1  0.0  1372   64 ?        S    09:37   0:
05 init
root         2  0.0  0.0     0    0 ?        SW   09:37   0:
00 [keventd]
root         3  0.0  0.0     0    0 ?        SW   09:37   0:
00 [kapmd]
root         4  0.0  0.0     0    0 ?        SWN  09:37   0:
00 [ksoftirqd_CPU0]
root         9  0.0  0.0     0    0 ?        SW   09:37   0:
00 [bdflush]
root         5  0.0  0.0     0    0 ?        SW   09:37   0:
00 [kswapd]
```

图 7-32 ps 命令显示进程窗体

表 7-17　ps 命令信息符号

信息符号	说　明	信息符号	说　明
UID	进程所有者 ID	TTY	进程启动终端
C	占用 CPU 时间百分比	STAT	进程当前状态
USER	进程所有者的用户名	STIME	进程开始执行时间
VSZ	进程占用的虚拟内存空间（KB）	USER	用户名
RSS	进程所占用的内存空间	SIZE	进程代码、数据、栈空间大小
TIME	进程从启动以来占用 CPU 的总时间	CMD	进程的命令名
PID	进程号	%CPU	占用 CPU 时间与总时间百分比
PRID	父进程号	NI	进程的优先级

系统管理员可以根据进程的情况合理分配调度资源，提高系统工作效率。

2. top 命令

top 命令是每隔一定时间周期系统中进程的状态，它可以交互性地不断刷新进程的状态信息，即用户通过输入交互命令控制 top 命令的运行操作。其命令格式：

```
top  [选项]
```

top 命令选项如表 7-18 所示。

表 7-18　top 命令选项

命令选项	说　明
-b	使用批处理方式
-c	显示进程的命令行，包括路径
-i	忽略任何空闲进程或僵死进程
-p	监视指定的 PID 进程
-q	不间断刷新显示进程信息

说明：

进入 top 命令运行界面后，任何时刻按〈?〉或〈H〉键都会列出所有可用的快捷键及其用法说明；按〈q〉键退出命令行运行界面，常用的交互快捷键如下。

- 空格：更新 top 命令显示。
- 〈k〉：终止指定的进程。
- 〈r〉：改变指定进程的优先级。
- 〈m〉：内存显示情况开关。
- 〈t〉：进程和 CPU 状态显示开关。

例如，输入 top 查看系统当前进程的状况，命令执行结果如图 7-33 所示。

3. kill 命令

kill 命令用来终止程序产生的进程，同时也终止该进程的所有子进程。其命令格式：

```
kill  [选项]
```

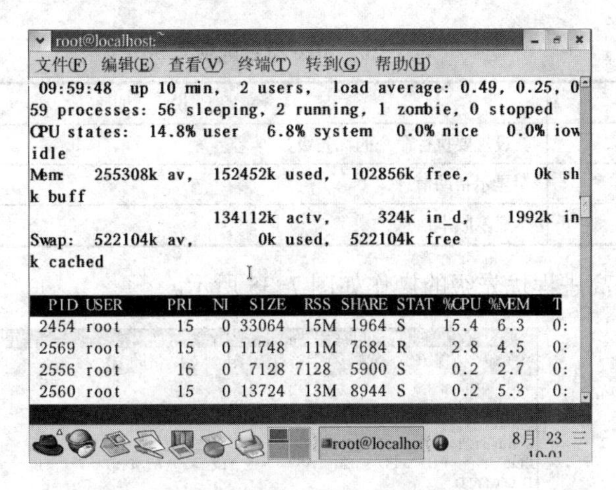

图 7-33 top 命令显示进程窗体

kill 命令选项如表 7-19 所示。

表 7-19 kill 命令选项

命 令 选 项	说 明
空	显示 kill 的帮助信息
-PID	终止指定 PID 的进程
-9 PID	强制终止指定 PID 的进程

例如，用 kill 终止指定进程的操作，如图 7-34 所示。

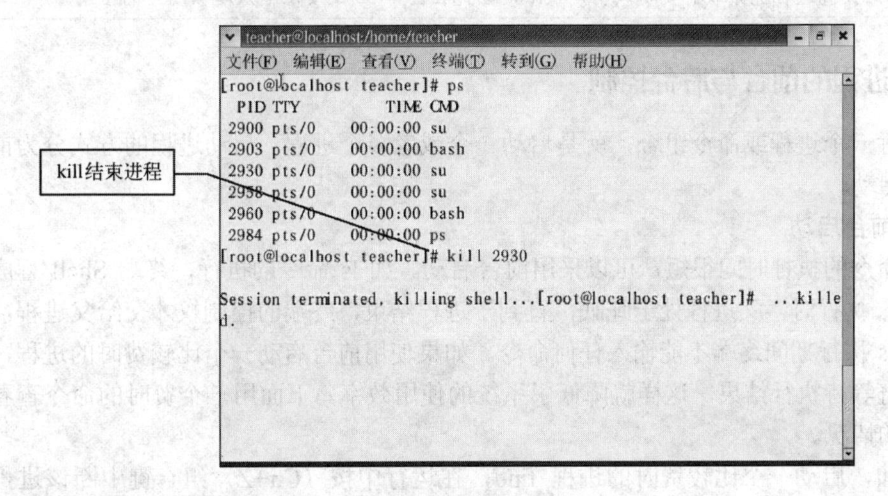

图 7-34 kill 命令显示进程窗体

4. nice 命令

nice 命令用来改变进程的优先级数，可以以某个优先级数启动进程。其命令格式：

```
nice [选项]
```

nice 命令选项如表 7-20 所示。

表 7-20　nice 命令选项

命令选项	说　明
-n	设置要执行命令的优先级数
-help	显示帮助信息
--version	显示版本信息

例如，用 nice 提高进程优先级的操作如图 7-35 所示。

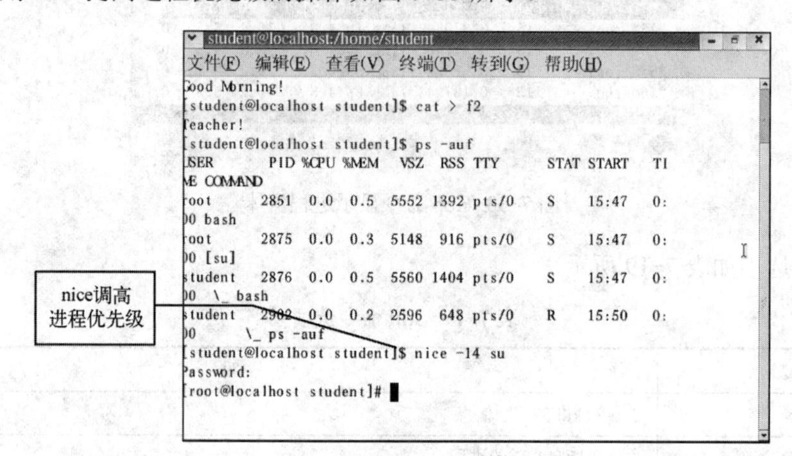

图 7-35　nice 命令提高进程优先级窗体

注意：提高进程优先级需要超级用户权限，因此在图 7-35 中要求输入超级用户的密码。

7.3.4　进程的前台与后台控制

执行一个进程或命令组合，就是启动一个或者多个进程。启动进程的方式分为前台启动和后台启动。

1. 前台启动

当命令的执行时间很短，可以采用前台启动。如 ls 命令的执行，终端 Shell 程序创建的子进程 ls 执行时，父进程处于睡眠，直到子进程结束，终端的控制权才交给父进程，因此在子进程 ls 执行期间终端不能输入任何命令。如果使用前台启动一个比较费时的进程，终端就必须一直等待执行结果，这样就降低了系统的使用效率。下面用一个费时的命令查看一下前台启动的情况。

例如，启动一个比较费时的进程 find，在运行中按〈Ctr+Z〉组合键中断该进程，再用 ps 查看进程的状况，如图 7-36 所示。

2. 后台启动

当命令的执行需要花费较多的时间才能显示结果，如上面介绍的 find 命令，可以采用后台启动运行，其命令格式：

```
命令 &
```

另外，关于后台进程执行情况的常用命令如下。

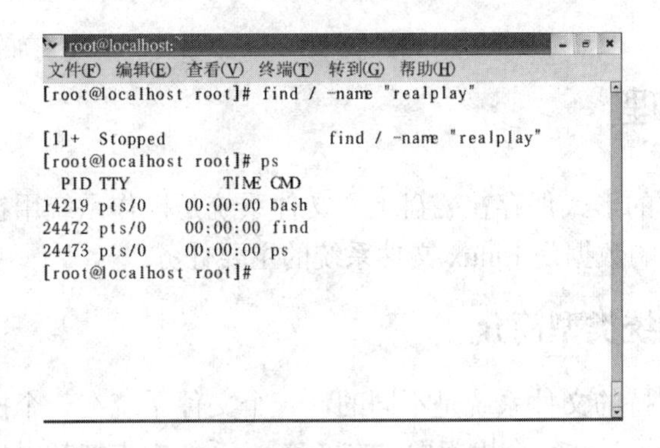

图 7-36 前台启动查看进程执行情况窗体

（1）jobs 命令

jobs 命令的功能是可以查看挂起到后台的进程，其命令格式：

```
jobs
```

（2）fg 命令

fg 命令是将后台挂起的进程恢复到前台来运行，其命令格式：

```
fg    <后台进程编号>
```

（3）bg 命令

bg 命令功能是将后台挂起的进程恢复到后台来运行，也就是进行后台的进程切换，其命令格式：

```
bg    <后台进程编号>
```

例如，如图 7-37 所示，用户输入命令“jobs”查看后台进程情况，可以看到系统挂起的两个进程 find 和 vi，输入命令“fg”恢复 vi 进程到前台执行，使用“bg”命令将后台挂起进程 find 执行结束。

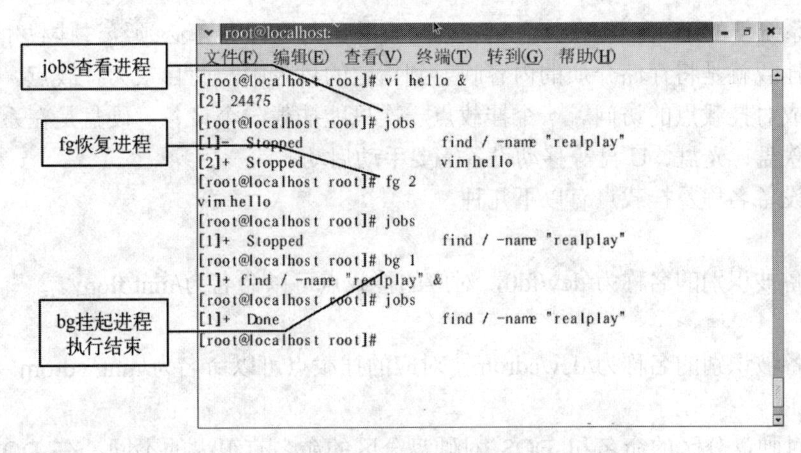

图 7-37 后台启动查看进程执行情况窗体

通过使用前台、后台的切换可以使系统管理员更好地调度进程，更有效地利用系统的资源。

7.4 磁盘操作管理

程序和数据以文件的形式保存在磁盘上，文件系统是操作系统用在磁盘上组织文件的方法，合理地规划磁盘上的数据是 Linux 文件系统的主要任务。

7.4.1 Linux 文件系统类型简介

不同的操作系统支持的文件系统是不同的，一个文件系统在一个操作系统下可以正常使用，转移到另一操作系统时往往会出问题。在 Linux 系统中支持超过数十种文件系统可供选择，常见文件系统的类型如下。

- ext：ext2 的老版本。它是专门为 Linux 设计的文件系统类型，称为扩展文件系统。由于稳定性、速度和兼容性方面的问题存在许多缺陷，现在很少使用。
- ext2：ext2 诞生于 1993 年，解决了 ext 稳定性、速度和兼容性方面的问题，是当前最常用的 Linux 文件系统。它功能强大，方便安全。
- ext3：ext3+log 是 linux 通用的文件系统，是 ext2 的增强版本，它强化了系统的日志功能。
- Smb：是一种支持 Windows for Workgroups、Windows NT 和 Lan Manager 的基于 SMB 协议的网络文件系统。
- NFS：网络文件系统，通过该系统用户可以实现网络文件的共享。
- Msdos：与 MSDOS、OS/2 等 FAT 文件系统兼容。
- vfat：Windows 中通用的 fat16 或 fat32 文件系统。
- Umsdos：Linux 下的扩展 MS-DOS 文件系统。
- ISO9660：CD-ROM 标准文件系统。它支持读取、刻录光盘，还支持映像 ISO。
- SYSV：UNIX 最常用的 System V 文件系统。

7.4.2 存储设备的名称

Linux 系统下的磁盘设备有其命名规范，安装的每个设备都必须经过挂载才能进行文件存取。所谓挂载就是将存储介质的内容映射到指定的目录中，此目录为挂载点。对存储介质的访问就变成对挂载点的访问。一个挂载点一次只能挂载一个设备。硬盘是在系统启动时自动挂载，而软盘、光盘、U 盘等移动设备需要手动启动。

常用的设备名称及挂载点有以下几种。

1. 软盘

软盘设备被识别的名称为/dev/fd0，对应的挂载点可以命名为/mnt/flopy。

2. 光盘

光盘设备被识别的名称为/dev/cdrom，对应的挂载点可以命名为/mnt/ cdrom。

3. 硬盘

Linux 对硬盘分区的命名和 DOS 对硬盘分区的命名有很大的不同。在 DOS 下软盘为“A：”“B：”，而硬盘为“C：”“D：”等。Linux 则使用/dev/hda0 等来命名它们。以/dev/hd 开头的表示 IDE 接口的硬盘，以/dev/sd 开头的表示 SCSI 接口的硬盘，随后的 abcd 等代表第几个硬盘，而数字 1、2、3、4 代表硬盘的第几个分区。例如，/dev/hda1 表示第一个IDE 硬盘的第一个分区。表 7-21 列举了常用的分区命名方法。

表 7-21　Linux 常用分区命名方法

设　　备	分区的命名
软盘	/dev/fd0
第一个 IDE 硬盘（整个硬盘） 第一个 IDE 硬盘第一个分区 第一个 IDE 硬盘第二个分区 …	/dev/hda /dev/hda1 /dev/hda2 …
第二个 IDE 硬盘（整个硬盘） 第二个 IDE 硬盘第一个分区 第二个 IDE 硬盘第二个分区 …	/dev/hdb /dev/hdb1 /dev/hdb2 …
第一个 SCSI 硬盘（整个硬盘） 第一个 SCSI 硬盘第一个分区 第一个 SCSI 硬盘第二个分区 …	/dev/sda/ dev/sda1 /dev/sda2
第二个 SCSI 硬盘（整个硬盘） 第二个 SCSI 硬盘第一个分区 第二个 SCSI 硬盘第二个分区 …	/dev/sdb /dev/sdb1 /dev/sdb2 …

4. 移动设备

如果使用移动设备 USB，通常识别为 SISC 存储设备，命名规则同硬盘的命名规则一样。

7.4.3　磁盘文件系统的挂载与卸载

Linux 中的分区是在作为文件系统使用前需要对存储介质进行的初始化操作。磁盘进行分区后，下一步的工作就是文件系统的建立，根据设备类型和名称完成不同文件系统的创建后，用户就可以进行设备的挂载或卸载等操作。

1. 建立文件系统的 mkfs 命令

mkfs 命令的功能是建立文件系统，与格式化磁盘类似。在一个分区上建立文件系统会冲掉分区上的所有数据，并且不能恢复，因此建立文件系统前要确认分区上的数据不再使用。其命令格式：

```
mkfs    [选项]  <文件系统>
```

mkfs 命令选项如表 7-22 所示。

表 7-22　mkfs 命令选项

命令选项	说　　明
-t	指定要创建的文件系统类型，默认是 ext2
-c	建立文件系统之前首先要检查坏块
-l	file：从文件 file 中读磁盘坏块列表，该文件一般是由磁盘坏块检查程序产生的
-V	输出建立文件系统详细信息

例如，利用 mkfs 命令创建文件类型 ext3，设备名称为/dev/sd3 文件系统，创建过程显示详细信息并要求首先检查坏块，如图 7-38 所示。

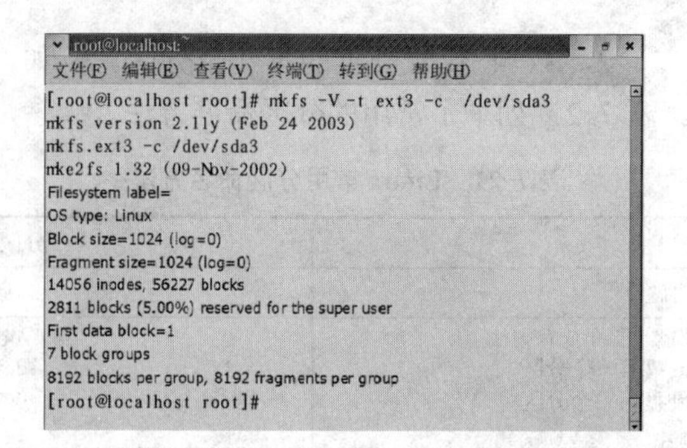

图 7-38 mkfs 创建文件系统命令

2. 磁盘文件系统的挂载 mount 命令

mount 命令的功能是手工安装文件系统，常常用于临时使用文件系统的场合，尤其是软盘和光盘的使用。其命令格式：

```
mount [选项] <设备名> <挂载点>
```

mount 命令选项如表 7-23 所示。

表 7-23 mkfs 命令选项

命令选项	说明
-a	安装/etc/fstab 中的所有设备
-f	不执行真正的安装，只是显示安装过程中的信息
-n	不在/etc/mtab 登记此安装
-r	用户对被安装的文件系统只有读权限
-w	用户对被安装的文件系统有写权限
-t type	指定被安装的文件系统的类型，常用的有 minix、ext、ext2、ext3、msdos、hpfs、nfs、iso9660、vfat、reiserfs、umdos、smbfs
-o	指定安装文件系统的安装选项

例如，利用 mount 显示所有的挂载设备，如图 7-39 所示。

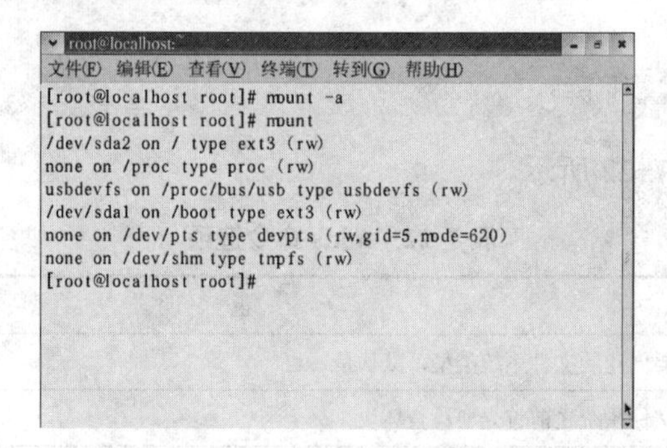

图 7-39 mount 命令显示挂载设备

3. 磁盘文件系统的卸载 umount 命令

umount 命令的功能是卸载文件系统，其命令格式：

```
unmount    [设备名]
unmount    [挂载点]
```

说明：如果卸载已经挂载的设备名为/dev/cdrom，挂载点为/mnt/cdrom 上的文件系统，可以使用下面的两种格式，其效果是一样的。

```
unmount  /dev/cdrom
unmount  /mnt/cdrom
```

7.4.4 常用的磁盘操作命令

前面已经介绍了文件系统的挂载和卸载命令，下面简要介绍几个常用的磁盘管理命令。

1. fdisk 命令

fdisk 命令是对磁盘进行分区的命令，主要功能是创建分区、删除分区、查看分区等操作。其命令格式：

```
fdisk  [选项]  <设备名>
```

fdisk 命令选项如表 7-24 所示。

表 7-24　fdisk 命令选项

命 令 选 项	说　明
-a	切换分区的启动标志
-d	删除分区
-l	显示已知的分区类型
-m	显示命令的帮助
-n	添加新的分区
-p	显示当前硬盘的分区情况
-t	改变分区的类型

2. df 命令

df 命令用于统计文件系统中未使用的磁盘空间，其命令格式：

```
df  [选项]
```

df 命令选项如表 7-25 所示。

表 7-25　df 命令选项

命 令 选 项	说　明
-a	显示所有文件信息，包括 swap 和 proc
-h	以合适的容量单位显示
-i	显示文件节点 inode 的使用情况
-l	显示本地文件系统的使用情况
-n	添加新的分区
空	显示当前硬盘的分区情况

例如，显示当前磁盘空间的使用情况如图 7-40 所示。

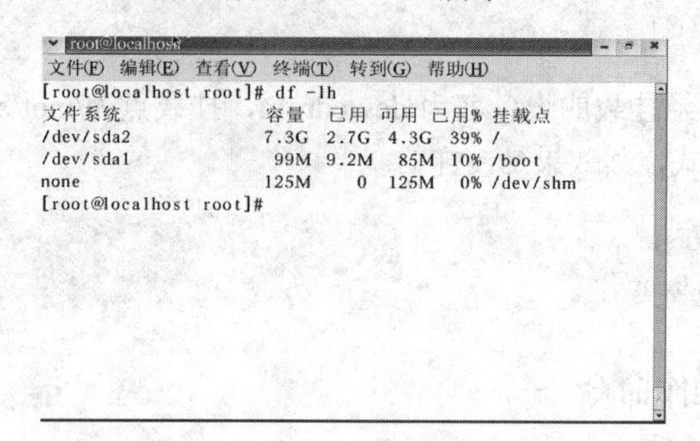
```
[root@localhost root]# df -lh
文件系统            容量  已用  可用  已用% 挂载点
/dev/sda2           7.3G  2.7G  4.3G  39% /
/dev/sda1            99M  9.2M   85M  10% /boot
none                125M     0  125M   0% /dev/shm
[root@localhost root]#
```

图 7-40　df 显示磁盘空间的使用情况的窗体

3. fsck 命令

fsck 命令的功能是检查安装前的文件系统是否正常，如果存在问题它会试图修复并向用户发送错误报告。fsck 程序对文件系统进行以下检查。

- 检查文件大小。
- 检查文件目录、路径名的正确性。
- 检查文件及其父目录连接的正确性。
- 检查未使用的磁盘块是否列入文件系统的自由块列表。

fsck 命令格式：

```
fsck  [选项]  <设备名>
```

fsck 命令选项如表 7-26 所示。

表 7-26　fsck 命令选项

命令选项	说　明
-t fstype	指定文件系统类型
-A	检查/etc/fstab 中的所有文件系统
-V	显示 fsck 执行时的信息
-N	只是显示 fsck 每一步的工作，而不进行实际操作
-R	和-A 同时使用时，跳过根文件系统
-P	和-A 同时使用时，不跳过根文件系统（要注意使用）
-n	检查文件系统时，对要求回答的所有问题，全部回答“no”
-y	检查文件系统时，对要求回答的所有问题，全部回答“yes”
-p	检查文件系统时，不需要确认就执行所有的修复

说明：fsck 检查结束后，会给出如下错误代码（fsck 实际的返回值可能是以上代码值的和，表示出现多个错误）。

- 0：没有发现错误。
- 1：文件系统错误已经更正。
- 2：系统需要重新启动。

● 4：文件系统错误没有更正。
● 8：操作错误。
● 16：语法错误。
● 128：共享库错误。

例如，使用 fsck 检查文件系统的是否正常如图 7-41 所示。

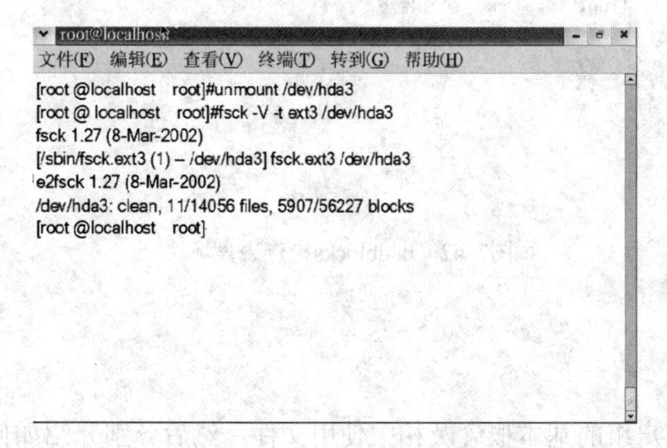

图 7-41 fsck 检查文件系统窗体

注意：手工检查文件系统时应在没有安装的文件系统上进行，如果文件系统已经安装，应先把它卸载。fsck 命令检查完文件系统后，如果修复了文件系统，应该重新启动 Linux 系统。通常 fsck 检查完文件系统会将没有引用的项直接连接到文件系统中的/lost+found 这样的特定目录下，用户可以从这里找回丢失的数据。

4. badblocks 命令

badblocks 命令的功能是检查磁盘坏块。在磁盘分区后，创建文件系统之前，最好能够使用 badblocks 命令检查磁盘上的坏块。创建文件系统时可以利用坏块检查结果来跳过坏块，避免数据保存到磁盘坏块上。其命令格式：

```
badblocks [选项] <设备名> 块数
```

badblocks 命令选项如表 7-27 所示。

表 7-27 badblocks 命令选项

命令选项	说明
-o filename	将坏块情况输出到文件 filename
-s	显示已经检查过的磁盘块数
-w	使用写模式

例如：badblocks 命令检查/dev/sda2 的坏块情况，并显示检查的进度，如图 7-42 所示。

注意："-w"参数是向被测试磁盘的每一块写入数据，然后读出数据比较，但这意味着会破坏原来的数据，因此要谨慎使用。

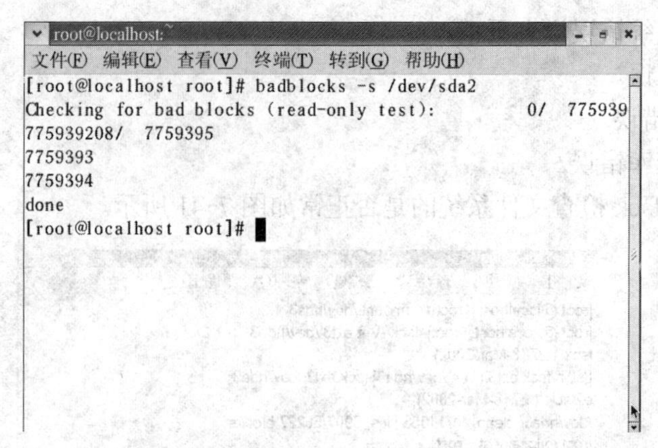

图7-42 badblocks检查磁盘坏块

本章小结

本章首先介绍用户组的基本概念及相关使用文件，然后分别介绍如何在 Shell 命令环境和 Red Hat Linux 桌面环境的用户管理器下，创建、维护用户和组以及设置相应用户、组和配额的实用技巧；在软件包管理中熟悉 RPM 包和 TAR 包的使用方法，学习安装软件是系统维护的基本操作；了解进程的前台和后台调度机制，掌握常用的进程管理命令；掌握磁盘文件系统的分区、创建、挂接、检查等常用命令及使用情况。

本章的学习为后续的网络服务和系统配置打下扎实的基础。

思考题与实践

1）简述 linux 的 4 个账户配置文件及其各个字段的含义。

2）举例说明 RPM 命令安装、升级、删除、查询、校验软件包的方法。

3）利用 vi 和 top 命令分别创建两个后台进程，完成如下任务：

- 每天的 12:00、17:00 进行文件备份。
- 每天 18:00 进行临时文件删除。
- 每天上午 8:00 对在线账号发送“Good Morning!”。

4）简述进程在前台、后台的切换方法。

5）要使用硬盘上的某一空闲空间，一般要经过什么步骤？使用什么命令？

第8章　网络通信管理

在当今信息化时代，功能全面、界面友好、便捷配置的网络管理工具贯穿到生活和工作的方方面面。衡量一个系统的网络通信管理性能好坏的主要指标是网络设备配置及网络服务等因素。Linux 操作系统具备先进、可靠、安全的网络通信管理工具，因此现在广泛应用在各个领域。

8.1　网络通信管理简介

Linux 作为一个应用广泛、成熟的操作系统，与 Windows 同样有着完善的网络和通信功能，用户可以很方便地配置网络、构建局域网、访问 Internet。

8.1.1　网络的基本配置

使用网络前，需要对 Linux 主机进行基本的网络配置，配置后可以使主机能够同其他主机进行正常的通信。在基本网络配置之间，需要先掌握几个与网络相关的基础知识。

1．TCP/IP

TCP/IP 是 Internet 网络的协议标准，也是全球使用最为广泛、最重要的一种网络通信协议。目前无论是 UNIX 系统还是 Windows 系统都全面支持 TCP/IP，因此 Linux 将 TCP/IP 作为网络的基础，并通过 TCP/IP 与网络中的其他计算机进行信息交换。TCP/IP 的体系结构如下。

（1）网络接口层

定义物理网络的接口规范，负责接收 IP 数据报传递给物理网络。

（2）网际层

网际层的主要功能是实现两个不同 IP 地址的计算机（在 Internet 上都称为主机）的通信，这两个主机可能位于同一网络或互连的两个不同网络中。网际层主要包括 4 个协议：网际协议（IP）、网际控制报文协议（ICMP）、地址解析协议（ARP）和逆向地址解析协议（RARP）。

（3）传输层

传输层的主要功能是提供应用程序间（即端到端）的通信。包括传输控制协议（TCP）和用户数据报协议（UDP）。TCP 提供可靠的端到端通信连接（TCP 提供的是虚电路服务），用于一次传输大批数据的情形（如文件传输、远程登录等），并适用于要求得到响应的应用服务。UDP 提供了无连接通信，且不能保证数据的正确性。

（4）应用层

支持应用服务，向用户提供了一组常用的应用协议，包括远程登录（Telnet）、文件传送协议（FTP）、平常文件传送协议（TFTP）、简单邮件传输协议（SMTP）、域名系统（DNS）等。

2．网络的相关概念

（1）IP 地址

TCP/IP 网络中的每一台计算机必须至少拥有一个唯一的 IP 地址，网络中的计算机通过 IP 地址识别信息的接收方和发送方。IP 地址一定设置在主机的网卡上，网卡的 IP 地址等同于主机的 IP 地址。

IP 地址的格式采用“x.x.x.x”表示，每个 x 部分的取值范围都是 0～255。传统上将 IP 地址分为 A、B、C、D、E 五类，其中 A、B、C 三类用于设置主机的 IP 地址，D、E 两类较少使用。

IP 地址的设置通常包括一系列的设置项，除 IP 地址本身外还包括子网掩码、网络地址和广播地址，其中 IP 地址和子网掩码是必须提供的，网络地址和广播地址可以由 IP 地址和子网掩码进行计算得到。主机的 IP 地址设置正确后就可以和同网段的其他主机进行通信了。

因此，A、B、C 三类常用的 IP 地址及相应的子网掩码如表 8-1 所示。

表 8-1　IP 地址及相应的子网掩码

类　别	IP 地址范围	子 网 掩 码
A	0.0.0.0～127.255.255.255	255.0.0.0
B	128.0.0.0～191.255.255.255	255.255.0.0
C	192.0.0.0～233.255.255.255	255.255.255.0

📖 注意：在所有的 IP 地址中，以“127”开头的 IP 地址称为回路地址，不可用于指定的 IP 地址，计算机的各个网络进程之间通信时使用它。同一网络中每一台主机的 IP 地址必须不同，否则会造成 IP 地址的冲突。

（2）主机名

主机名用于标志一台主机的名称，主机名在网络中是唯一的。如果该主机在 DNS 服务器上进行了域名的注册，主机名与该主机的域名也应是相符的。

（3）网关地址

主机的 IP 地址设置正确后可以和同网段的其他主机进行通信，但还不能与不同网段的主机进行通信。为了实现与不同网段的主机通信，需要设置网关地址，该网关地址一定是同网段主机的 IP 地址，任何与不同网段的主机进行的通信都将通过网关进行。

正确设置网关地址后，主机就可以与其他网段的主机进行通信，也可以和接入互联网的任何主机进行通信，当然前提是作为网关的主机能够担负起网关的职责。

（4）DNS 服务器地址

直接使用 IP 地址就可以访问到网络的主机，但是用数字表示的 IP 地址难以记忆，通常人们使用域名来访问网络的主机。为了能够使用域名，需要为计算机指定至少一个 DNS 服务器。通过这个 DNS 服务器来完成域名解析工作。域名解析包括两方面：正向解析（从域名到 IP 地址的映射）和反向映射（从 IP 地址到域名的映射）。

Internet 中存在大量的 DNS 服务器，每台 DNS 服务器都保存着其管辖的区域中主机域名与 IP 地址的对照表。当用户利用网页浏览器等应用程序访问用域名表示的主机时，会向指定的 DNS 服务器查询其映射的 IP 地址。如果这个 DNS 服务器找不到，则向其他 DNS 服务器求助。直到找到 IP 地址，并将 IP 地址信息返回给发送请求的应用程序，应用程序才能获取该 IP 地址的主机相关服务和信息。

3．网络配置文件

对于网络配置的全部内容都可以在系统中找到相关的配置文件，正是由于有些配置文件对网络选项的配置，Linux 系统启动时才能正确启动网络和系统。

Linux 下的网络配置文件如表 8-2 所示。

表 8-2　Linux 下的网络配置文件

配置文件名	说　明
/etc/sysconfig/network-scripts	系统启动时初始化网络的信息
/etc/sysconfig/network	包括主机网络基本信息的配置，用于启动
/etc/hosts	完成主机映射 IP 地址
/etc/host.conf	文件用来指定如何解析主机名
/etc/resolv.conf	DNS 域名服务的客户端配置文件
/etc/services	设置网络不同服务端口
/etc/services/protocols	设置主机使用的协议以及各个协议的协议号
/etc/xinetd.conf	定义了由超级进程 xinted 启动的网络服务

所有的网络接口配置文件均存放在“/etc/sysconfig/network-scripts/”目录下，例如系统的第一个以太网接口的配置文件名为 ifcfg-eth0。

注意：ethn 表示第 n+1 个以太网卡接口，n 为 0 表示第一个，以此类推。

例如，使用 cat 命令查看/etc/sysconfig/network-scripts/ ifcfg-eth0 文件，即网卡 eth0 的网络配置情况，如图 8-1 所示。

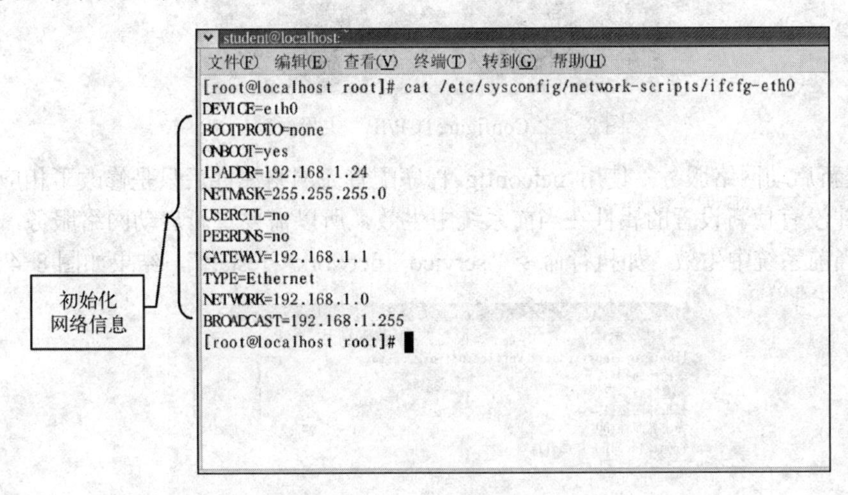

图 8-1　显示 eth0 的网络配置情况窗口

4. 网络配置工具 netconfig

Linux 中提供了简单易用的网络配置工具 netconfig，该程序运行于字符界面下，所以非常适合基于字符终端下的操作，可以使用其完成最基本的网络配置。

网络配置工具 netconfig 是 root 用户特有的工具软件，其操作方式如下。

1）在字符界面下输入命令“netconfig”，执行命令后首先进入了该程序的提示界面，如图 8-2 所示。

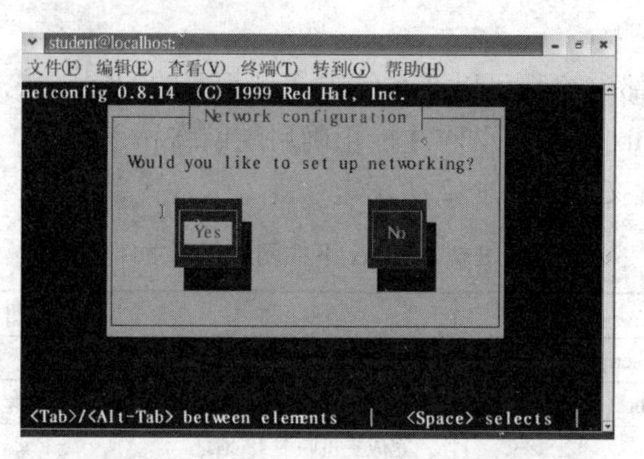

图 8-2　进入 netconfig 提示界面

2）直接按〈Enter〉键则进入“ConfigureTCP/IP”主界面窗口（如图 8-3 所示），利用〈Tab〉键使光标点移到相应位置后，输入相应的网络属性，包括 IP 地址、子网掩码、默认网关和 DNS 服务器的地址，确认设置完后，按〈Tab〉键使光标移到“OK”按钮，按〈Enter〉键保存并退出该配置程序。

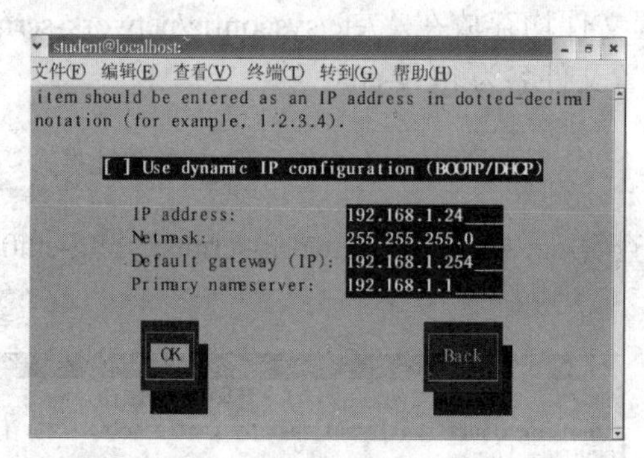

图 8-3 “ConfigureTCP/IP”主界面窗口

3）重新启动网络服务。使用 netconfig 程序配置完网络属性后只是修改了相应的网络配置文件，并没有使新设置的属性在当前系统中生效，所以需要重新启动网络服务，才能使新的配置在当前系统中生效。如执行命令“service network restart”，结果如图 8-4 所示。

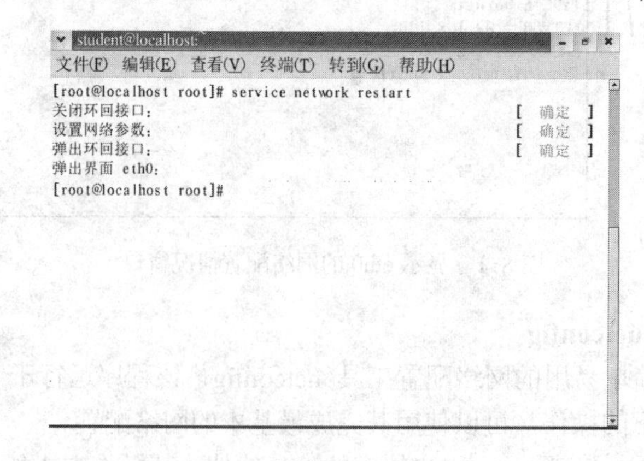

图 8-4　重新启动网络服务

5．图形环境下网络配置

1）桌面环境下超级用户依次选择“主菜单”→“系统设置”→“网络”菜单命令，弹出“网络配置”窗口，默认情况下网卡设备名为“eth0”，如图 8-5 所示。

2）设置 IP 地址、子网掩码与网关地址。

从“网络配置”窗口的“设备”选项卡中选择网卡“eth0”，单击工具栏中的“编辑”按钮，出现“以太网设备”对话框，如图 8-6 所示。

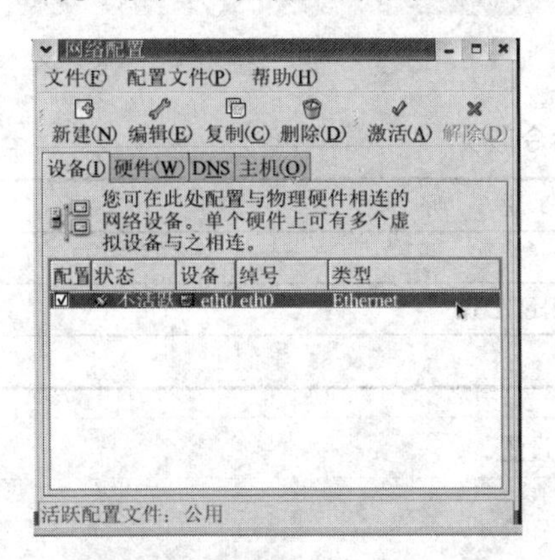

图 8-5 “网络配置”窗口

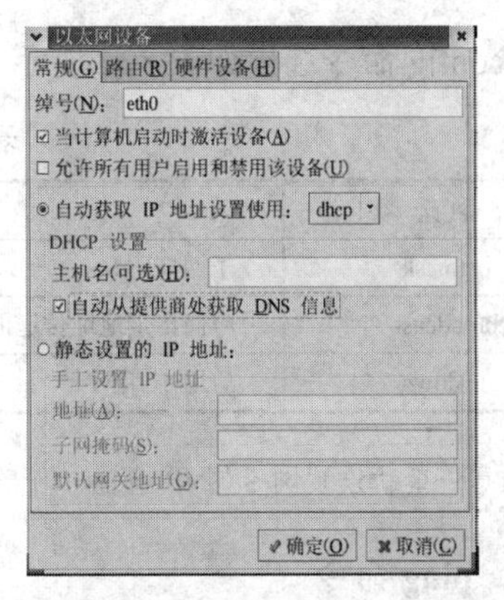

图 8-6 “以太网设备”对话框

在“以太网设备”对话框的“常规”选项卡中 IP 地址的设置有两种方法。如果选择“自动获取 IP 地址设置使用”，则主机利用 ISDN、ADSL 拨号上网接入 Internet，由 DHCP 服务器动态分配 IP 地址，不必用户自行配置；如果选择“静态设置的 IP 地址”，则用户必须输入 IP 地址、子网掩码以及默认网关的 IP 地址，完成手工配置网卡工作。单击“确定”按钮将回到“网络配置”窗口。

选中配置网卡在“配置文件”选项区域的复选框，单击工具栏上的“激活”按钮启动网卡使其变成活跃状态。

8.1.2 常用网络管理命令

Linux 提供了丰富的多命令格式，熟练掌握配置网络命令，对配置、使用网络是十分必要的。本节介绍几种常用的配置命令。

1. hostname 命令

hostname 命令的功能是显示及设置主机名，其命令格式：

```
hostname  [选项]        #查询主机名
hostname  <主机名>      #设置主机名
```

hostname 命令选项如表 8-3 所示。

表 8-3 hostname 命令选项

命 令 选 项	说 明
-a	查询主机的别名
-d	查询主机的域名
-i	查询主机的 IP 地址

📖 注意：设置系统主机名，该命令必须由 root 用户才能执行。

2. ifconfig 命令

ifconfig 命令功能是查看网络接口的配置情况、设置网卡的相关参数、激活或停用网络接口，其命令格式。

```
ifconfig    <网络接口>    <IP 地址>    [<netmask> <broadcast>]    [up|down]
```

ifconfig 命令选项如表 8-4 所示。

表 8-4 ifconfig 命令选项

命令选项	说明
netmask	子网掩码
broadcast	将向指定地址传送的数据包当作广播数据包处理
up|down	启用/禁用网卡

📖 注意：重新设置网卡的 IP 地址，一般由 root 用户进行设置。

3. ping 命令

ping 命令是最常用的网络测试命令，该命令通过向测试的目的主机地址发送 ICMP 报文并收取回应报文，来测试当前主机的网络连接状态。ping 命令默认会不间断地发送 ICMP 报文直到用户终止该命令。使用“-c”参数并指定相应的数目，可以控制 ping 命令发送报文的数量。其命令格式：

```
ping    [选项]    <IP 地址|主机名>
```

ping 命令选项如表 8-5 所示。

表 8-5 ifconfig 命令选项

命令选项	说明
-c:	指定 ping 命令发出的 ICMP 消息的数量，如果不指定将会不断发送直至用户按〈Ctrl+C〉键中止命令
-i:	指定 ping 命令发出每个 ICMP 消息的间隔时间，默认值为 1 秒。出于安全考虑，只有超级用户可以将该值设置为小于 0.2 秒
-t:	设置发出的每个 ICMP 消息的数据包尺寸，默认为 64 字节，最大值为 65507
-s	设置 ttl（Time to Live）

4. route 命令

route 命令的功能是设置显示网关，其命令格式：

```
route  add  default  gw  <网关地址>                        #设置默认网关
route  -n                                                 #添加一个静态路由条目
route  add  -net  netaddr  netmask  gw   <网关地址>        #设置指定局域网网关
route  del  -net netaddr  netmask  gw  ipaddr             #删除一个路由条目
```

8.1.3 常用网络通信命令

Linux 系统提供了丰富的网络通信命令，对于多用户的操作系统，在一台主机上的不同终端用户之间可以方便地收发信息。Linux 终端字符环境下的常用通信命令及其功能说明如下。

1. write 命令

write 功能是用来实时给其他用户发送消息。其命令格式：

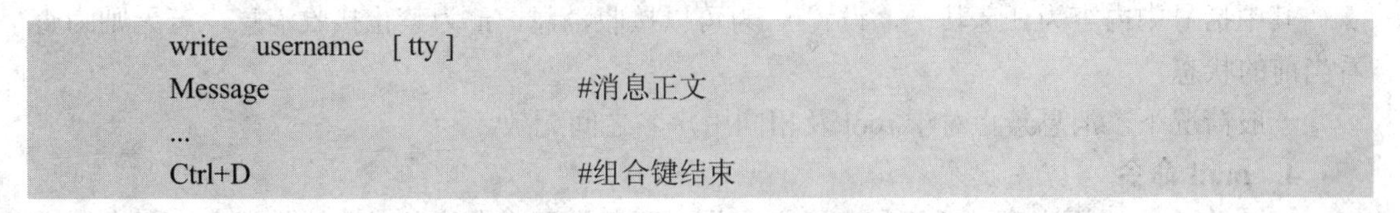

```
write   username   [ tty ]
Message                          #消息正文
...
Ctrl+D                           #组合键结束
```

说明：其中 tty 为终端号，〈Ctrl+D〉为组合键，结束发送并回到提示符下。

例如，以不同身份 root、student 在两个不同终端登录，利用 who 命令可以查看当前在系统中的用户信息：student 在 tty1 登录，root 在 tty0 端登录；利用 write 命令 root 用户向 student 用户发送消息“How are you!”，如图 8-7 所示；然后在 student 登录的 tty1 端可以看到 student 接收到了来自 root 发送的问候信息，如图 8-8 所示。

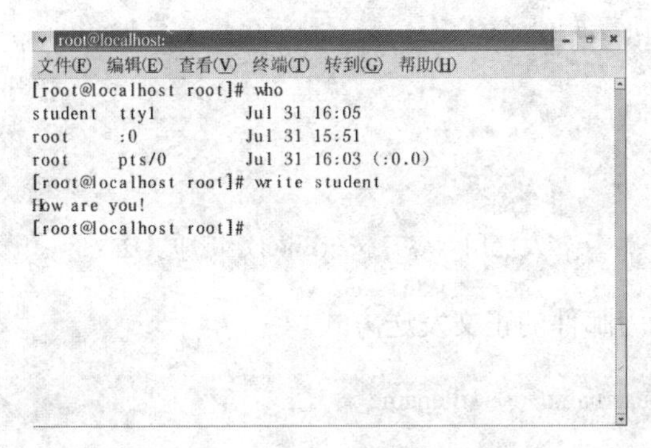

图 8-7　root 发送信息窗体

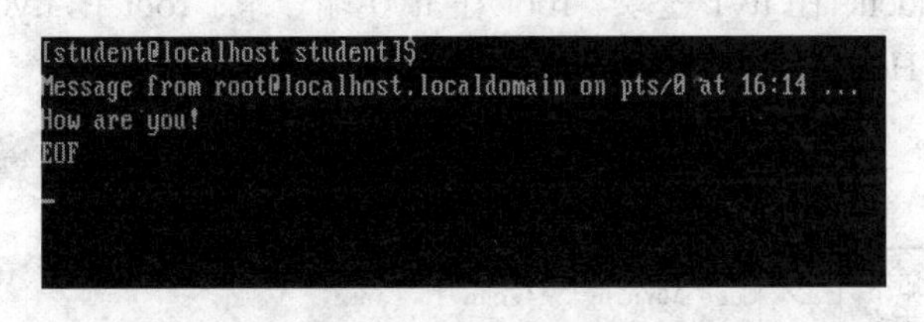

图 8-8　student 接收信息窗体

2. wall 命令

wall 功能是以广播方式向系统中所有用户发送消息。其命令格式：

```
wall   message
```

说明：其中 message 为消息内容。如果消息内容较多，建议以文件形式发送消息。wall 命令的操作方法与 write 基本一致，这里不再赘述。

📖 注意：上面的 write、wall 通信命令都要求双方同时在线，且在通信时都要在前台进行工作。

3. mesg 命令

mesg 命令的功能是设置消息的禁止和允许。其命令格式：

```
mesg  [y|n]
```

其中括号中内容为任选其一，设置 y 为可以接收消息，n 为禁止接收消息，若无则为查看当前的状态。

一般情况下，消息禁止对于 root 及相同用户名之间无效。

4. mail 命令

mail 命令允许用户登录后不打断对方工作，不要求同时在线发送和接收消息。每个用户有固定的邮件文件目录，如用户名为 a，则该用户邮件文件的地址是/var/spool/mail/a。收发消息操作如下。

（1）撰写和发送文件

1）一般邮件发送方式。

```
mail username          #主题名
Subject : topic        #正文
text
...
Ctrl+D                 #组合键
Cc : username          #转发的用户名，按〈Enter〉键即发送
```

2）以文件的内容作为邮件的正文发送方式。

```
mail  -s  topic  username  <  filename
```

例如，以不同身份 root、student 在两个不同终端登录，利用 who 命令可以查看当前在系统中的用户信息：student 在 tty1 登录，root 在 tty0 端登录；root 在 tty0 端利用 mail 命令向 student 发送主题是“Hello!”的邮件，如图 8-9 所示。

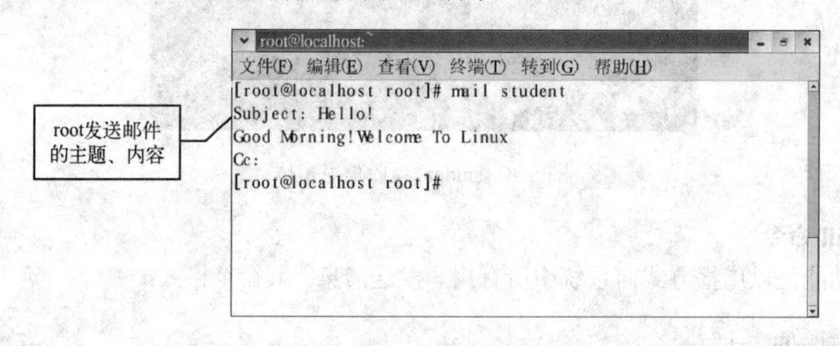

图 8-9　root 发送邮件窗体

📖 注意：mail 与上面的 write、wall 命令的区别是 mail 不要求双方同时在线。

（2）接收和阅读邮件

当用户有新邮件，系统会自动接收并有提示信息，如是管理员有 mail 邮件，则在系统

中下一次回到提示符下或不在系统中，登录后有如下提示：

```
[ student@localhost student] # You have new mail in /var/spool/mail/student
```

当查看和阅读邮件时，则直接输入 mail 命令后会看到所有的邮件信息，最后一行会有“&”符号，为邮件命令提示符，在其后可输入各种邮件编号。如想看哪一封邮件，则输入如下：& n，其中&为提示符，n 为 mail 的编号。

（3）回复邮件

如果需要回复上面看到的邮件（如图 8-10 所示），以参数 r 为例，输入如下命令：

```
& r
To : root@localhost.localdomain b@localhost.localdomain
Subject : Re : Hello !
Thank                          #在此输入回复的正文
Ctrl+D
Cc:
```

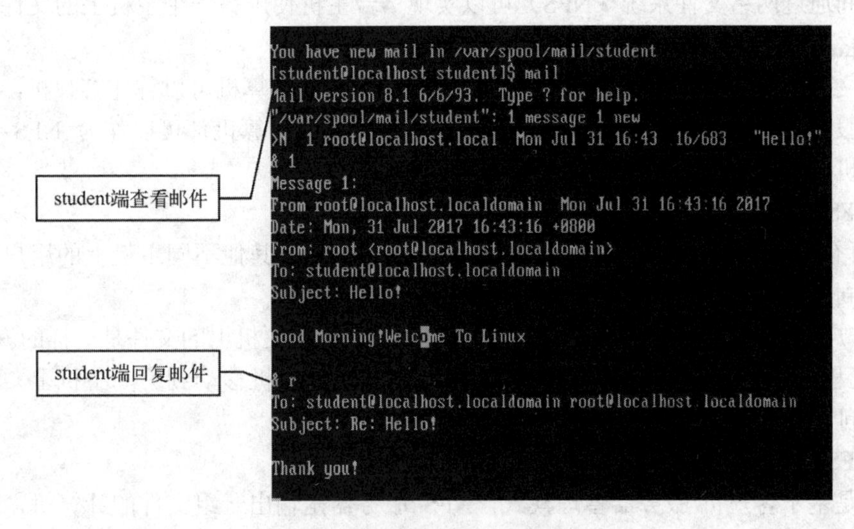

图 8-10　接收和回复邮件窗体

回复结束后，对方 root 会自动接收。在 mail 命令提示符“&”后，可以输入上面的命令来实现邮件的日常管理操作，mail 还有更多的命令参数，读者可使用 mail 的帮助来查看。

（4）mail 命令的常用内部命令

在执行 mail 命令后，进入邮件系统中的“&”提示符下，常用内部命令如表 8-6 所示。

表 8-6　mail 命令的常用内部命令

命令符号	说　明	命令符号	说　明
&n	阅读编号为 n 的邮件	!command	调用 shell 命令
e	编辑刚浏览过的邮件	d n	删除编号为 n 的指定邮件
r	回复刚浏览过的邮件	x 或 q	退出

📖 注意：邮件不只是用户之间发的邮件，更多的是系统本身发的，如非法操作、安全隐患以及守护进程的执行情况等，这些情况往往以邮件的形式发送给用户进行系统提示，这也是系统管理员检测维护正常运行的方法之一。

8.2 Linux 的网络服务

网络服务是计算机网络管理发展的必然产物，作为管理软件、硬件资源的操作系统必须保证数据传输的安全性、有效性。Linux 继承 UNIX 的稳定性和安全性等优良特点，并加上适当的服务软件，只需要非常低的成本就能满足绝大多数的网络应用。目前越来越多的企业正基于 Linux 操作平台架设网络服务，提供各种网络应用服务。

8.2.1 NFS 网络文件系统

计算机网络发展的目的是资源共享，资源共享最常见形式就是文件的共享。在 Linux 的主机系统间通过网络文件系统（NFS）可以实现一台主机使用另一个主机上的文件夹和文件的功能，它和 Windows 2000 Server 的分布式文件系统类似。

提供文件进行共享的系统称作主机，共享这些文件的计算机可以称作客户机，一个客户机可以从服务器上挂载一个文件或目录，然而事实上任何计算机都可以作为 NFS 服务器或 NFS 客户机，甚至可以同时作为 NFS 服务器和 NFS 客户机。

1. NFS 网络文件系统的优点

1）所有用户访问的数据可以存放在一台中央主机上，其他不同主机上的用户可以通过 NFS 访问同一中央主机上的数据。

2）客户访问远程主机上的文件是透明的，和访问本地主机上的文件是一样的。

3）远程主机上文件的物理位置发生变化（如从一台主机移动到另一主机上）也不会影响客户访问方式的变化。

2. NFS 的工作原理

NFS 是基于客户机/服务器管理模式，NFS 服务器是输出一组文件的计算机，而客户机是访问文件的计算机。客户机和服务器通过远程过程调用（Remote Procedure Call，RPC）通信，当客户机上的应用程序访问远程文件时，客户机内核向远程服务器发送一个请求，客户进程被阻塞，等待服务器应答，而服务器一直处于等待状态，如果接收到客户机请求，就处理请求并将结果返回客户机。NFS 服务器上的目录如果可被远程用户访问，就称为“导出”（Export）；客户机访问服务器导出目录的过程称为“安装”（Mount），有时也称“挂接”或“导入”。

由于 NFS 有明确的服务器和客户角色之分，因此 NFS 的配置包括两个部分：NFS 服务器的配置和 NFS 客户机的配置。

3. NFS 的主机服务器配置及启动

NFS 服务器的配置只需在相应的配置文件中提供共享文件列表，然后启动 NFS 服务即可，NFS 服务器的配置步骤如下。

1）安装 NFS 软件包。

通常情况下，系统默认安装了 NFS 服务器两个软件包 nfs-utils-*和 portmap-*，前者包括基本的 NFS 命令与监控程序；后者包括支持安全 NFS RPC 服务的连接。可以使用前面介绍过的 RPM 软件包进行安装。

2）在/etc/exports 文件中配置 NFS 服务器上要导出的文件系统或目录。

- NFS 服务器的配置文件。NFS 服务器的配置文件/etc/exports，用于配置服务器所提供的共享目录，默认设置为空。如果需要在 NFS 服务器中输出某个目录进行共享，需要在 exports 文件中进行相应的设置。
- exports 文件配置格式。在 exports 文件中，每行提供一个共享目录的设置，下面是一个设置的实例，内容如下所示：

```
/home /share    192 . 168. 1 . 1 / 10 ( sync,  ro ) 192 . 168 . 1 . 20 ( sync , rw )
/home /public    * ( sync , ro )
/home /ftp    192 . 168 . 1 . 11 ( sync , rw)
```

在 exports 文件的设置中，共享目录和分配给客户机的地址间用〈Tab〉键进行分隔，客户机的多个地址间用空格分隔。

共享目录是设置系统中需要输出作为共享的目录路径，必须使用绝对路径。例如“/home /share”。

指定客户机的地址指在 exports 文件中，客户机的地址指定非常灵活，可以是单个客户机的 IP 地址或域名，也可以是指定网段中的客户机，如表 8-7 所示。

表 8-7　指定客户机的地址格式

指定客户机地址	说　明
192.168.1.10	指定客户机的 IP 地址
192.168.1.10/20	指定网段中的所有客户机
nfs.sdg.com	指定域名的客户机
*	所有客户机

在 exports 文件中的设置选项选择较多，如表 8-8 所示是常用的几个选项。

表 8-8　exports 文件常用选项

设 置 选 项	说　明
sync	用户间同步写磁盘，这样不会丢数据，NFS 服务建议使用该选项
ro	输出的共享目录只读，不能与 rw 共同使用
rw	输出的共享目录可读写，不能与 ro 共同使用

3）启动 NFS 服务。

在对 exports 文件中的选项设置后，就可以启动 NFS 服务了。启动 NFS 服务必须先启动 portmap 服务，才能使 NFS 服务正常工作。

```
[root@localhost~] #service   portmap    start
```

启动 portmap：　　　　　　　　　　　[确定]

```
[root@ localhost ~] #service  nfs  start
```

启动 NFS 服务：　　　　　　　　　　　　　　　　　［确定］
关掉 NFS 配额：　　　　　　　　　　　　　　　　　［确定］
启动 NFS 守护进程：　　　　　　　　　　　　　　　［确定］
启动 NFSmountd：　　　　　　　　　　　　　　　　 ［确定］

4）导出/etc/exports 中配置的文件系统或目录。

在设置了 NFS 共享目录并正确启动 NFS 服务后，可以利用 showmount 命令查看 NFS 共享目录状态。showmount 的命令格式：

```
showmount ［-ae］ <hostname|IP>
```

showmount 命令选项如表 8-9 所示。

表 8-9　showmount 命令选项

命令选项	说　明
-a	在屏幕上显示目前主机与 Client 所连上来的使用目录状态
-e	显示 hostname 这部机器的/etc/exports 里面的共享目录

4. 客户机挂载 NFS 文件系统

客户机要想挂载网络中的 NFS 文件系统，必须查看是否提供给该客户机访问权限，即客户机是否满足 NFS 主机指定的客户机 IP 地址范围，如果满足方可挂载使用。

（1）查看 NFS 服务输出的共享目录状态

当要扫描某一主机所提供的 NFS 共享的目录时，就使用“showmount -e IP”（或主机名称 hostname）即可。

如提供 NFS 服务的主机 IP 为 192.168.1.1，客户机为 192.168.1.10，则查看主机 NFS 所提供的服务信息命令：

```
[root@localhost ~]  # showmount - e 192.168.1.1
Export list for   192.168.1.1:
/home /share      192.168.1.1/10 ,192.168.1.20
/home/public      *
/home /ftp        192.168.1.11
```

从以上看出 NFS 主机为该客户机提供了两个可共享挂载的目录：/home/share 和/home/public。

（2）挂载 NFS 服务器中的共享目录

在 NFS 主机指定的客户机上使用 mount 命令挂载 NFS 服务器的共享目录到本地目录。挂载的命令格式：

```
mount   NFS 服务器地址：共享目录本地挂载点目录
```

应用实例：

```
[root@localhost ~] #mount   192.168.1.1:/home/public   /mnt/share
```

其中，/mnt/share 是本地的挂载点目录，该目录必须为已建好的空目录，也可以使用其他空目录，挂载后就可以进入该目录来访问共享的网络文件系统。

（3）查看及卸载已挂载的目录

NFS 目录正确挂载到本地之后，可以用 mount 命令查看目录的挂载情况。

```
[root@localhost ~] #mount|grep   nfs
192.168.1.1:/home/publicon/mnt/share type nfs(rw,addr=192.168.1.1)
```

在不需要使用 NFS 共享目录时，使用 umount 命令卸载已挂载的目录。

```
[root@localhost ~] # umount   /mnt/share
```

8.2.2 Web 服务

WWW（World Wide Web）服务是一种交互式图形界面服务，具有强大的查找、浏览信息功能。Web 系统是客户机/服务器模式，所以应该有服务器程序和客户机程序两部分。常用的 Web 服务器是 Apache 及 MicrosoftIIS 等，常用的客户端程序是 IE 及 Netscape 等。

Web 服务具有如下特点。

- 可以在任何计算机平台上运行。
- 简单而强有力的基于文件的配置。
- 支持虚拟主机。
- 支持 HTTP 认证。
- 集成的代理服务器。
- 具有可定制的服务器日志。
- 支持最新的 HTTP1.1 协议。
- 支持安全 Socket 层（SSL）。
- 支持 Java Servlets 和 JSP。

1. Apache 服务器简介

Apache 源于 NCSAhttpd 服务器，它的优点主要是它的源代码开放，有一支开放的开发队伍、支持跨平台的应用（可以运行在几乎所有的 UNIX、Windows、Linux 系统平台上）以及它的可移植性等方面。如果要创建一个每天有数百万人访问的 Web 服务器，Apache 可能是最佳选择。

2. Apache 服务器的安装及启动

（1）检测与安装 Apache

首先检查 Linux 主机 Apache 的安装情况，如果已经安装则出现如下信息。

```
[root@localhost ~]                  #rpm   -qa|grep   httpd
httpd-2.2.3-6.el5                   #Apache 服务器程序
httpd-manual-2.2.3-6.el5            #Apache 用户手册
system-config-httpd-1.3.3-l.l.l.el5 #Apache 配置文件
```

如果没有检测到软件包，需要进行安装，一般将 RedHatEnterpriseLinux5 五张安装光盘的第一张光盘放入光驱中并挂载加载，然后执行如下命令。

```
[root@localhost ~] # rpm   –ivh   httpd-2.2.3-6.i386.rpm
[root@localhost ~]# rpm    –ivh   httpd-manual-2.2.3-6.i386.rpm
```

（2）Apache 服务的启动与停止

当安装完 Apache 服务器后，可以使用如下命令查看 Apache 服务器的运行状态。

```
[root@localhost ~]# service   httpd   status
```

也可以直接重新启动 Apache 服务：

```
[root@localhost ~] # service   httpd   restart
```

（3）测试 Apache 服务器运行状态

在终端字符界面下测试，执行如下命令：“lynx http:// l92.168..50”（192.168.1.50 为 Linux 主机的 IP 地址），结果如图 8-11 所示。

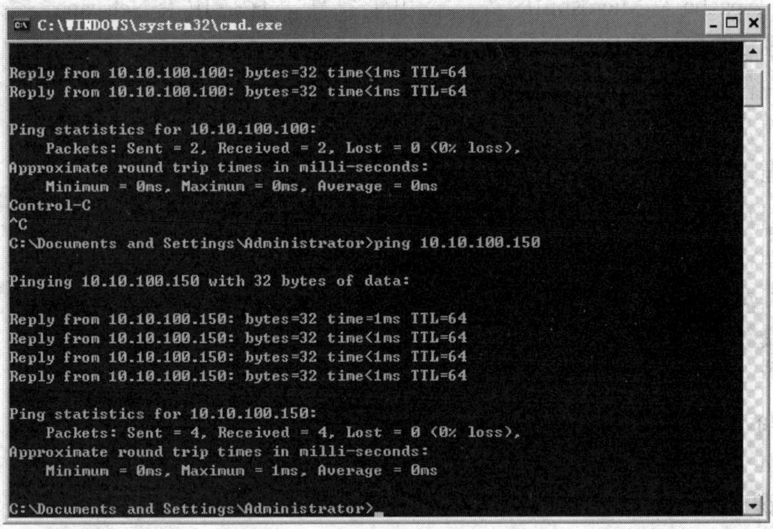

```
C:\WINDOWS\system32\cmd.exe

Reply from 10.10.100.100: bytes=32 time<1ms TTL=64
Reply from 10.10.100.100: bytes=32 time<1ms TTL=64

Ping statistics for 10.10.100.100:
    Packets: Sent = 2, Received = 2, Lost = 0 (0% loss),
Approximate round trip times in milli-seconds:
    Minimum = 0ms, Maximum = 0ms, Average = 0ms
Control-C
^C
C:\Documents and Settings\Administrator>ping 10.10.100.150

Pinging 10.10.100.150 with 32 bytes of data:

Reply from 10.10.100.150: bytes=32 time=1ms TTL=64
Reply from 10.10.100.150: bytes=32 time<1ms TTL=64
Reply from 10.10.100.150: bytes=32 time<1ms TTL=64
Reply from 10.10.100.150: bytes=32 time<1ms TTL=64

Ping statistics for 10.10.100.150:
    Packets: Sent = 4, Received = 4, Lost = 0 (0% loss),
Approximate round trip times in milli-seconds:
    Minimum = 0ms, Maximum = 1ms, Average = 0ms

C:\Documents and Settings\Administrator>
```

图 8-11　终端测试 Web 服务器

在异地网络中的 Windows 操作系统下，IE 浏览器中输入 Linux 操作系统中 Apache 服务器的 IP 地址，连接成功出现如图 8-12 所示界面，也可以在本地进入 X 窗口界面，用 Mozilla 万维网浏览器进行访问。

3. Apache 服务器的配置

Apache 主要配置文件为 httpd.conf，存储位置在/etc/httpd/conf 目录下，Apache 服务的配置可以直接修改 httpd.conf 文件，也可以在 X 窗口界面下用 RedHatEnterprise Linux 5 自带的图形化 HTTP 配置工具进行配置。

配置文件 httpd.conf 所提供的默认配置已经为用户提供了一个良好的模板，基本配置几乎不需要进行修改，但用户应该了解基本配置信息，可以用 Vi 编辑器打开配置文件进行配置修改。

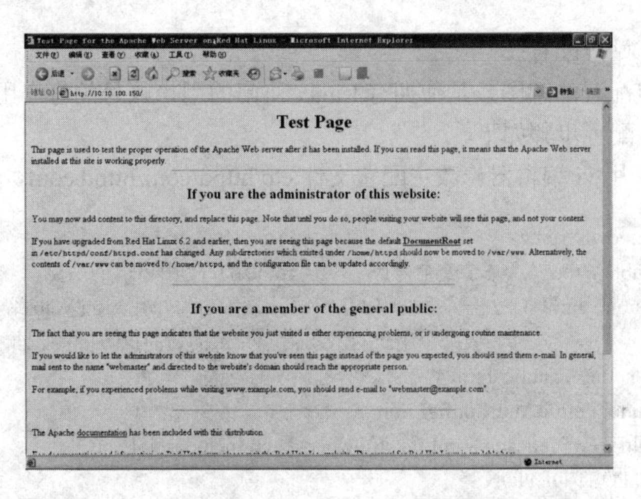

图 8-12　Windows 下 IE 访问 Web 服务器测试页面

（1）默认配置

Red Hat Enterprise Linux 5 系统中的 Apache 服务在配置文件/etc/heepd/conf/httpd.conf 中的主要默认配置信息，如表 8-10 所示。

表 8-10　Apache 主要默认配置信息

配 置 信 息	指令关键字	默认参数
服务器的根目录	ServerRoot	/etc/httpd
管理员邮箱地址	ServerAdmin	Root@localhost
根文档目录	DocumentRoot	/var/www/html
站点主页检索名	DirectoryIndex	index, html index, html. var
访问日志文件		/ var/log/httpd/access_log
错误日志文件		/ var/log/httpd/ error_log
HTTP 端口号	Listen	80
模块存放路径	/ usr/lib/httpd/modules	
个人 Web 站点	/home/ * /public_html	

（2）基本配置

1）Web 站点主目录。

在配置文件 /etc/httpd/conf/httpd. conf 中，检索指令关键字 DocumentRoot，可以看到信息：“ /DocumentRoot/var/www/html ”； Apache 配置文件默认的 Web 站点主目录在 /var/www/html 中，在该目录中建立 Web 站点，如访问该目录下的站点子目录 teach 下的网页 default.htm，则在浏览器中访问地址为（192.168.1.1 为 Web 站点服务器主机 IP 地址）http：//l92.168.1.l/teach/default.htm。

2）Web 站点主页检索列表设置。

站点主页就是访问站点默认的起始页，输入站点域名或 IP 地址即可，如访问“网易”站点，输入http://www.163.com 即可浏览，实际上访问的页面是 Web 服务器一般已经设置好的主页检索列表，存放在配置文件 httpd.conf 中。

（3）个人 Web 站点配置

个人 Web 站点配置的意图，是使拥有 Linux 访问的用户账号的每个用户都能够架设自己单独的 Web 站点，配置步骤如下。

1）配置文件。用 vi 编辑器修改主配置文件/etc/httpd/conf/httpd.conf，修改如下配置：

```
<IfModulemod_userdir.c>
UserDir disable   root    #基于安全考虑，禁止 root 用户使用自己的站点
UserDir   public_html     #去掉前面的“#”符号，设置对每个用户的 Web 站点目录
</IfModule>               #设置每个用户的 Web 站点目录的访问权限，将下面配置行前的“#”去掉
<Directory /home/*/public_html>
AllowOverrideFileInfoAuthConfigLimit
Options MultiViews Indexes SymLinksIfOwnerMatch IncludesNoExec
<Limit GET POST OPTIONS>
Order allow,deny
Allow from all
</Limit>
<LimitExcept GET POST OPTIONS>
Order deny,allow
Deny from all
</LimitExcept>
</Directory>
```

配置完成后存盘退出，重新启动 httpd。

2）创建个人 Web 站点。

下面以 userl 用户为例，创建个人 Web 站点要执行的步骤如下。

```
[root@localhost ~]# su - userl              #回到 userl 用户环境目录下
[userl@localhost~]$mkdir   public_html      #创建个人站点目录 public_html
[userl@localhost~]$cd ..
[userl@localhost~]$chmod   711   userl      #退到 userl 目录外，修改 userl 目录的权限
[userl@localhost~]$cd   ~/public_html       #进入个人 Web 站点
[userl@ localhost ~]$vi   index.html        #用 Vi 编辑器创建站点主页内容为"Userl’sWebSite."的
                                            #文件 index.html
```

使用客户端浏览器访问自己的主页，若主机 IP 地址为 192.168.1.100，用户名为 userl，访问以上所创建的 index.html 主页文件，则地址栏中输入的地址：

```
http://l92.168.1.100/~userl
```

8.2.3 FTP 服务

文件传输协议（File Transfer Protocol，FTP）用于 Internet 上的控制文件的双向传输。同时，它也是一个应用程序（Application）。基于不同的操作系统有不同的 FTP 应用程序，而所有这些应用程序都遵守同一种协议以传输文件。在 FTP 的使用当中，用户经常遇到两个概念：“下载”（Download）和“上传”（Upload）。“下载”文件就是从远程主机复制文件至自

己的计算机上；“上传”文件就是将文件从自己的计算机中复制文件至远程主机上。用Internet语言来说，用户可通过客户机程序向（从）远程主机上传（下载）文件。

通过网络来传输文件不但可以实现文件的下载上传，而且可以设置不同的用户访问权限，并支持大文件的断点续传功能。

1. FTP简介

（1）FTP服务特点

- 安全、高速、稳定。
- 可设定多个基于IP的虚拟FTP server。
- 匿名FTP服务非常容易。
- 匿名FTP的根目录不需要任何特殊的目录结构、系统程序或其他系统文件。
- 不执行任何外部程序，从而减少了安全隐患。
- 支持虚拟用户。
- 支持带宽限制。

（2）FTP服务器的传输模式

- 主动模式：由服务器主动连接客户机建立数据链路。
- 被动模式：FTP服务器等待客户机建立数据链路。

（3）FTP服务器使用的端口

- 21端口：用于与客户机建立命令链路。
- 20端口：在主动模式下服务器使用该端口向客户机建立数据链路。

（4）FTP服务器和客户端环境

FTP也是一个客户/服务器系统，Linux中常用的客户/服务器软件如下。

- FTP服务器：vsftpd、proftpd、wu-ftpd。
- FTP客户端：ftp/ncftp/lftp命令行工具、gftp、浏览器firefox。

（5）FTP用户

- 本地用户：用户在FTP服务器上拥有账号，且该账号为本地用户的账号；可以通过输入自己的账号和口令进行授权登录；登录目录为自己的home目录（$HOME）。
- 虚拟用户：用户在FTP服务器上拥有账号，但该账号只能用于文件传输服务；登录目录为某一指定的目录；通常可以上传和下载。
- 匿名用户：用户在FTP服务器上没有账号，登录目录为/var/ftp。

2. FTP服务器的配置

（1）vsfpd服务的安装与启动

1）检查vsftpd服务的安装情况，命令格式：

```
[root@localhost~]# rpm - qa | grem vsftqd
```

如果系统没有安装，可以在网上下载vsftpd的tar包或rpm包，也可以把Red Hat Enterprise Linux 5安装光盘的第三张光盘放入光驱，找到vsftpd的rpm包，然后执行如下命令。

```
[root@localhost~]# rpm    -ivh    vsfpd-2.0.5-8.i386.rpm
```

2）vs 启动、停止、重新启动，命令格式：

```
[root@localhost~]# service   vsdtqd   start        #启动
[root@localhost~]# service   vsdtqd   stop         #停止
[root@localhost~]# service   vsdtqd   restart      #重启
```

（2）ftpd 服务的默认配置信息

配置文件 Red Hat enterprise linux5 中的 vsftpd 服务的默认配置文件有以下 3 个。

- /etc/ vsftpd/ vsftpd.conf 是主要配置文件。
- /etc/ vsftpd/ ftpusers 指定了哪些本地用户不能访问 FTP 服务。
- /etc/ vsftpd/ user_list 是主配置文件中设定的允许访问 FTP 服务的本地用户。

注意：当在/etc/ vsftpd/vsftpd.conf 中设置了 userlist_enable=YES 且 userlist_deny=YES 时， vsftpd. user_list 中指定的用户不能访问 FTP 服务器;当在/etc/ vsftpd/vsftpd.conf 中设置了 userlist_enable =YES 且 userlist_deny=NO 时，仅仅允许 vsftpd.user_list 中指定的用户访问 FTP 服务器。

（3）测试 vsftpd 服务默认配置

- 匿名用户访问：允许匿名访问默认路径/var/ftp/pub，该目录为空，使用命令如下。

```
ftp   [IP]                        #IP 是 vsftpd 服务器地址
```

注意：一般情况下，匿名用户不能离开匿名服务目录/var/ftp，且只能下载不能上传文件。

- 本地用户访问：若 FTP 服务器系统中已建立了本地用户 student，则 vsftpd 服务不需要配置即可使用本地账号 student 进行登录，登录的 FTP 服务目录地址为该用户账号默认路径/home/student，同样使用命令访问服务器。

```
ftp   [IP]                        #IP 是 vsftpd 服务器地址
```

注意：一本地用户可以离开自己的目录/home/…切换到其他有权访问的目录，且在权力允许范围内上传或下载文件。使用 root 不能登录 vsftpd 服务器，root 用户被写在了/etc/vsftpd.ftpusers 文件中，写在文件/etc/vsftpd.ftpusers 中的本地用户禁止登录。

（4）修改 vsftpd 服务默认配置

可以通过修改/etc/vsftpd/vsftpd.conf 主要配置文件的参数信息修改匿名用户及本地用户的权限，从而灵活地管理 FTP 服务。

3. FTP 服务的客户端访问

FTP 采用的“客户/服务器”方式中，FTP 服务器端程序启动生效后，客户端程序访问服务器端不受操作系统限制，可以采用以下 3 种形式访问：FTP 客户端命令方式、万维网浏览访问以及客户端专用软件方式访问。

（1）FTP 客户端命令访问

FTP 客户端命令方式访问首先要登录服务器，登录 FTP 服务所使用的命令如下。

```
ftp    [主机名或主机 IP]    [端口号]
```

如果 FTP 服务器端口号是默认的 21，以上连接可省略输入端口号。

常用 FTP 命令在前面的测试登录中，已经举例进行 FTP 命令操作了，表 8-11 列出了 FTP 客户端常用命令。

表 8-11　FTP 客户端常用命令

FTP 命令	命 令 含 义	举例	举 例 说 明
ls	列出远程机的当前目录	ls -l	列出详细目录清单
cd	在远程机上改变工作目录	cd ..	退出当前目录
lcd	在本地机上改变工作目录	lcd dl	改变本地机工作目录到 d1 中
get	从远程机传送指定单个文件到本地机	get f1	下载 f1 到本地工作目录中
mget	从远程机传送多个文件到本地机	mget *	下载所有文件到本地
put	从本地机传送指定单个文件到远程机	put f2	把本地 f2 上传到远程机上
mput	从本地机传送多个文件到远程机	mput *.c	上传所有 c 文件到远程机
quit	断开与远程机的连接并退出	quit	退出 ftp 命令环境
!command	ftp 在本地机上执行的命令	! dir	本地 DOS 环境下执行列目录
?	显示帮助信息	?	显示帮助信息

（2）浏览器访问

在客户端浏览器中常使用的是 HTTP 进行网页浏览，也可以用它进行 FTP 文件传输，FTP 地址格式：

```
ftp://登录用户名:密码@FTP 服务器域名或 IP:端口号
```

上述如果是匿名，并且端口号是默认的 21，则可以简写，如：ftp://192.168.150。

如果不是匿名，则可以在地址栏中输入登录账号和密码，以及 FTP 服务的端口号进行访问，如：ftp://student:123456@192.168.1.100:2121。

（3）用 FTP 客户端软件访问

在客户端浏览器中进行 FTP 操作属于图形界面，简单方便，但不支持断点续传进行文件传输，还要使用专用的 FTP 客户端软件。CUTEFTP 是一个简单易用的 FTP 管理器，功能特点如下。

- 下载文件支持续传。
- 可下载或上传整个目录。
- 不会因闲置过久而被服务器踢出。
- 可以上传下载队列。
- 上传时支持断点续传。
- 整个目录覆盖和删除等。

8.2.4　Samba 服务

如何让 Linux 和 Windows 操作系统间实现文件共享呢？方法就是使用 Samba 服务。Linux 使用一个称为 Samba 的程序集来实现 SMB 协议。通过 Samba 可以把 Linux 系统变成一台 SMB 服务器，使 Windows95 以上的 Windows 用户能够使用 Linux 的共享文件和打印机，同样的 Linux 用户也可以通过 SMB 客户端使用 Windows 上的共享文件和打印机资源。

1. Samba 简介

（1）SMB 协议

SMB（Server Message Block）通信协议可以看作是局域网上共享文件和打印机的一种协议。它是微软（Microsoft）和英特尔（Intel）在 1987 年制定的协议，主要是作为 Microsoft 网络的通信协议，而 Samba 则是将 SMB 协议搬到 UNIX 上来应用。通过“NetBIOS over TCP/IP”使得 Samba 不但能与局域网络主机分享资源，更能与全世界的计算机分享资源。因为互联网上千千万万的主机所使用的通信协议就是 TCP/IP。SMB 是在会话层（Session Layer）和表示层（Presentation Layer）以及小部分应用层（Application Layer）的协议。SMB 使用了 NetBIOS 的应用程序接口（Application Program Interface，API）。另外，它是一个开放性的协议，允许协议扩展。

（2）Samba 基础知识

Samba 软件包是用来实现 SMB 协议的一种软件，由澳大利亚的 Andew Tridgell 开发，是一套让 UNIX 系统能够应用 Microsoft 网络通信协议的软件。它使执行 Linux 系统的计算机能与执行 Windows 系统的计算机共享资源。Samba 属于 GPL 的软件，因此可以合法且免费使用它。

Samba 的运行包含两个后台守护进程：nmbd 和 smbd，它们是 Samba 的核心。

- nmbd 提供 NetBIOS 名字服务的守护进程，可以帮助客户定位服务器和域，如同 Windows NT 上的 WINS 服务器。
- smbd 是 Samba 的 SMB 服务器，它使用 SMB 协议与客户连接，完成事实上的用户认证、权限管理和文件共享认证，该软件包的资源与 Linux 进行协商。

（3）Samba 的功能

通过使用 Samba，Linux 可以实现如下功能。

- 提供 Windows NT 风格的文件和打印机共享。当 Windows NT、Windows 7、Windows 8 等共享 Linux 操作系统的资源时，外表看起来和 Windows 的资源没有区别。
- 解析 NetBIOS 名字。在 Windows 网络中，为了能够利用网上资源，同时自己的资源也能被别人所利用；各个主机都定期向网上广播自己的身份信息。而负责收集这些信息并为别的主机提供检索情报的服务器称为浏览服务器，Samba 可以有效完成这项功能。在跨越网关时，Samba 还可以作为 WINS 服务器使用。
- 提供 SMB 客户功能。利用 Samba 提供的 smbclient 程序访问 UNIX，就像使用 FTP 访问 Windows 的资源一样。
- 备份 PC 上的资源。利用一个叫 smbtar 的 Shell 脚本，可以使用 tar 格式备份和恢复一台远程 Windows 上的共享文件。
- 提供一个命令行工具，在其上可以有限制地支持 NT 的某些管理功能。
- 支持 SWAT（Samba Web Administration Tool）。
- 支持 SSL（Secure Socket Layer）。

1. 安装 Samba 服务器

Red Hat Enterprise linux 5 中提供了 Samba 服务器的 RPM 包，有以下几个。

- Samba: Samba 服务器软件。
- Redhat-config-Samba: Samba 服务的 GU1 配置工具。
- Samba-common: Samba 服务器及客户均需要的文件。
- Samba-client: Samba 客户端软件。

首先检查 Samba 服务的安装情况，可以执行下面命令查看系统安装包情况：

```
[root@localhost ~ ]# rpm   - qa|grep   samba
```

如果系统没有安装，可以在网上下载 Samba 的 TAR 包或 RPM 包，也可以把 RedHat Enterprise linux 5 安装光盘的第一张光盘放入光驱，找到 Samba 的 RPM 包，然后执行如下命令：

```
[root@localhost ~ ] # rpm   -ivh   samba-3.0-2.i386.rpm
```

2. 启动 Samha 服务

使用以下命令进行 Samha 服务器的操作，它的服务操作是查看状态、启动、停止与重新启动，其中服务名为 smb，其命令格式：

```
[root@localhost ~] # service   smb   status
[root@localhost ~] # service   smb   start
[root@localhost ~] # service   smb   stop
[root@localhost ~] # service   smb   restart
```

3. Samha 服务的配置

（1）配置信息

配置文件：/etc/samba/smb.conf，它由以下两部分构成。

- Global Settings：该设置都是与 Samba 服务整体运行环境有关的选项，它的设置项目是针对所有共享资源的。
- Share Definitions：该设置针对的是共享目录个别的设置，只对当前的共享资源起作用。

默认配置信息可以使用如下命令查看 Samba 服务的默认配置信息（配置文件中的以“#”和“;”开头的注释语句行被忽略掉了）。

```
[root@localhost ~] # grep   – v   “#”    /etc/samba/smb.conf | grep   -v   “;”
```

（2）设置 Samba 访问密码

Samba 资源共享后，访问需要口令权限的认证，而口令保存在一个 Samba 口令文件，该文件由 smb passwd file 参数指定，默认为/etc/Samba/smbpasswd 文件，初始情况下该文件不存在，在执行添加 Samba 访问账户后，自动生成该文件，添加 Samba 访问的账户必须是本地系统已经存在的账户，添加 Samba 访问的账户命令如下。

```
[root@localhost ~] # smbpasswd   -a   student
New SMB password:
```

```
Retype new SMB password:
Added user student
…
```

其中，选项-a 是添加新用户，student 是用户名，去掉参数 a 则是修改账户口令，也可以成批添加 Samba 访问账户，这里就不做介绍了。

（3）在 Windows 的“网上邻居”中访问 Samba 共享

在 Linux 主机启动 Samba 服务并添加访问账户后，可以在 Windows 操作系统中的“网络”进行访问，以下是 Samba 服务默认配置下，在 Windows XP（该配置也可在 Windows 7 及以上版本的系统下实现，读者可自行查阅相关资料）进行的访问步骤。

方法 1：在 Windows XP 下，打开“网上邻居”→“整个网络”→ Microsoft Windows Network，就会出现两个工作组，其中 Mygroup 为 Linux 中 Samba 服务默认配置中的工作组名称，Workgroup 为 Windows XP 下默认的工作组名称，打开 Mygroup 组，出现 Samba 服务的 Linux 系统，双击图标，则弹出需要输入用户名和密码的窗口，正确输入后进入 Samba 提供的资源，如图 8-13 所示。

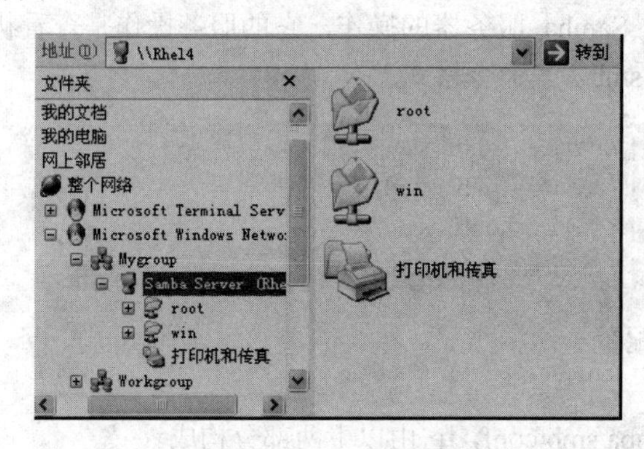

图 8-13　显示 SMB 服务器窗体

方法 2：选择菜单“开始→运行”，在打开的“运行”窗口中输入“\\服务器名”或“\\服务器 IP 地址”，然后单击“确定”按钮即可。如图 8-14 所示是利用主机名访问 Samba 服务器。

图 8-14　显示 SMB 服务器窗体

通过上述讲解初步掌握了 Samba 服务配置知识，通过下面案例配置进一步了解 Samba 服务配置方法。

1）首先查看是否安装了 Samba 服务，如图 8-15 所示。第一个文件为通用文件、第二个文件为客户端安装文件、第三个文件为 Samba 的 WEB 界面、第四个文件为图形配置界面工具。

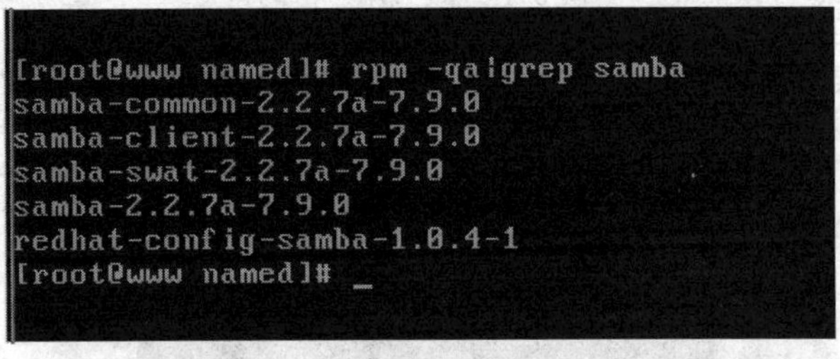

[root@www named]# rpm -qa|grep samba
samba-common-2.2.7a-7.9.0
samba-client-2.2.7a-7.9.0
samba-swat-2.2.7a-7.9.0
samba-2.2.7a-7.9.0
redhat-config-samba-1.0.4-1
[root@www named]# _

图 8-15　查看是否安装 SMB 服务

2）配置 Samba 主配置文件（/etc/samba/smb.conf），如图 8-16 所示。

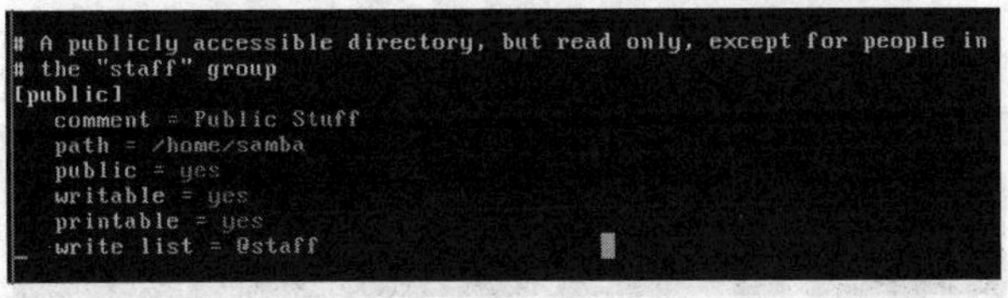

A publicly accessible directory, but read only, except for people in
the "staff" group
[public]
comment = Public Stuff
path = /home/samba
public = yes
writable = yes
printable = yes
write list = @staff

图 8-16　配置 SMB 服务

3）定义 Samba 安全级别为 share（Samba 服务中的安全级别从低到高分四级：share，user，server，domain），如图 8-17 所示。

# Security mode. Most people will want user level security. See
# security_level.txt for details.
security = share

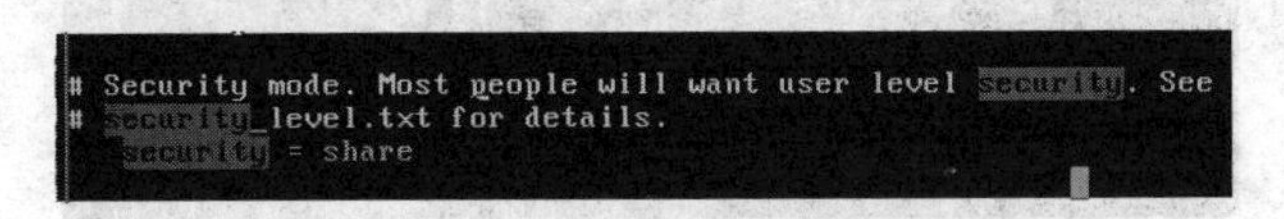

图 8-17　配置 Samba 服务安全级别

4）实验效果如图 8-18 所示。

\\192.168.2.1
文件(F) 编辑(E) 查看(V) 收藏(A) 工具(T) 帮助(H)
后退
搜索
文件夹
地址(D)
\\192.168.2.1
转到
网络任务
添加一个网上邻居
查看网络连接
设置家庭或小型办公网络
为家庭或小型办公室设置无线网络
查看工作组计算机
public

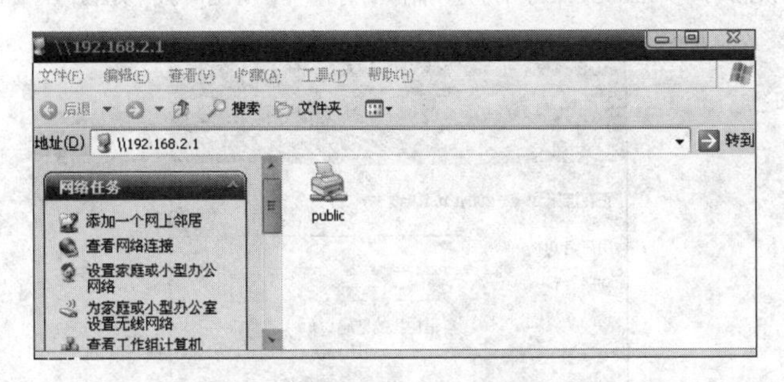

图 8-18　显示配置 Samba 服务效果

5）创建 Samba 用户 xinhua，密码为了 123，如图 8-19 所示。

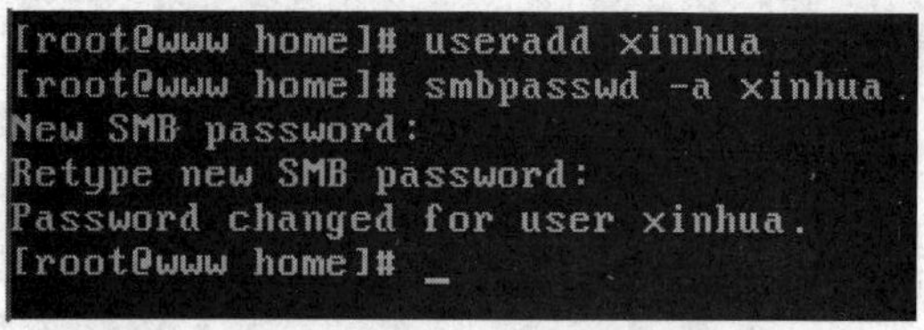

[root@www home]# useradd xinhua
[root@www home]# smbpasswd -a xinhua
New SMB password:
Retype new SMB password:
Password changed for user xinhua.
[root@www home]# _

图 8-19　设置用户密码

6）设置 Samba 共享目录，如图 8-20 所示，并定义安全级别为 user，如图 8-21 所示。

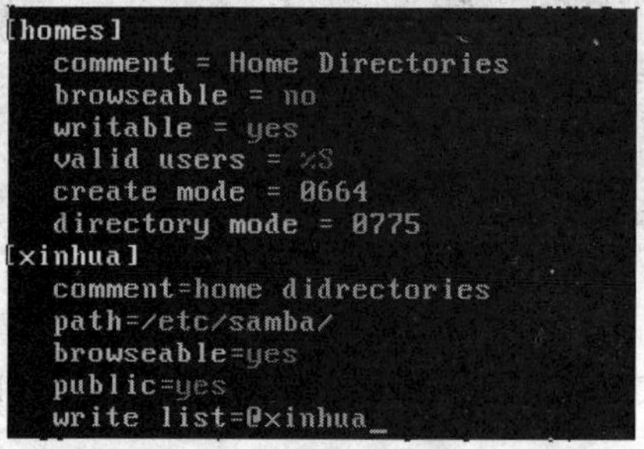

[homes]
comment = Home Directories
browseable = no
writable = yes
valid users = %S
create mode = 0664
directory mode = 0775
[xinhua]
comment=home didrectories
path=/etc/samba/
browseable=yes
public=yes
write list=@xinhua_

图 8-20　Samba 设置共享目录

# Security mode. Most people will want user level security. See
# security_level.txt for details.
security = user

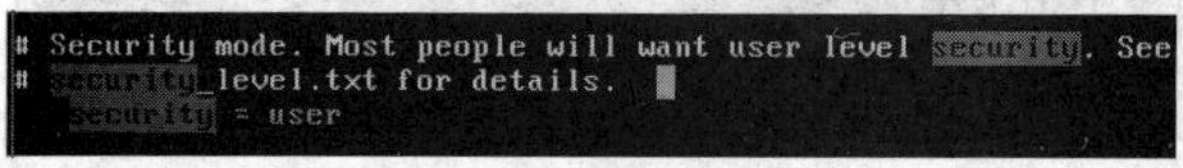

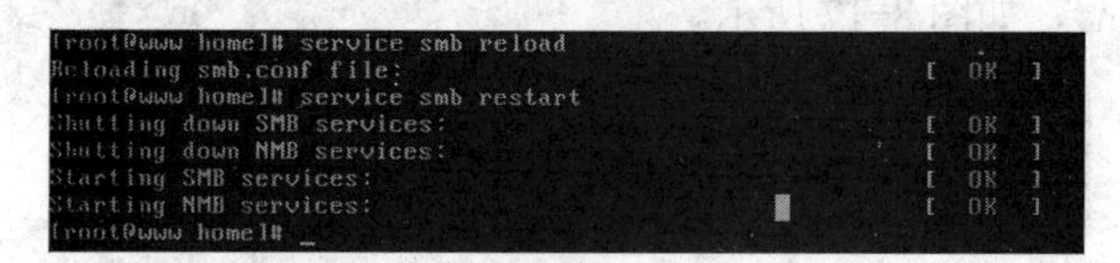

图 8-21　Samba 安全级别

7）重新加载并启动 Samba 服务，如图 8-22 所示。

[root@www home]# service smb reload
Reloading smb.conf file: [OK]
[root@www home]# service smb restart
Shutting down SMB services: [OK]
Shutting down NMB services: [OK]
Starting SMB services: [OK]
Starting NMB services: [OK]
[root@www home]# _

图 8-22　启动 Samba 安全

8）最后再进行测试，如图 8-23 所示，输入用户名和密码，如图 8-24 所示。

连接到 PC-200401041948
正在连接到 Pc-200401041948
用户名(U):
密码(P):
记住我的密码(R)
确定
取消

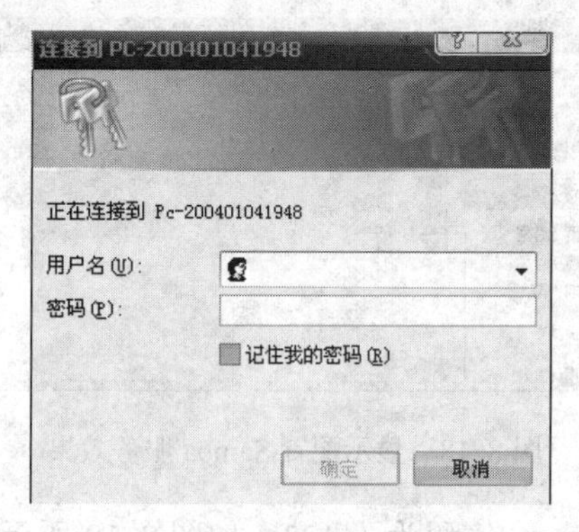

图 8-23　测试 Samba 安装

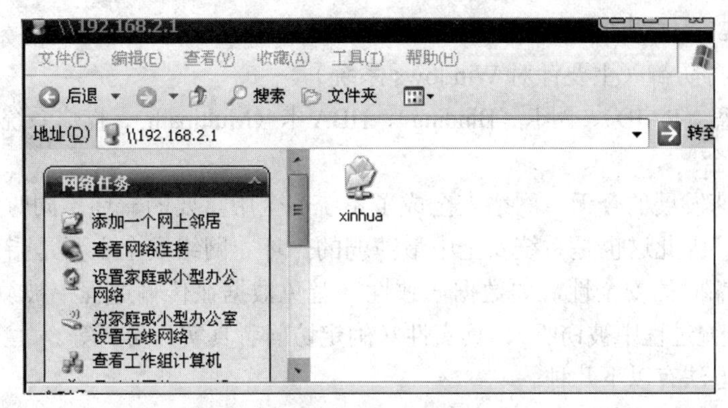

图8-24　访问Samba服务

8.3　Linux 的安全管理

在企业应用系统领域，系统安全有着举足轻重的作用。因系统安全措施不足而遭受黑客入侵或病毒攻击的应用系统将无法发挥其强大的功能及优越的性能，甚至还有可能被恶意攻击者利用去攻击其他系统，成为企业信息系统内部网络的重大隐患。Linux 操作系统得益于开源的理念比一般的操作系统安全性更高，让漏洞无处藏，一旦出现，所有地区和国家都即刻对此病毒（也就是系统漏洞）实施防御措施（如打补丁），控制其蔓延，因而这种病毒（即漏洞）在大范围爆发之前很快就被控制并消灭了。

Linux 系统的安全性已经得到了国际高标准的行业认可，如 Red Hat Enterprise Linux 5 已经通过了国际最高的商业系统安全认证 EAL4+，并完全符合当中最关键的 CAPP、RBACPP 和 LSPP 这三大安全标准。但这些都只意味着 Linux 操作系统在安全功能上达到了行业的要求，企业若要建立真正安全的系统环境，则还需要系统管理员技术及操作人员安全意识的同步提高，以及完善的系统安全管理规章制度。

8.3.1　计算机网络安全的基础知识

系统安全一般分为操作系统安全、网络安全、人员及设备安全 3 方面，对于每个企业来说，都应该制定适合自身的系统安全管理规范。以下简单介绍这 3 方面，并给出主要的安全预防建议和方法。

1. 操作系统安全

操作系统安全主要是指操作系统内部，如操作系统本身及运行在操作系统之上的应用软件的安全性，相关的主要方面有操作系统账号安全、文件系统权限安全、应用软件自身安全等。以上是操作系统安全的最基本方面。在更广意义的操作系统安全定义中，则还包括了系统容灾、数据完整性等。容灾是系统可用性的保障措施，当主运行系统或其组件发生故障或者由于外部因素导致系统崩溃时，容灾措施可以及时进行服务接管，保障系统的可用性。

主要预防方法有以下几种。

- 对系统账号实行安全管理。
- 严格管理文件系统中对应用户的操作权限。
- 避免安装非官方发布或得不到服务保障支持的软件。

- 使用 SELinux 机制实现高级安全策略。
- 系统病毒防御（主要针对 Windows 系统）。
- 实现硬盘（RAID）、网卡（Binding）、HBA 卡（Multipath）、操作系统集群等容灾机制。

2. 网络安全

在网络快速发展的今天，网络安全成了系统安全中重要的一环。同时由于网络是暴露在外的系统接口，因此这也是系统安全中最薄弱的一环。网络安全主要是指信息在局域网及互联网中进行传输时的安全性，如数据一致性（避免数据在传输过程中被篡改）、数据保密性（避免数据在传输过程中被窃听）、真实性（确定访问者真实身份）等。

主要预防方法有以下几种。

- 系统日志安全管理。
- 防火墙。
- 通信时的信息校验。
- 数据加密传输。
- 系统内核网络参数调整（降低 DDoS 等攻击造成的危害）。
- 身份管理（包括身份验证、权限管理、数字签名等）。

3. 人员及设备安全管理

操作系统安全和网络安全的定义都是从技术角度给出的，这里还给出了一些主要的预防方法。但在实际工作中，这些技术方案在实行时都需要人的操作。如果管理人员或系统使用者没有足够的安全防范意识，那么所有的技术都将会形同虚设，因此企业应该定期对使用各类系统的员工进行有针对性的安全培训。

另外，设备自身的安全也相当重要，一旦设备本身遭到破坏，那么技术上也是无法进行补救的。主要预防方法有以下几种。

- 针对当前应用进行安全培训，避免重要资料人为外泄。
- 为重要设备组件设计容灾方案。
- 规范作业人员的操作流程。
- 制定严格的安全问责制度。

4. 综合管理规范

综合以上描述，一个成熟的企业 IT 系统安全体系应该有良好的技术设计基础，同时应制定严格的安全管理规范，并对系统使用人员及管理人员进行定期的安全培训，才能使企业的综合安全管理水平不断得到提高。

值得注意的是，在所有与安全相关的内容中，对人的管理是最重要的，技术只是一种辅助手段。企业还应该编制安全管理应急处理手册，列出已知的安全隐患和对应的处理方案。该处理手册应该随企业 IT 环境的发展不断更新，同时明确紧急情况出现时各问题的决策人员，以便第一时间由指定人员裁定要通过什么方法处理此问题。必要时还应该通过制定一系列与法律相关的条款，以对企业所有相关人员实现安全方面的约束。

8.3.2 Linux 的日志安全管理

日志对于安全管理来说非常重要，它记录了系统每天发生的各种各样的事情，可以通过它来检查错误发生的原因，或者受到攻击时攻击者留下的痕迹。日志的主要功能是审计和监测，它还可以实时地监测系统状态，监测和追踪侵入者等。

1. 日志文件的类型

在 Linux 系统中，日志文件是包含了系统消息的文件，包括内核、服务、系统上运行的应用程序等。不同的日志文件记载不同的信息。例如，有的是默认的系统日志、有的用于安全消息、有的记载 cron 任务等，某些日志被 syslogd 的守护进程控制。被 syslogd 维护的日志消息列表可以在/etc/ syslog.conf 配置文件中找到。

许多系统以一天或者一周为单位把日志文件进行循环使用，日志一般默认保留 4 周，所有的日志文件后面带有数字，因此日志文件不会变得太大。日志文件是由一个能自动根据/etc/ logrotate.conf 配置文件和/etc/ logrotate.d 目录中的配置文件来循环日志文件的 cron 任务设定的。

Linux 系统中的日志有以下 3 个主要类型。

- 连接时间日志：由多个程序执行，把记录写入/var/log/wtmp 和/var/run/utmp，login 等程序更新 wtmp 和 utmp 文件，使系统管理员能够跟踪谁在何时登录到系统。
- 进程统计日志：由系统内核执行。当一个进程终止时，为每个进程在进程统计文件（pacct 或 acct）中写记录。进程统计的目的是为系统中的基本服务提供命令使用统计。
- 错误日志：由 syslogd 程序执行。各种系统守护进程、用户程序和内核通过 syslog 向文件/var/log/ messages 报告值得注意的事件。另外有许多 UNIX 程序创建日志，像 HTTP 和 FTP 这样提供网络服务的服务器也保持详细的日志。

2. 浏览日志文件

多数的日志文件是纯文本文件格式，可以使用 cat、more 及 Vi 浏览它们，有些日志文件可以被系统上的所有用户查看，不过出于安全上的考虑，系统管理员可以设定权限来限制阅读。作为系统管理员，浏览日志主要有以下几种方式。

- 在控制台的 X 窗口界面下浏览，在本地控制台上进入 X 窗口的图形界面下，选择面板上的“系统”→“管理”→“系统日志”命令，则出现浏览日志。
- 在远程客户机浏览器使用 Webmin 浏览，利用 Webmin 可以在远程客户机上用浏览器浏览主机日志，用户登录 Webmin 后，在“系统”模块中单击“系统日志”则可以进行主机上的系统日志浏览，包括日志文件的设定、编辑及查看等功能。
- 在终端使用字符命令方式浏览，用纯文本的工具浏览日志文件其实是纯文本的文件，每一行就是一个消息。只要是在 Linux 下能够处理纯文本的工具都能用来查看日志文件。日志文件总是很大的，因为从第一次启动 Linux 开始，消息就都累积在日志文件中。看日志文件的一个比较好的方法是用像 more 或 less 那样的分页显示程序，或者用 grep 查找特定的消息先用 more 显示“/var/log/messages”日志，命令操作如下：

```
[root@wdg-Linux-5~]# more  /var/log/message
…
```

可以看到从日志文件中取出来的一些消息。每一行表示一个消息，而且依次都由 4 个域的固定格式组成，如表 8-12 所示。

表 8-12　日志文件域名

文件域名	说明
时间标签（Timestamp）	表示消息发出的日期和时间
主机名（Hostname）	表示生成消息的计算机的名字。如果只有一台计算机，主机名就可能没有必要了。但是，如果在网络环境中使用 Syslog，那么就可能要把不同主机的消息发送到一台服务器上集中处理。在例子中主机名为 student
生成消息的子系统的名字	可以是“Kernel”，表示消息来自内核，或者是进程的名字，表示发出消息的程序的名字。在方括号里的是进程的 PID
消息（Message）	消息的内容

3. 使用日志命令浏览

Linux/UNIX 系统中提供了丰富的日志命令，它主要分为以下几种类型。

（1）用户登录信息的统计

wtmp 和 utmp 文件都是二进制文件，它们不能被诸如 tail 命令剪贴、合并或使用 cat 命令浏览，而需要利用 who、w、users、last、lastlog 和 ac 来使用这两个文件包含的信息。这几个命令的含义及用法这里就不作介绍了。

（2）进程统计

Linux/UNIX 可以跟踪每个用户运行的每条命令，如果用户想知道昨晚操作了哪些重要的文件，进程统计子系统可以告诉。它还对跟踪一个侵入者有帮助。与连接时间日志不同，进程统计子系统默认不激活，它必须启动。在 Linux 系统中启动进程统计使用 accton 命令，必须用 root 身份来运行。accton 命令的格式：

```
accton    <file>
```

其中 file 必须先存在。先使用 touch 命令来创建 psfile 文件，例如：

```
[root@localhost ~] # touch    /var/log/psfile        #创建进程统计的空文件
[root@localhost ~] # accton   /var/log/psfile        #激活该文件为进程统计日志
```

一旦 accton 被激活，就可以使用 lastcomm 命令监测系统中任何时候执行的命令，若要关闭统计，可以使用不带任何参数的 accton 命令。

8.3.3　Linux 的安全防护设置

众所周知，网络安全是一个非常重要的课题，而服务器是网络安全中最关键的环节。Linux 被认为是一个比较安全的 lnternet 服务器，作为一种开放源代码操作系统，一旦 Linux 系统中发现有安全漏洞，Internet 上来自世界各地的志愿者会踊跃修补它。然而，系统管理员往往不能及时得到信息并进行更正，这就给黑客以可乘之机。相对于这些系统本身的安全漏洞，更多的安全问题是由不当的配置造成的，可以通过适当的配置来防止。服务器上运行的服务越多，不当配置出现的机会也就越多，出现安全问题的可能性就越大。对此，本节将介绍一些增强 Linux/UNIX 服务器系统安全性的知识。

1. BIOS 的安全设置

一定要给 BIOS 设置密码，以防通过在 BIOS 中改变启动顺序，而可以从软盘启动。这样可以阻止别人试图用特殊的启动盘启动用户的系统，还可以阻止别人进入 BIOS 改动其中的设置（比如允许通过软盘启动等）。

1）启动时按〈F2〉键进入虚拟机的 BIOS 设置中，如图 8-25 所示。

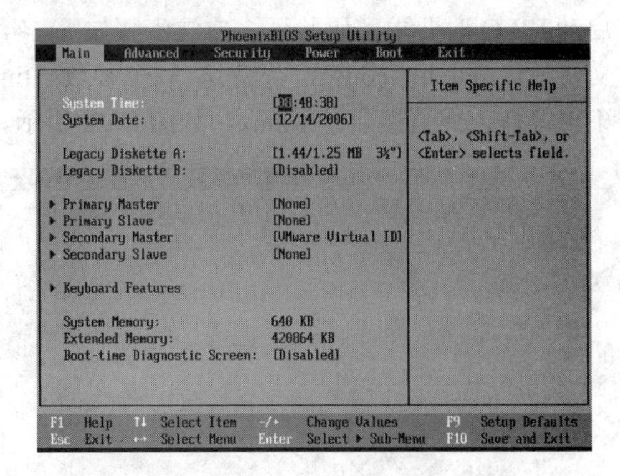

图 8-25　BIOS 设置窗体

2）选择 Security 项，设置 BIOS 的密码，如图 8-26 所示。

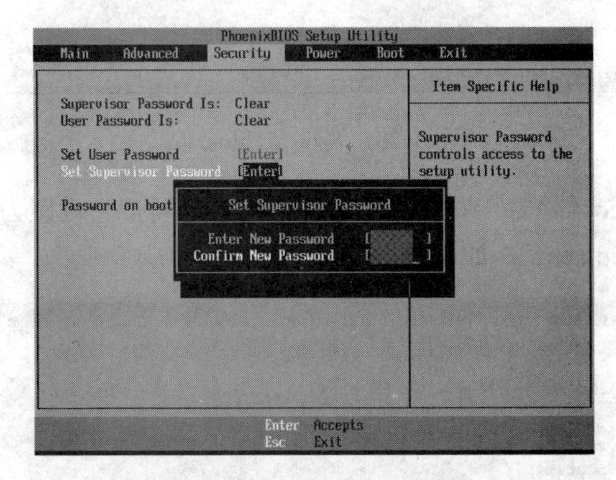

图 8-26　设置 BIOS 的密码

3）将虚拟机的启动顺序改变，保存退出即可，如图 8-27 所示。

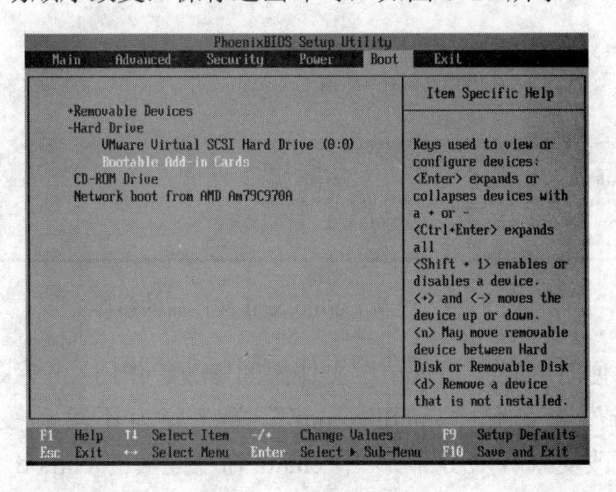

图 8-27　更改启动顺序

2. LILO 的安全设置

在“/etc/lilo.conf”文件中加入下面 3 个参数：time-out，restricted，password。这 3 个参数可以使用户的系统在启动 LILO 时要求密码验证，方法步骤如下。

1）编辑 lilo.conf 文件（vi /etc/lilo.conf），改变这 3 个参数：timeout=50 #把这行改为 00，这样系统启动时将不再等待，而直接启动 Linux，如图 8-28 所示。

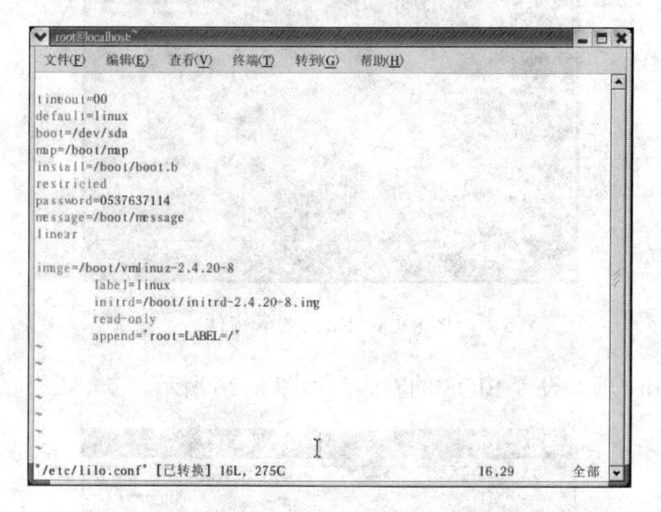

图 8-28 编辑/etc/lilo.conf

2）因为“/etc/lilo.conf”文件中包含明文密码，所以要把它设置为 root 权限读取。输入命令“chmod 600 /etc/lilo.conf”，如图 8-29 所示。

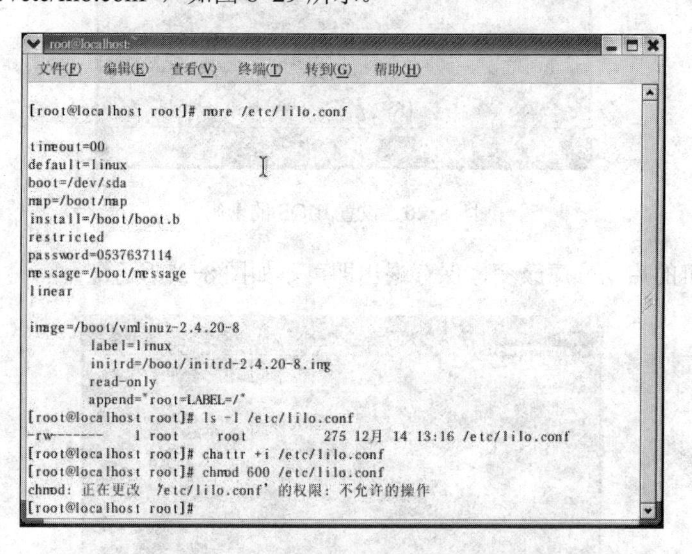

图 8-29 更新/etc/lilo.conf 文件后的窗体

3）更新系统，以便对“/etc/lilo.conf”文件做的修改起作用。

4）使用“chattr”命令使“/etc/lilo.conf”文件变为不可改变，这样可以防止对“/etc/lilo.conf”的任何改变，所以图 8-29 中 chattr 命令之后的 chmod 更改无效，chattr 命令如下。

```
[root@localhost root]# chattr   +i   /etc/lilo.conf
```

3. 让口令更加安全

口令可以说是系统的第一道防线，目前网上的大部分对系统的攻击都是从截获口令或者猜测口令开始的，所以用户应该选择更加安全的口令。

1）要杜绝不设口令的账号存在，这可以通过查看/etc/passwd 文件发现。例如，存在的用户名为 test 的账号，没有设置口令，则在/etc/passwd 文件中就有如下一行：

```
test::100:9::/home/test:/bin/bash
```

上面账号 test 信息的第二项为空，说明 test 这个账号没有设置口令，这是非常危险的，应将该类账号删除或者设置口令。

2）在旧版本的 Linux 中，在/etc/passwd 文件中包含加密的密码，这就给系统的安全性带来了很大的隐患。可以使用命令/usr/sbin/pwconv 或者/usr/sbin/grpconv 来建立/etc/shadow 或者/etc/gshadow 文件，这样在/etc/passwd 文件中不再包含加密的密码，而是放在/etc/shadow 文件中，而文件/etc/shadow 只有超级用户 root 可读。

3）修改一些系统账号的 Shell 变量，例如 uucp、ftp 和 news 等，还有一些仅仅需要 FTP 功能的账号，一定不要给它们设置/bin/bash 或者/bin/sh 等 Shell 变量。可以在/etc/passwd 中将它们的 Shell 变量置空，例如设为/bin/false 或者/dev/null 等，也可以使用 usermod -s /dev/null username 命令来更改 username 的 Shell 为/dev/null。这样使用这些账号将无法以 Telnet 方式远程登录到系统。

4）修改默认的密码长度：login.defs 文件是 login 程序的配置文件。通常安装 Linux 时默认的密码长度是 5 字节，需要把它设为 8。修改最短密码长度需要编辑 login.defs 文件，使用“vi/etc/login.defs”编辑器命令，把下面这行 PASS_MIN_LEN 5 改为 PASS_MIN_LEN 8 后显示结果，如图 8-30 所示。

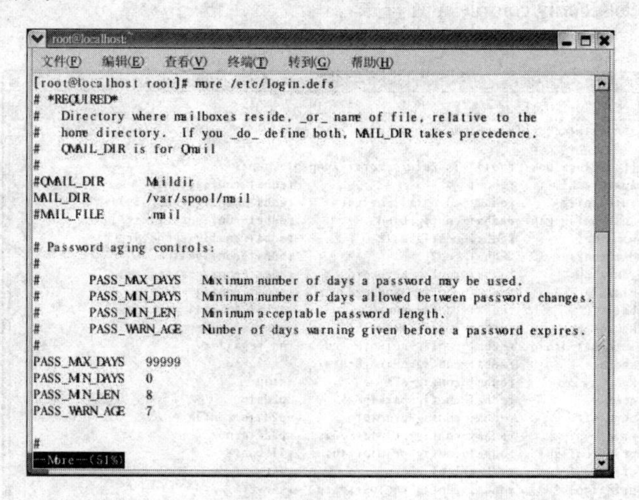

图 8-30　更改 login.defs 文件后的结果

4. 自动注销账号的登录

在 Linux 系统中，root 账户具有最高特权。如果系统管理员在离开系统之前忘记注销

root 账户，那将会带来很大的安全隐患，应该让系统会自动注销。通过修改账户中“tmout”参数，可以实现此功能。tmout 按秒计算。输入编辑 profile 文件命令“vi/etc/profile”，在“HISTFILESIZE=”后面加入“tmout=300”，如图 8-31 所示。

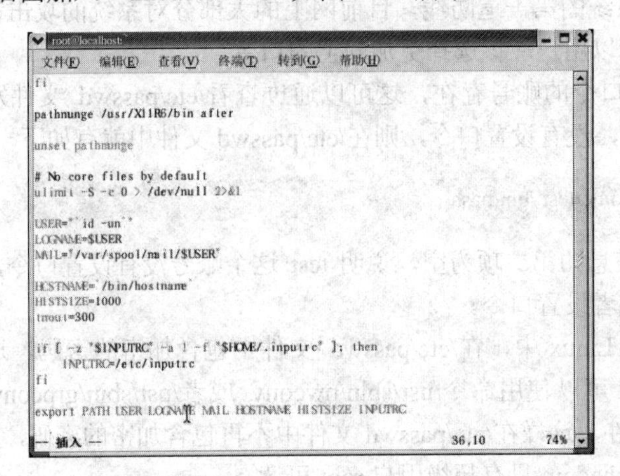

图 8-31　修改账户中“tmout”参数

上面插入行中的 300，表示 300 秒，也就是表示 5 分钟。这样，如果系统中登录的用户在 5 分钟内都没有动作，那么系统会自动注销这个账户。用户可以在个别用户的“.bashrc”文件中添加该值，以便系统对该用户实行特殊的自动注销时间。

改变设置后，必须先注销用户，再用该用户登录才能激活这个功能。

5. 取消普通用户的控制台访问权限

应该取消普通用户的控制台访问权限，比如 shutdown、reboot、halt 等命令，如图 8-32 所示。采用的命令格式如下。

```
# rm   -f   /etc/security/console.apps/程序名
```

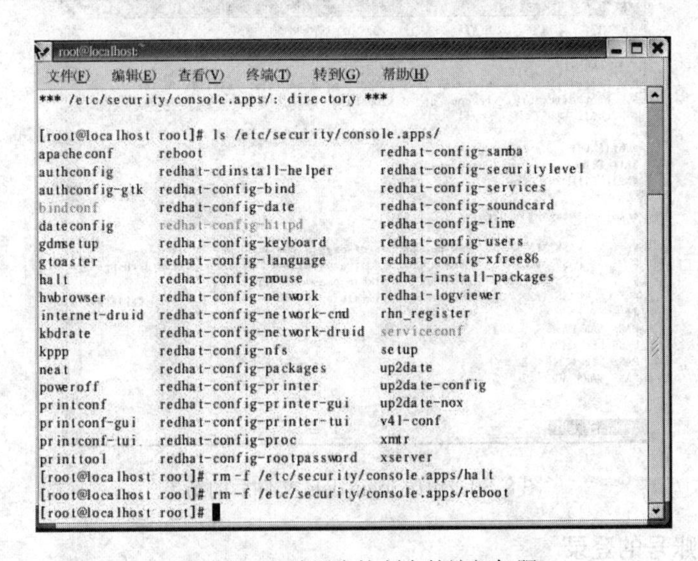

图 8-32　取消用户控制台的访问权限

6. TCP_WRAPPERS

利用 TCP_WRAPPERS 可以使用户的系统安全面对外部入侵。最好的策略就是阻止所有的主机（“/etc/hosts.deny”文件中加入“ALL: ALL@ALL,PARANOID”），然后在“/etc/hosts.allow”文件中加入所有允许访问的主机列表。

1）编辑 hosts.deny 文件（vi/etc/hosts.deny），加入下面这行，如图 8-33 所示。

```
# Deny access to everyone.
ALL: ALL@ALL, PARANOID
```

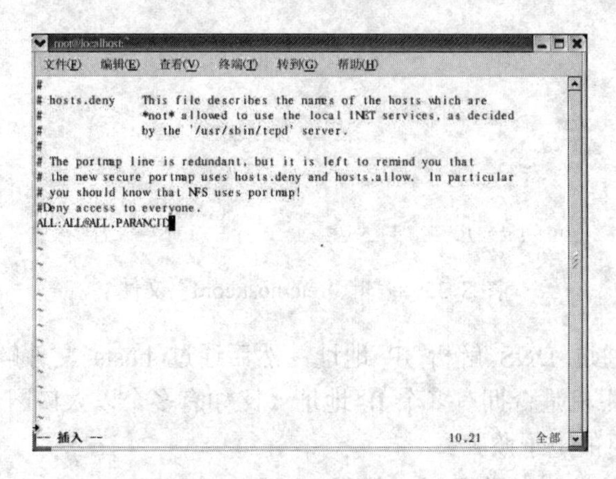

图 8-33　编辑 hosts.deny 文件

这表明除非该地址包在允许访问的主机列表中，否则阻塞所有的服务和地址。

2）如图 8-34 所示，编辑 hosts.allow 文件（vi/etc/hosts.allow），加入允许访问的主机列表，比如：

```
ftp:172.16.113.15 0537637114
```

172.16.113.15 和 0537637114 是允许访问 ftp 服务的 ip 地址和主机名称。

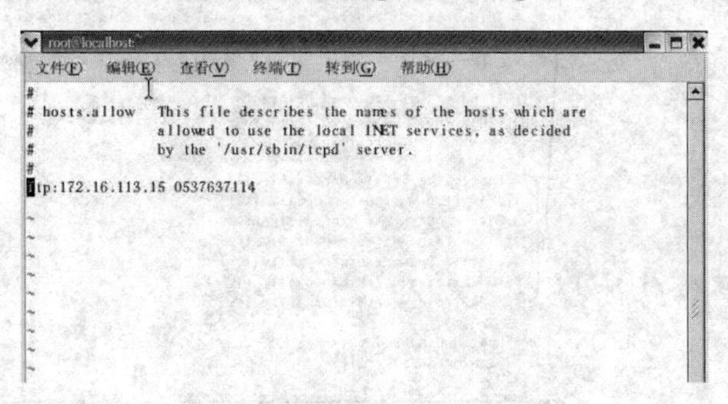

图 8-34　编辑 hosts. allow 文件

3）tcpdchk 程序是 tepd wrapper 设置检查程序。它用来检查用户的 tcp wrapper 设置，并报告发现的潜在的和真实的问题。设置完后，运行下面这个命令。

```
# tcpdchk
```

7. 修改“/etc/host.conf”文件，防止 IP 欺骗

“/etc/host.conf”说明了如何解析地址。编辑“/etc/host.conf”文件（vi /etc/host.conf），加入如图 8-35 所示命令。

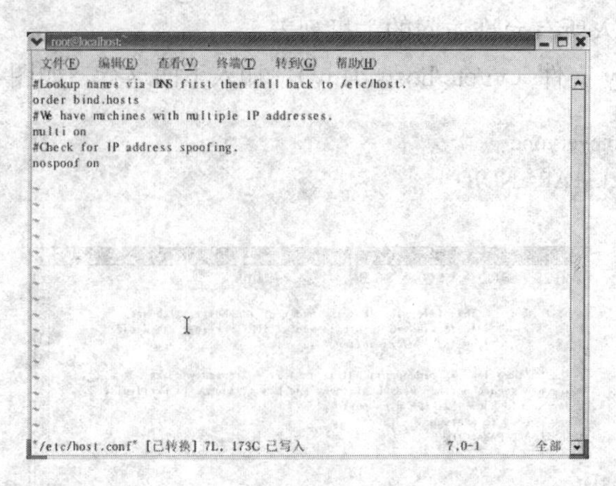

图 8-35 编辑“/etc/host.conf”文件

第一项设置首先通过 DNS 解析 IP 地址，然后通过 hosts 文件解析。第二项设置检测“/etc/hosts”文件中的主机是否拥有多个 IP 地址（比如有多个以太口网卡）。第三项设置说明要注意对本机未经许可的电子欺骗。

8. 不允许从不同的控制台进行 root 登录

“/etc/securetty”文件允许用户定义 root 用户可以从哪个 TTY 设备登录。用户可以编辑“/etc/securetty”文件，在不需要登录的 TTY 设备前添加“#”标志，来禁止从该 TTY 设备进行 root 登录。如图 8-36 所示，在/etc/securetty 文件中加入一段话。

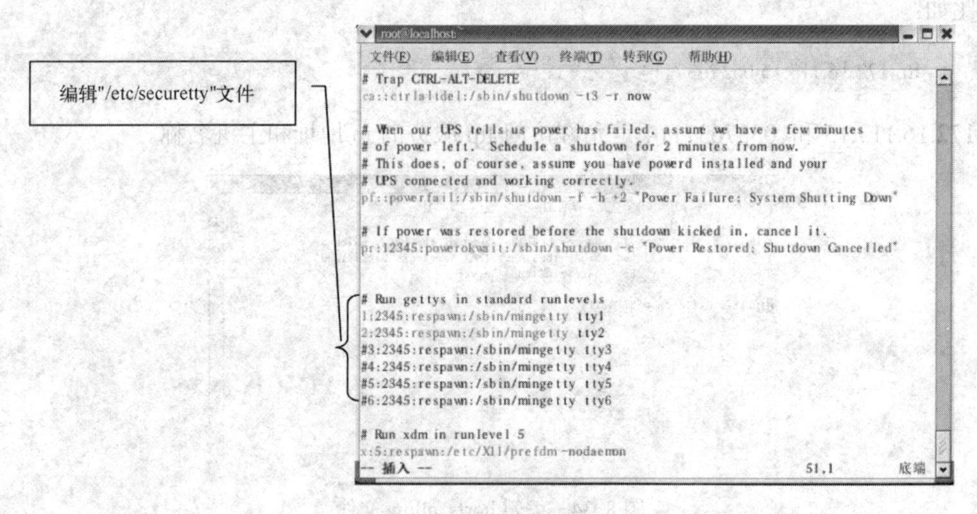

图 8-36 编辑“/etc/securetty”

系统默认的可以使用 6 个控制台，即〈Alt+F1〉，〈Alt+F2〉...，这里在 3，4，5，6 前面加上“#”，注释该句话，这样现在只有两个控制台可供使用，最好保留两个。然后重新启动 init 进程，改动即可生效。

9. 使用 PAM（可插拔认证模块）禁止任何人通过 su 命令改变为 root 用户

su（Substitute User 替代用户）命令允许用户成为系统中其他已存在的用户。如果用户不希望任何人通过 su 命令改变为 root 用户或对某些用户限制使用 su 命令，用户可以编辑 su 配置文件（vi /etc/pam.d/ su）的开头添加下面两行命令，如图 8-37 所示。

```
auth sufficient /lib/security/pam_rootok.so
auth required /lib/security/Pam_wheel.so group=wheel
```

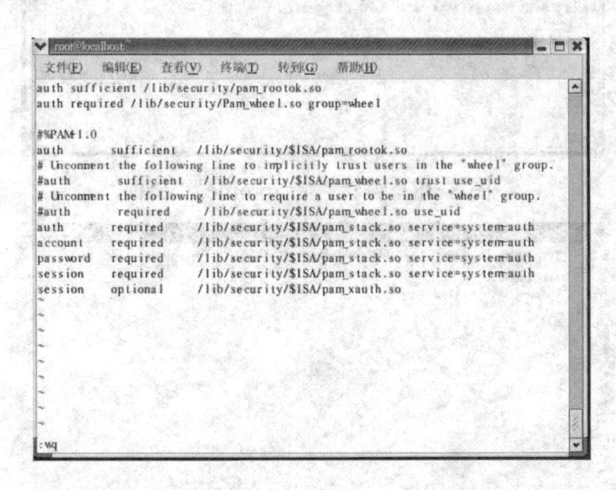

图 8-37 编辑“/etc/pam.d/”文件

这表明只有“wheel”组的成员可以使用 su 命令成为 root 用户。也可以把普通用户添加到“wheel”组，以使它可以使用 su 命令成为 root 用户。添加方法可以用这个命令：

```
chmod -G10 username
```

10. Shell logging Bash

shell 在“~/.bash_history”（“ ~/”表示用户目录）文件中保存了 500 条最近使用过的命令，这样可以使用户输入使用过的长命令变得容易。每个在系统中拥有账号的用户在其目录下都有一个“.bash_history”文件。bash shell 应该保存少量的命令，并且在每次用户注销时都把这些历史命令删除。

1）“/etc/profile”文件中的“HISTFILESIZE”和“HISTSIZE”行确定所有用户的“.bash_history”文件中可以保存的旧命令条数。强烈建议把“/etc/profile”文件中的“HISTFILESIZE”和“HISTSIZE”行的值设为一个较小的数（比如 30），如图 8-38 所示。编辑 profile 文件（vi /etc/profile），把下面这行改为：

```
HISTFILESIZE=30
HISTSIZE=30
```

这表示每个用户的“.bash_history”文件只可以保存 30 条最近使用过的命令。

2）网络管理人员还应该在“/etc/skel/.bash_logout”文件中添加下面这行“rm -f $HOME/.bash_history”。这样，当用户每次注销时，“.bash_history”文件都会删除。编辑.bash_logout 文件（vi /etc/skel/.bash_logout），添加下面这行：“rm -f $HOME/.bash_history”，如图 8-39 所示。

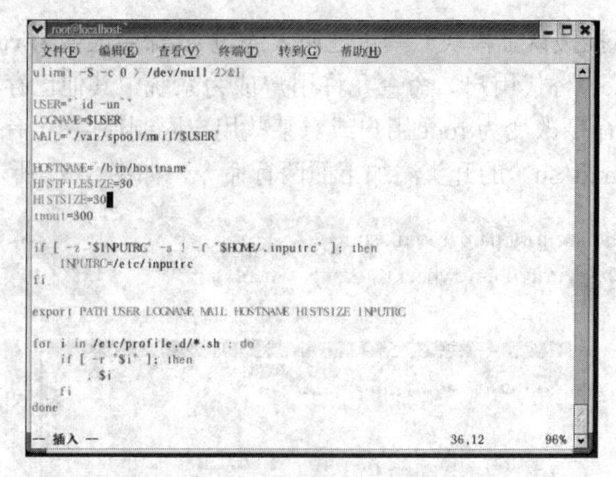

图 8-38 编辑“/etc/profile”文件

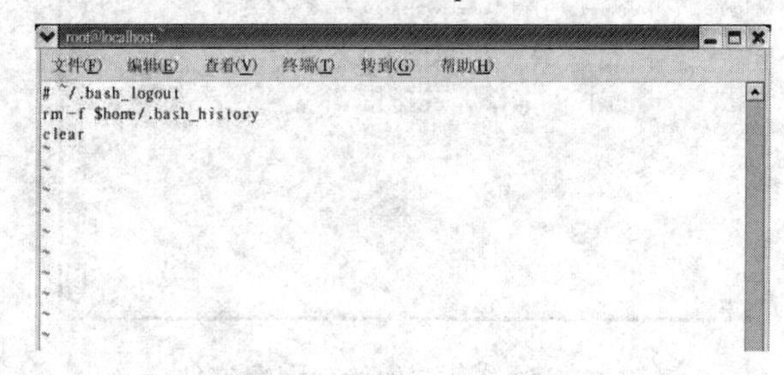

图 8-39 编辑/etc/skel/.bash_logout

11. 禁止〈Ctrl+Alt+Delete〉键盘关闭命令

在“/etc/inittab”文件中注释掉下面这行（使用#）：

```
ca::ctrlaltdel:/sbin/shutdown -t3 -r now
```

即改为：

```
#ca::ctrlaltdel:/sbin/shutdown -t3 -r now
```

为了使这项改动起作用，输入“# /sbin/init q”，结果如图 8-40 所示。

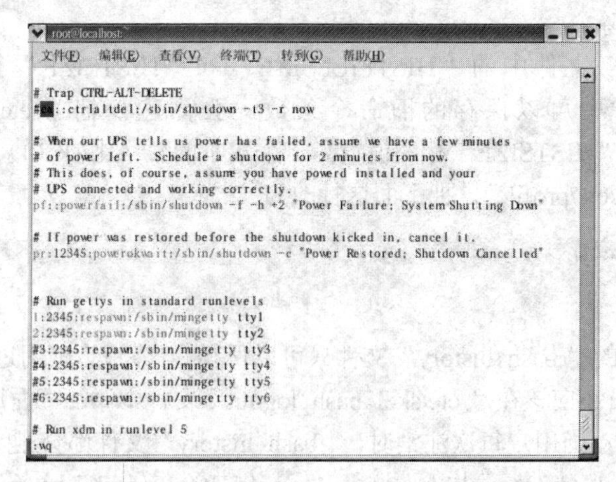

图 8-40 编辑禁止〈Ctrl+Alt+Delete〉键盘关闭命令

12. 隐藏系统信息

在默认情况下，当用户登录到 Linux 系统，它会告诉用户该 Linux 发行版的名称、版本、内核版本、服务器的名称。对于黑客来说，这些信息足够入侵用户的系统，用户应该只给它显示一个“login: ”提示符。

1）编辑“/etc/rc.d/rc.local”文件，在下面显示的这些行前加一个“#”，把输出信息的命令注释掉，如图 8-41 所示。

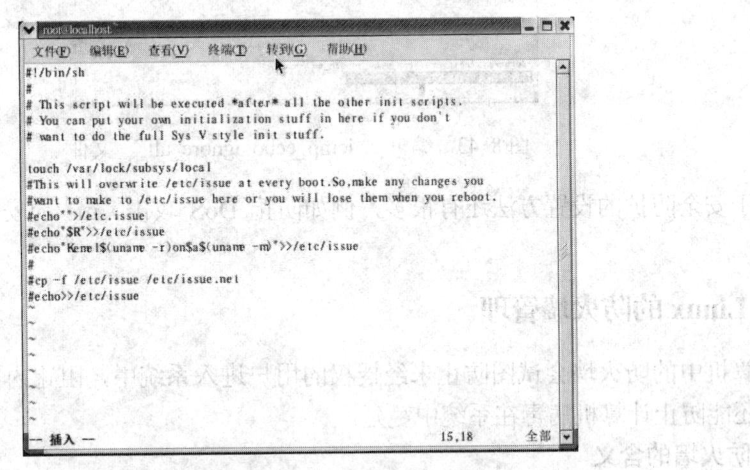

图 8-41　编辑“/etc/rc.d/rc.local”文件

2）删除“/etc”目录下的“isue.net”和“issue”文件，如图 8-42 所示。

```
# rm   -f   /etc/issue
# rm   -f   /etc/issue.net
```

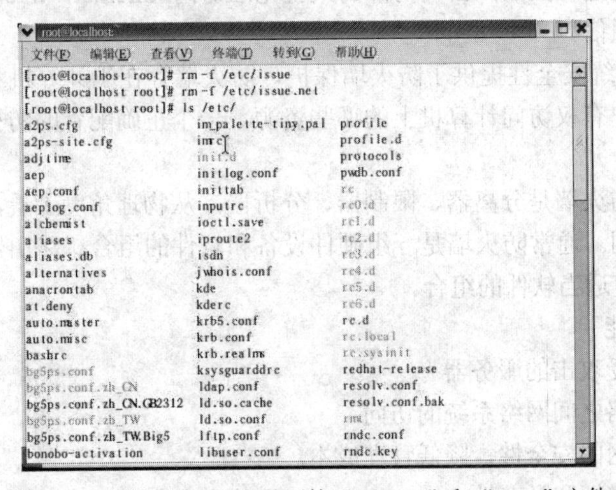

图 8-42　删除“/etc”目录下的“isue.net”和“issue”文件

13. 禁止使用 ping 命令

以 root 用户进入 Linux 系统，然后编辑文件“icmp_echo_ignore_all”，输入编辑命令“vi /proc/sys/net/ipv4/icmp_echo_ignore_all”，将其值改为 1 后为禁止使用 ping 命令，将其值改为 0 后为解除禁止使用 ping 命令，如图 8-43 所示。

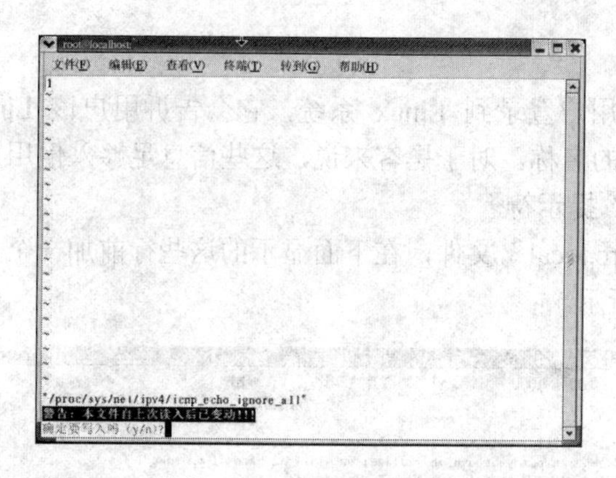

图 8-43　编辑 “icmp_echo_ignore_all” 文件

关于安全防护的设置方法还有很多，例如防止 DoS 攻击、nfs 的安全等，这里不再一一赘述。

8.3.4　Linux 的防火墙管理

计算机中的防火墙会试图防止未经授权的用户进入系统中，阻止内部用户不适当的外网访问，还能防止计算机病毒在系统中蔓延。

1. 防火墙的含义

在计算机网络中，所谓的防火墙是指一种将内部网和外部网分开的方法，实际上防火墙是一种隔离技术，是在一个在可信的网络和不可信的网络之间建立安全屏障的软件或硬件产品。防火墙是在两个网络通信时执行的一种访问控制尺度，能允许授权的用户及数据进入网络，同时将没有授权的人及数据拒之门外，最大限度地阻止网络中的黑客来访内部的网络。换句话说，如果不通过防火墙，公司内部的人就无法访问 Internet，Internet 上的人也无法和公司内部的人进行通信。

Linux 为增加系统安全性提供了防火墙保护，防火墙存在于计算机和网络之间，用来判定网络中的远程用户有权访问计算机上的哪些资源。一个正确配置的防火墙可以极大地增加系统安全性。

从逻辑上讲，防火墙是分离器、限制器、分析器，从物理角度上看，各站点防火墙物理实现的方式有所不同。通常防火墙是一组硬件设备和软件的组合：路由器、主计算机或者路由器、计算机和配有适当软件的组合。

2. 防火墙的功能

- 可以保护易受攻击的服务器。
- 控制内外网络之间网络系统的访问。
- 集中管理内网的安全性，降低管理成本。
- 提高网络保密性和私有性。
- 记录网络使用状态，为安全规划和网络维护提供依据。

3. 防火墙的类型

防火墙作为网络安全措施中的一个重要组成部分，一直受到人们的普遍关注。在构造防火墙时，常采用两种方式类型：包过滤和应用代理服务。

1）包过滤是指建立包过滤规则，根据这些规则及 IP 包头的信息，在网络层判定允许或拒绝包的通过。对数据包进行过滤可以说是任何防火墙所具备的最基本的功能，而 Linux 防火墙本身从某个角度也可以说是一种“包过滤防火墙”。在 Linux 防火墙中，操作系统内核对到来的每一个数据包进行检查，从它们的包头中提取出所需要的信息，如源 IP 地址、目的 IP 地址、源端口号、目的端口号等，再与已建立的防火墙规则逐条进行比较，并执行所匹配规则的策略，或执行默认策略。

2）应用代理服务是由位于内部网和外部网之间的代理服务器完成的，它工作在应用层，代理用户进、出网的各种服务请求，如 FTP 和 Telnet 等。目前，防火墙一般采用双宿主机（Dual-Homed Firewall）、屏蔽主机（Screened Host Firewall）和屏蔽子网（Screened Subnet Firewall）等结构。双宿主机结构是指承担代理服务任务的计算机至少有两个网络接口连接到内部网和外部网之间。屏蔽主机结构是指承担代理服务任务的计算机仅仅与内部网的主机相连。屏蔽子网结构是把额外的安全层添加到屏蔽主机的结构中，即添加了周边网络，逐步把内部网和外部网隔开。

4. 防火墙的设置

超级用户在桌面环境下依次选择“主菜单”→“系统设置”→“安全级别”命令，出现“安全级别配置”对话框，如图 8-44 所示。

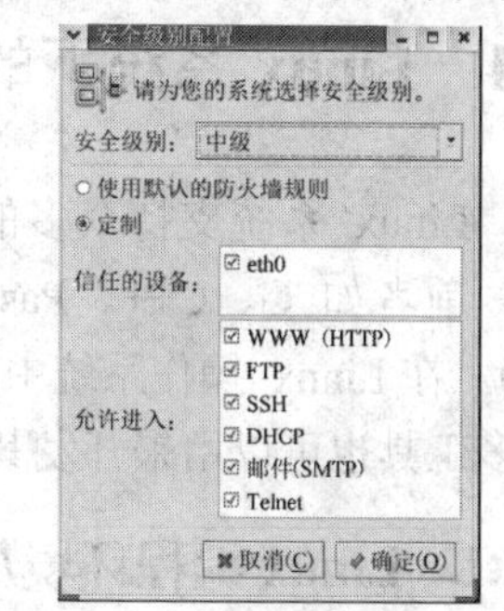

图 8-44 “安全级别配置”对话框

防火墙设置有两种选择：禁用和启用。如果将防火墙设置为禁用，那么其他计算机可以访问本机而不进行安检，只有在一个可信任的局域网中才能将网络服务器的防火墙设置成禁用。对于拒绝与其他计算机连接且不需要网络服务的计算机系统，则启用防火墙是最安全的选择；对于需要网络服务的计算机在启用防火墙的同时，通过指定可信任的服务，才能允许指定的服务越过防火墙提供相应的网络服务。

本章小结

本章主要讲解了 Linux 网络管理中网络的配置 IP、子网掩码、网关的方法及网络常用通信命令的使用；详细讲解了 Linux 中常用的网络服务 NFS、Apache、FTP、Samba 安装、启动、配置方法；简单介绍了 Linux 安全管理的方法、策略及常用防护技术，为今后 Linux 环境的网络管理和开发打下坚实的理论和实践基础。

思考题与实践

1）什么是 TCP/IP？该协议的体系结构是怎样划分的？
2）什么是 NFS、SMB？它们的区别是什么？
3）简要说明建立 NFS 的工作步骤。
4）简要说明 Samba 服务的配置步骤。
5）说明网络安全日志管理的文件类型。
6）说明防火墙的分类及设置方法。

第 9 章 Linux 系统下软件开发应用

Linux 系统的软件开发应用主要体现在两方面，一是支持多种应用程序开发高级程序设计语言，另一方面是 Linux 作为数据库服务器支持多线程、多用户数据库。下面简单介绍 Linux 系统下软件开发的应用。

9.1 Linux 系统下的编程

Linux 系统支持众多的程序设计语言，概括起来分成两种，即编译性语言和解释性语言，前者如 C、C++、Pascal；后者如 Java、Perl、JavaScript 和 Shell 脚本语言（如 Bash 等）。在 Linux 操作系统中产生了一系列基于 C 语言的软件工程工具进行软件的开发，其中很多工具也可以用来开发其他编程语言编写软件。

9.1.1 Linux 编程环境及工具

程序的调试要经过编译、汇编、链接和执行的过程。Linux 的编程语言分成两种：编译性语言和解释性语言，它们的区别如下。

编译性语言：编译性语言编写的程序首先翻译成 CPU 的机器码才能执行，编译过程包括 3 个步骤，即编译、汇编和连接。

解释性语言：解释性语言编写的程序是每条语句边解释边执行，每次只执行解释完的一条语句。

1．Linux 编程环境和开发工具

Linux 和 UNIX 系统提供了大量的软件工程工具，一套完整的开发工具应至少包括编辑工具、编译工具、调试工具，另外还有配置工具和项目管理工具。编程环境大体分为基于文本模式的开发平台和集成开发平台，两平台常用开发环境介绍如下。

（1）基于文本模式的开发平台

1）编辑工具。经典文本模式的开发平台是 Vi 编辑源程序，另外还有 joe、emacs 等。

📖 注意：这时编辑程序与编译工作是分开的，如编写 C 语言程序，用 vi 做编辑器，用 gcc 做编译器。

2）编译工具。在 Linux 下支持大量的语言，这里以 C 语言为例，先用编辑工具输入源程序（.c），再使用这些编译工具的命令行方式进行编译，这样就完成了整个工作。编译方式有两种：一种使用类似 gcc 命令的集合，把每个源文件都编译成目标代码，最后再链接生成可执行文件；另一种使用 make 工具，编辑之后输入 make 就可以让其自动运行这些编译命令。

3）调试工具。通过 gdb 调试程序，可以查看程序运行中某一变量值，它支持断点调试等功能。这样程序运行中可以发现存在的错误，确定出错位置和出错原因以及一些运行时数据。

（2）集成开发平台

1）Eclipse：Eclipse 是一个由 IBM、Borland 等资助的开源开发环境，其功能可以通过插件方式进行扩展。因此尽管 Eclipse 主要用于 Java 程序开发，但其体系结构确保了对其他程序语言的支持。Eclipse 上的插件 CDT 就是用于 C/C++程序开发的一组插件，CDT 项目致力于为 Eclipse 平台提供功能完全的 C/C++集成开发环境（Integrated development environment，IDE），类似于 Visual Basic 和 Visual C++，该项目的重点就是 Linux 平台。

Eclipse 官方网站为http://www.eclipse.org。

> 📖 注意：不同版本的 Eclipse 需要特定版本的 CDT 插件的支持。

2）Kylix：Kylix 是 Inprise/Borland 公司公布的 KDE（The K Desktop Environment），即桌面环境，最初由 Matthias Ettrich 在 1996 年开发，目的是为 UNIX/Linux 操作系统提供一个合适、理想的界面。Kylix 就是 Linux 下 Delphi 的可视化集成开发工具。另外，Linux 将成为一个跨平台的工具，该工具可以很容易地生成在 Windows、Linux 或者两者下运行的应用程序。Kylix 官方网站为http://www.borland.com/kylix 或 http://www. delphilinux.org。

9.1.2 Linux 高级语言编程开发

1. Linux 下 C 语言编程

（1）开发过程

Linux 下开发 C 语言程序需要经过编辑（.c）→编译（.o）→链接（.exe）→执行。在 Linux 中使用命令行或图形方式来开发一个 C 程序。

1）命令行模式下，开发 C 语言程序的步骤及其工具。

第一步：编辑（Vi 或 gedit）。

第二步：编译和链接（gcc 编译器 或 make 命令）。

第三步：执行（./文件名）。

2）调试（gdb 工具）。

例如，在文本方式下，编辑、编译、执行一个最简单的 C 程序。

第一步：使用 Vi 创建一个 C 程序 hello.c，并输入以下代码。

```
#include <stdio.h>
main()
{
  printf("Hello World\n");
}
```

第二步：使用 gcc 编译器进行编译和连接，生成可执行文件 a.out。

```
gcc hello.c
```

第三步：执行可执行文件，即“./hello”。

例如，在文本方式下，使用 make 命令来编译并执行上例中的 C 程序。

第一步：使用 Vi 创建 C 程序 hello.c，并输入代码。

第二步：编写 makefile 文件，并使用 make 命令生成指定名字的可执行文件。

```
vi makefile
make
```

第三步：执行可执行文件，即“./hello”。

（2）gcc 编译器

gcc 是 Linux 平台下最重要的开发工具，它是 GNU 的 C 和 C++编译器，其基本命令格式：

```
gcc [选项] <源文件名>
```

gcc 编译器的命令选项如表 9-1 所示。

表 9-1 gcc 编译器的命令选项

命令选项	说明
空	生成可执行文件 a.out，可用./a.out 来执行
-o 文件名	指定生成文件的文件名，不能与源文件同名
c	只编译不链接，生成扩展名为 o 的目标文件，不可执行

例如，上例的 C 语言程序用 vi 编辑生成 hello.c 后使用 gcc 命令，示例如下。

```
gcc hello.c
gcc –o myhello hello.c
gcc –c hello.c
gcc –o hello.o hello.c
```

2. make 工具

（1）概述

Makefile 定义了一个工程的编译规则。由于程序源文件不计数，其按类型、功能、模块分别放在若干个目录中，Makefile 定义了一系列的规则来指定哪些文件需要先编译，哪些文件需要后编译，哪些文件需要重新编译，甚至进行更复杂的功能操作。Makefile 特点如下。

- “自动化编译”，一旦写好，只需要一个 make 命令，整个工程完全自动编译，极大地提高了软件开发的效率。
- make 是一个命令工具，是一个解释 Makefile 中指令的命令工具。

（2）Makefile 规则

make 命令执行时，需要一个 Makefile 文件，以告诉 make 命令需要怎样去编译和链接程序。make 规则如下。

- 如果这个工程没有编译过，那么所有 C 文件都要编译并链接。
- 如果这个工程的某几个 C 文件被修改，那么只编译被修改的 C 文件，并链接目标程序。

（3）make 工作原理

例如，一个工程 Makefile 文件如下。

```
edit : main.o    fb.o \
            jpeg.c disp-jpeg.c
            gcc -o edit main.o fb.o jpeg.o disp-jpeg.o
main.o : main.c
            gcc -c main.c
fb.o :    fb.c
          gcc -c fb.c
jpeg.o : jpeg.c
            gcc -c jpeg.c
disp-jpeg.o : disp-jpeg.c common.h
            gcc -c display.c common.b
clean :
 rm edit main.o fb.o    jpeg.o disp-jpeg.o –rf
```

根据上面这个文件可以了解 Makefile 工作原理如下。

- make 会在当前目录下找名字叫“Makefile”或“makefile”的文件。
- 如果找到，它会找文件中的第一个目标文件（target），在上面的例子中，它会找到“edit”这个文件，并把这个文件作为最终的目标文件。
- 如果 edit 文件不存在，或是 edit 所依赖的*.o 文件的修改时间要比 edit 文件新，它就会执行后面所定义的命令来生成 edit 文件。
- 如果 edit 所依赖的*.o 文件存在，那么 make 会在当前文件中找目标为.o 文件的依赖性，如果找到则再根据规则生成*.o 文件。
- 然后再用 make 命令反复生成新的*.o 文件，最终达到终极任务——执行文件 edit。
- 如果这个工程的头文件改变了，那么用户需要编译引用这几个头文件的 C 文件，并链接目标程序。

（4）make 自动推导

GNU 的 make 很强大，它可以自动推导文件以及文件依赖关系后面的命令，于是用户就没必要在每一个*.o 文件后都写上类似的命令，因为，make 会自动识别，并自己推导命令。

只要 make 看到一个*.o 文件，它就会自动把*.c 文件加在依赖关系中，如果 make 找到一个 whatever.o，那么 whatever.c 就会是 whatever.o 的依赖文件，并且 cc -c whatever.c 也会被推导出来。

例如，编写程序用于计算 a+b 的值，要求编写两个源文件 fun.c 和 main.c，利用 make 工具完成任务。

1）编辑源文件 fun.c 和 main.c 如下。

```
#include “stdio.h”
void fun(int x,int y){
printf(“a+b=%d\n”,x+y);
}
```

```
#include "stdio.h"
main(){
int a,b;
scanf("%d,%d",&a,&b)
fun(a,b);
}
```

2）书写 makefile 文件，并使用 make 编译，然后执行。

```
pro3:fun.o main.o
	gcc –o pro3 fun.o main.o
fun.o:fun.c
	gcc –c –o fun.o fun.c
main.o:main.c
	gcc –c –o main.o main.c
```

3）执行。

总体来说，自己动手编写 makefile 仍然是很复杂和烦琐的，而且很容易出错。Linux 系统的高级语言编程工具很多种，这里不再赘述。

9.2 Linux 系统下的数据库应用

Linux 操作系统作为网络操作系统除了完成各种网络服务之外，还有很重要的功能是作为数据库服务器，Linux 下的数据库在实际网络上有着广泛的应用。

9.2.1 Linux 系统下的数据库种类及特点

1. 数据库简介

（1）数据库概念

- 数据（Date）实际上就是描述事务的符号记录，在计算机中为了存储和处理事物，就要将事物的特征抽象出来组成一个记录来描述。
- 数据库（Database，DB）是数据的集合，它具有统一的结构形式并存放于统一的存储介质内，是多种应用数据的集成，并可被各个应用程序所共享。
- 数据库管理系统（Database Management System，DBMS）是管理数据库的机构，它是一种系统软件，负责数据库中的数据组织、数据操纵、数据维护、控制及保护和数据服务等。
- 结构化查询语言（Structured Query Language，SQL）是一种综合、通用、功能极强且简洁易用的关系数据库语言，其功能包括查询、操纵、定义和控制 4 方面，使得用户能够更加容易地进行数据存储、更新和查询等操作。

（2）数据库类型

1）纯文本数据库。用空格符、制表符或换行符来分割信息的文本文件，例如在 Linux 系统中的 Linux 口令的数据库文件等。纯文本文件数据库的特点是适合小型应用，只能顺序访问，不能随机访问，查找数据和数据关系时费时，多用户操作时比较复杂。

2）关系型数据库。关系型数据库是目前应用最广泛和最有前途的一种数据库模型，其数据结构简单，当今主流的数据库系统几乎都采用关系模型。常用的企业关系型数据库系统有 Oracle、Sybase、SQL Server、DB2 和 Informix 等；常用的中小型关系数据库有 PostgreSQL、MySQL、Access，Dbase 和 Paradox 等。本节重点介绍 MySQL 数据库。

2. MySQL 数据库

MySQL 数据库是一个真正的多用户、多线程 SQL 数据库服务器。MySQL 是以客户/服务器结构实现其功能的，MySQL 不是开放源代码产品，但在某些情况下是可以自由使用的。由于它的强大功能、灵活性以及丰富的应用编程接口受到了广大自由软件爱好者甚至商业软件用户的青睐。

MySQL 是瑞典的 T.c.X 公司负责开发和维护的，始建于 1979 年，目前 MySQL 的最新版本是 5.0.22，MySQL 的官方网址：http://www.mysql.com。

MySQL 的主要特点如下。

- 它使用的核心线程是完全多线程，支持多处理器。
- 有多种编程接口（API），如 C、C++、Java、Perl、PHP、Python 和 TCL API。
- 它通过一个高度优化的类库实现 SQL 函数库且速度较快，通常在查询初始化后不再有任何内存分配，没有内存漏洞。
- 可以运行在不同的平台上，如 Windows、Linux 和 UNIX 等。
- 支持 ANSI SQL 的 LEFT OUTER JOIN 和 ODBC。
- 提供了一个非常灵活安全的权限和口令系统。

9.2.2 MySQL 数据库管理

MySQL 支持标准的 ANSI SQL 语句，支持多种平台，支持多线程运行方式，它可以在 Windows NT 系统上以服务方式运行，或者在 Windows XP 系统上以普通进程方式运行。以下是以 Linux 操作系统为平台的 MySQL 数据库管理操作。

1. MySQL 数据库的初始化操作

（1）安装 MySQL

首先检查 Linux 主机的 MySQL 的安装情况。

```
[root@localhost~] #rpm   - qa | grep mysql
Mysql-server-5. 0. 22 -2. 1                #MySQL 服务器端程序
mod_auth_mysql-3 .0 .0-3.1                 #设置 Web 服务器服务访问的文档
mysql-5. 0. 22-2. 1                        #MySQL 客户端程序
php- mysql-5. 1. 6-3                       #PHP 程序访问 MySQL 的软件包
```

如果没有检测到软件包，需要进行安装，因为 MySQL 数据库需要 Perl 语言的支持才能正常运行，所以安装前需要先安装 Perl 语言的安装包 Perl-CGI 和 Perl-DBI。所以安装 MySQL 的顺序命令如下。

```
[root@localhost~]      # rpm   -ivh   perl -CGI- 2.81- 88. i386.rpm
[root@localhost~]      # rpm   -ivh   perl-DBI-1.32- 5. i386.rpm
```

```
[root@localhost~]# rpm  -ivh  mysql-server-5.0.22-2.1-2.1. i386.rpm
[root@localhost~]# rpm  -ivh  mysql-5.0.22-2.1 i386.rpm
[root@localhost~]# rpm  -ivh  mod_auth_mysql - 3.0.0 -3.1. i386.rpm
```

（2）启动 MySQL

使用 MySQL 数据库前必须启动 MySQL 服务，可以通过如下命令进行操作。

1）查看状态，通过执行以下命令查看：

```
[root@localhost~]# service mysqld status
```

2）启动服务，通过执行以下命令启动：

```
[root@localhost~]# service mysqld start
```

3）停止服务，通过执行以下命令停止：

```
[root@localhost~]# service mysqld stop
```

（3）连接 MySQL 服务器

1）匿名登录连接：初次连接 MySQL 数据库，可以使用匿名用户（anonymous）登录，直接调用 MySQL 命令与该服务器连接，命令及执行结果如下。

```
[root@localhost~]#mysql
Welcome to the MySQL monitor.    Commands end with ; or \ g.
Your MySQL connection id is 2 to server version : 5. 0.22
Type 'help'; ' or '\h' for help.Type '\c' to clear the buffer.
mysql>
```

2）用设定好的账户登录：如果 MySQL 已经设定了用户账户和密码，则连接 MySQL 数据库的命令格式：

```
# mysql  -h  hostname  -u  username  -p
Enter password: ******
```

其中 hostname 为 MySQL 数据库主机名或 IP 地址，username 为 MySQL 数据库已经设定好的一个用户名。以 root 用户为例连接远程 MySQL 服务器主机 192.168.1.100 时状态如下。

```
[root@localhost~]#mysql  -h 192.168.1.100  -u  root -p
Enter password:
Welcome to the MySQL monitor.    Commands end with ; or \ g.
Your MySQL connection id is 2 to server version : 5. 0.22
Type 'help'; ' or '\h' for help.Type '\c' to clear the buffer.
Mysql>
```

（4）断开 MySQL 数据库

如果连接 MySQL 数据库成功，用户可以在“mysql>”提示符下输入“quit”命令断开连接：

```
mysql>quit
Bye
```

2. MySQL 数据库的维护

（1）MySQL 数据库的用户权限设置

MySQL 中存放着权限系统所需要的数据的授权表，当 MySQL 数据库服务器启动时，用户连接数据库服务器并对数据库进行操作时，MySQL 会根据这些表中的数据做相应的权限控制。通过这种方式管理和控制某个用户是否能够连接到指定的 MySQL 数据库，以及控制该用户是否具有一个数据库中进行查询（select）、增加（insert）、更新（update）和删除（delete）操作的权限。

MySQL 数据库中用于权限系统的授权表主要包括 user、db、host、tables_priv 和 columns_priv。MySQL 存取控制包含以下两个阶段。

1）服务器检查用户是否允许连接。

2）假定能连接，服务器检查用户发出的每个请求，看用户是否有足够的权限实施它。例如，如果从数据库中一个表选择（select）行或从数据库抛弃一个表，服务器要确定用户对表有 select 权限或对数据库有 drop 权限。

服务器在存取控制的两个阶段使用在 MySql 的数据库中的 user、db、和 host 表，在这些授权表中的字段如表 9-2 所示。

表 9-2　user、db、和 host 表中的字段

表名称	user	db	host	字段类型
范围字段	Host	Host	Host	char(60)
		Db	Db	char(60)
	User	User		char(60)
	Password			char(60)
权限字段	Select_priv	Select_priv	Select_priv	enum('N' 'Y')
	Insert_priv	Insert_priv	Insert_priv	enum('N' 'Y')
	Update_priv	Update_priv	Update_priv	enum('N' 'Y')
	Delete_priv	Delete_priv	Delete_priv	enum('N' 'Y')
	Index_priv	Index_priv	Index_priv	enum('N' 'Y')
	Alter_priv	Alter_priv	Alter_priv	enum('N' 'Y')
	Create_priv	Create_priv	Create_priv	enum('N' 'Y')
	Drop_priv	Drop_priv	Drop_priv	enum('N' 'Y')
	Grant_priv	Grant_priv	Grant_priv	enum('N' 'Y')
	Reload_priv			enum('N' 'Y')
	Shutdown_priv			enum('N' 'Y')
	Process_priv			enum('N' 'Y')
	File_priv			enum('N' 'Y')

在上表中，所有权限字段被定义为 enum('N'　'Y')字段，即每一个字段都可以有'N'或'Y'两个值，默认值为'N'。

（2）MySQL 数据库的初始权限

MySQL 数据库安装完成后，在启动 MySQL 服务时，会加载权限表中初始权限设置。可以用 SELECT 语句查看存储在 user 和 db 表初始权限，主要包括如下几个。

- 超级用户 root，初始时密码为空，该用户可以对 MySQL 数据库进行任何操作，使用 root 用户连接服务器时，必须由本地主机发出。
- 匿名用户，该用户可以对一个名为 test 的数据库进行任何操作。
- 其他权限均被拒绝。

（3）MySQL 数据库的用户权限设置命令

1）为 root 用户设置口令。因为安装的 mysql 在/usr/local 下，所以为 root 设置口令的命令 mysqladmin 必须在目录/usr/local/bin 下运行，其命令格式：

```
#cd /usr/local
# mysqladmin   -u root   password "passwd"
```

再用下面的命令运行 MySQL：

```
# mysql   -h   hostname   -u   root   -p
Enter password:
```

需要输入正确的密码才能连接成功。

📖 注意："passwd" 是为 root 设置的口令明文。在 Shell 提示符下再运行 mysql 命令则被拒绝。

2）建立其他访问权限的用户。创建新用户和授权，需要用到下面这个语法："grant privileges on what to user identified by "passwd"with grant option"，其中 privileges 为分配权限、what 为权限的应用级别、user 为用户、passwd 为密码明文、with grant option 子句允许用户将其权限分配给他人。

例如，准备创建 student 用户，并只允许他使用 student 数据库的权限，所以在连接 MySQL 数据库后，在"mysql>"提示符下使用了以下的命令。

```
mysql>grant all on wdg. * to student@localhost identified by "123456";
Query OK, 0 rows affected(0.00 sec)
mysql>
```

在这里给了 student 用户控制 student 数据库的所有权限，并且不允许他分配权限给其他人。这样当用户请求使用数据库时，只需将 student 用户的密码交给他就行了。

例如，以 root 用户身份连接 MySQL 数据库后依次执行"use mysql;""show tables;"和"select * from user;"命令后查看用户权限的部分结果如下。

```
mysql>select   *   from   user;
```

Host	User	Password	Select_priv	Insert_priv	...
localhost	root	1f21b1aa21a3a2d6	Y	Y	...
localhost	root student		Y	Y	...
localhost		565491d704013245	N	N	...

3 rows in set (0.00 sec)

在如上运行结果中可以看出系统有两个用户，root 用户权限最高，所有权限字段对应的值都应该为“Y”，而 student 用户是由 root 用户授权的，各权限字段对应的值都为“N”。但是 student 用户的访问方式是“localhost”本地，可以改成在任何地方都可以访问的权限命令（把“localhost”改成“%”）。

```
mysql>update user set host ='%'where user = 'student';
Query OK, 1 row affected(0.01 sec)
Rows matched: 1 Changed: 1 Warnings: 0
mysql>flush privileges;
Query OK, 1 row affected(0.00 sec)
mysql>
```

（4）MySQL 数据库的备份与恢复

如果发生系统崩溃，备份数据库是很重要的，备份数据库两个主要方法是用 mysqldump 程序或直接复制数据库文件（如用 cp、cpio 或 tar 等）。

1）使用 mysqldump 命令备份数据库。当使用 mysqldump 程序产生数据库备份文件时，mysqldump 产生的输出是一个通用的 SQL 脚本文件，可以利用它进行数据库的移植和恢复等操作。其命令格式：

```
mysqldump   [选项]   database [新备份表名]
```

例如，把远程的 192.168.1.100 主机中的 student 数据库备份到/home/student 目录下命名为 samp_db_2009_1_27.sql，备份成功后，再使用 cat 命令进行查看。可以使用如下命令：

```
# mysqldump -h 192.168.1.100 -u root -p123456 student>/home/student/samp_db_2009_1_27.sql
# cat /home/wdg/samp_db_2009_1_27.sql
```

2）恢复数据库。恢复数据库首先对原数据库进行删除，然后重新创建该库，最后利用备份的 SQL 脚本文件恢复该库的表及记录数据。执行的命令如下：

```
# mysql -u root -p123456 student>/home/wdg/samp_db_2009_1_27.sql
```

3）使用直接复制数据库文件的方法备份数据库。使用 cp 命令方式复制如下（如果数据库过大也可以用 tar 命令进行压缩备份）：

```
[root@localhost~]# cd      /var/lib/mysql
[root@localhost~]# cp     –r   student      /home/student
```

其中，/var/lib/mysql 是 MySQL 数据库默认存储路径，student 为 MySQL 数据库下的一个库，是以目录形式存在的。

📖 注意：使用直接复制数据库文件进行备份时，必须保证表不再被使用。如果服务器在用户正在复制一个表时改变它，复制就失去了意义。保证复制完整性的最好方法是关闭服务器后复制文件，然后重启服务器。

3. MySQL 数据库的客户端命令操作

（1）MySQL 数据库的客户端命令

MySQL 数据库完成安装后，可以在/usr/bin 下找到 MySQL 的实用程序，可以用 MySQL 的客户端进行 MySQL 数据库的管理操作，它可以执行 MySQL 支持的所有 SQL 语句，在执行 SQL 语句时必须以分号“；”结尾，以表明语句结束并向 MySQL 数据库系统提交，它的格式：

```
mysql>SQL 语句；
```

（2）查看数据库数据

在 MySQL 数据库初始情况下，以 root 身份登录，在客户端程序 MySQL 下，使用 SQL 语句进行如下操作：“show database;”显示数据库；“use mysql;”操作 MySQL 数据库；“show tables;”显示针对 use 操作的数据库中的各表；“select host, user, password from user;”显示 user 表中的 host、user 和 password 三个字段的记录信息，查看数据库的命令及结果如图 9-1 所示。

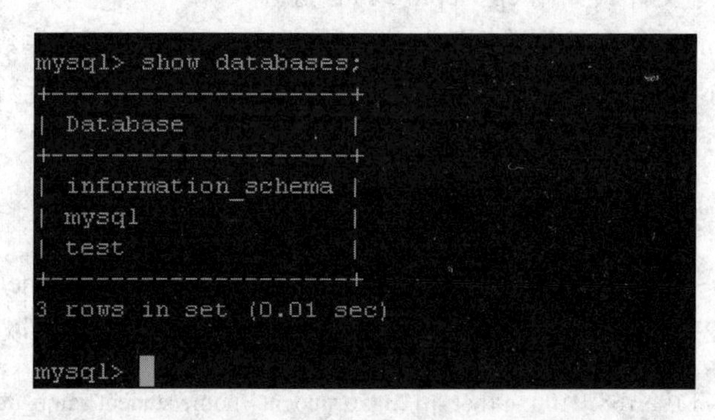

图 9-1　查看数据库

（3）数据库的创建与删除

在客户端程序 MySQL 下，使用 SQL 语句“create database wdg;”创建一个名为 student 的数据库；“drop database student;”删除 student 数据库。

（4）数据库表的创建、查看表结构及删除表

初始创建的数据库是空表，要明确表的结构，即表字段名称、字段类型、长度及主键等信息。下面以创建一个用户表为例，包含 ID（为主键）、用户名（不为空）、密码和电子邮件 4 个字段信息，使用下面的 SQL 语句来创建：

```
mysql>create table user(id int primery key,
->username varchar(20)not null,
->passwd varchar(20),
->email varchar(30));
```

（5）数据记录的添加、删除与修改

用户新创建一个表后，可以用 insert 语句来添记录。例如，用 insert、update 和 delete 语句分别进行增加一条新记录、修改和删除记录：

```
mysql>insert into user
->values('2','李四'， '666999'， 'lisi@163.com');
mysql >update user set passwd='2008'where id=1;
mysql >delete from user where id=2;
```

9.2.3 PHP 访问数据库

PHP 是超文本预处理器（Hypertext Preprocessor），是一种嵌入在 HTML 中并由服务器解释的脚本语言。它可以用于管理动态内容、支持数据库、处理会话跟踪，甚至构建整个电子商务站点。它支持许多流行的数据库，包括 MySQL、PostgreSQL、Oracle、Sybase、Informin 和 Microsoft SQL Server。

1. PHP 简介

PHP 非常适合在 Web 工作，如 perl、Java、JavaScript、ASP、Python、Tcl、CGI 以及其他许多方法都可以生成动态的内容。PHP 作为一个小型开放源码软件， Rasmus Lerdorf 在 1994 年发布了 PHP 的第一个版本，经过改进和完善现在已经发展到 5.2.4 版本。

PHP 的优点：它是专为基于 Web 问题而设计的且是完全免费的，可以从 PHP 官方站点（http://www.php.net）下载；PHP 遵守 GNU 公共许可（GPL），可以不受限制地获得源码，甚至可以从中加进自己需要的特色；PHP 在大多数 UNIX 平台、GUN/Linux 和微软 Windows 平台上均可以运行。

2. PHP 的安装及配置

（1）PHP 软件包的安装

Linux 下的 PHP 运行是在 Apache 的 Web 服务器下由 PHP 解释器解释执行的，需要 Apache 对 PHP 的支持，以及 PHP 访问相关数据库的支持，所以需要在 Linux 下安装相关 PHP 软件。在系统安装时可以自定义安装选择 PHP 的相关软件包，或者后装 PHP 软件。下面命令是搜索系统 PHP 软件安装情况及 PHP 各软件包的用途。

```
[root@localhost~]# rpm - qa| grep php
php-ldap-5.2.4-3         #PHP 对轻型目录访问协议(LDAP)的支持
php-5.2.4-3              #Apache 服务器对 PHP 的支持
php-pgsql-5.2.4-3        #PHP 程序对 PostgreSQL 数据库的支持
php-mysql-5.2.4-3        #PHP 程序对 MySQL 数据库的支持
php-odbc-5.2.4-3         #PHP 程序对 ODBC 的支持
php - imap - 5.2.4 - 3   #PHP 对 IMAP(互联网消息访问协议)的支持
```

如果没有 PHP 软件包则可以通过 Linux 的安装光盘进行安装。

（2）PHP 的配置文件

Linux 系统中的 PHP 软件包安装后，对于 Apache 端 PHP 的常用配置是 mod_php，它把 PHP 作为 Apache 的内置模块，从而获得 Apache 的支持。配置文件为/etc/httpd/conf.d/php.conf，默认情况下即可正常工作。下面查看该配置文件的默认信息：

```
# grep - n " # " /etc/httpd/conf.d/php.conf
LoadModule php4_module modules/libphp4.so
<Files * .php>
```

```
P198    SetOutputFilter PHP
        SetInputFilter PHP
        LimitRequestBody 524288
</Files>
DirectoryIndex index.php
```

（3）测试 Apache 的 PHP 的支持

测试系统对 PHP 的支持情况，需要启动 Web 服务，并且在 Web 站点下建立一个 PHP 文件，且写上一个测试脚本，再在浏览器下进行运行测试。整个操作步骤如下。

```
[root@localhost~]# service httpd start              #启动 Web 服务
[root@localhost~]# cd/ver/www/html                  #进入默认的 Web 站点目
[root@localhost~]# echo " <? Phpinfo() ?> " > phpinfo.php
#把输出的 PHP 函数信息脚本文件利用输出重定向到 phpinfo.php 文件中
```

然后打开异地访问的浏览器如 IE，输入 Web 服务器的地址，浏览器刚才建立的 PHP 脚本文件，输入的访问地址如："http://192.168.1.150/phpinfo.php"，运行。

3. PHP 网络编程

（1）PHP 语法简介

PHP 是一种嵌入在 HTML 标志内的脚本语言。在服务器端由 PHP 解释器解释执行，生成 HTML 并传送到客户端，再由浏览器解释成网页供用户浏览。PHP 的语法混合了 C、Java、Perl 以及 PHP 式的新语法，它可以比 C 或者 Perl 更快地执行动态网页。

PHP 脚本嵌入到 HTML 标志中，和 HTML 标志之间可以嵌套但不能交叉，嵌入了 PHP 脚本的网页文件必须以 PHP 为扩展名进行命名。PHP 在网页中的起始和结束标志如下。

```
<?
        此处写 PHP 程序
?>
```

例如，在网站的根目录下创建 1.php 网页的源码内容：

```
<html><head><title>第一个 PHP 程序</title></head>
        <body>
                <?
                        echo "hello world"
                ?>
        </body>
</html>
```

（2）一个 PHP 的流程图控制程序示例

下面是利用 for 循环语句输出信息的 PHP 脚本程序源码：

```
<?
  for($i = 1 ; $i < = 10 ; $i++)
     {
       echo " $i ";
```

```
            echo "辽宁科技学院！<br>";
        }
    ?>
```

（3）PHP 连接 MySQL 数据库

PHP 程序连接 MySQL 数据库，主要调用一些相关的函数，下面示例为在数据库表中读取记录信息，把取得的结果通过 HTML 的表格在浏览器中显示出来，其主要源代码如下。

```
<?
  if (! mysql_connect("192.168.1.100" , "root" , "123456"))
  {
       echo "无法连接数据库！<p>";
       exit();
  }
  $query = "select * from user";
  $result = mysql_db_auery("wdg" , query);
  if (mysql_num_rows($result)! = 0)
       Echo "用户信息的结果如下：<br>";
   ?>
  <table border = "1" width = "80%"><tr><td>姓名</td><td>班级</td></tr>
  <?
  while ($r = mysql_fetch_array($result))
      {
         echo "<tr><td>";
         $username = $r["姓名"];
         echo "$username;";
         echo "</td><td>";
         $host "$host;<br>";
         echo "</td><tr>";
      }
?></table>
<?
    mysql_free_result($result);
    mysql_close();
?>
```

说明：

mysql_connect()函数负责以指定的用户名（本例中用户名是 root）连接到指定机器（在本例中 MySQL 数据库主机是 192.168.1.100）上的 MySQL 数据库，指定用户口令（本例中连接 MySQL 数据库的 root 用户口令为 123456）。

mysql_db_query()函数告诉 PHP 要读取的数据库是“wdg”，并且执行变量$query 所赋予的 SQL 语句，返回结果保存在$result 中。

mysql_num_rows()函数返回的是执行$result 变量的结果的个数值。

mysql_fetch_array()函数返回的是执行$result 变量的结果，通过循环依次以字段名返回该记录的值，$r[“姓名”]中的“姓名”为字段名。

其他 mysql_free_result()是释放变量$result。mysql_close()关闭数据库的连接。

本章小结

本章主要讲解了 Linux 系统下的高级语言编程开发、数据库应用。首先是高级语言开发工具的使用，然后介绍了 Linux 系统下的数据库类型、特点，重点介绍了 MySQL 数据库的安装、启动、连接、操作命令、权限设置、备份恢复等基本操作。最后介绍了 PHP 脚本语言的特点、安装、测试、基本语法要求及访问 MySQL 数据库编程应用。

思考题与实践

1）简述程序的执行过程。

2）简单阐述使用 gcc 编译 C 语言源程序的步骤。

3）如何实现 MySQL 数据库的定期备份？

4）如何实现 MySQL 数据库启用、连接？

5）简单阐述 PHP 的软件开发特点。

附录　Linux 操作系统实验

实验一　Red Hat Linux 9.0 的安装

一、实验目的

1）了解系统中各硬件设备的设置方法。

2）掌握光盘安装方式下安装 Red Hat Linux 9.0 的基本步骤以及启动 Red Hat Linux 9.0 并进行初始化设置。

3）掌握删除 Red Hat Linux 9.0 的基本步骤。

二、实验内容

1. 安装 Red Hat Linux 9.0

【实验要求】可直接安装 RedHat Linux 操作系统，也可在一台机器上安装多个操作系统，又或利用虚拟机安装 Red Hat Linux 9.0。

【实验步骤】

参照 2.4 节的步骤进行操作。

2. 启动 Red Hat Linux 9.0

【实验要求】启动新安装的 Red Hat Linux 9.0 并进行初始化设置，添加普通用户“student”，并以 student 用户身份登录 GNOME 桌面环境。

【实验步骤】

1）启动计算机，选择启动 Red Hat Linux 9.0。

2）在红帽设置代理的欢迎画面上单击“下一步”按钮开始一系列的初始化设置。

3）阅读 Red Hat Linux 9.0 的许可协议内容，并选择“是，我同意这个协议（Y）”。

4）设置当前的日期和时间。

5）创建一个普通用户账号，必须输入用户名（student）和口令（123456）。

6）检测声卡。

7）选择“否，我不想注册我的系统”，不注册 Red Hat 网络。

8）安装文档光盘。

9）结束初始化设置。

10）在 Red Hat Linux 9.0 的登录画面上输入用户名（student）。

11）输入对应的用户名的口令（123456），进入 GNOME 桌面环境。

3. 注销用户、关机、重新启动

【实验要求】注销某一用户（student），关机，重新启动。

【实验步骤】

单击 GNOME 的主菜单图标，在弹出的 GNOME 主菜单中选择“注销”命令，弹出如图 1 所示界面。

图 1　注销界面

在弹出的对话框中选择“注销”，然后单击“确定”按钮，则注销当前用户。

在弹出的对话框中选择“关机”，然后单击“确定”按钮，则关闭系统。

在字符界面下，关机可以使用关机命令，具体如下。

- shutdown 命令。命令格式：

```
shutdown [-krhfnc] [-t secs] time [warning message]
```

说明如下。

-k：并不真正关机，而只是发出警告信息给所有用户。

-r：关机后立即重新启动。

-h：关机后不重新启动。

-f：快速关机，重新启动时跳过检查文件系统并尝试修复错误。

-n：快速关机，不经过 init 程序。

-c：取消一个已经运行的 shutdown。

-t secs：设置关机倒计时，时间单位为分钟。

warning message：给每一个在线用户以广播的形式发送信息。

> 注意：shutdown -h now：立刻关闭系统。

- halt 命令：halt 命令实现正常关机。
- poweroff 命令：poweroff 命令关闭系统后同时也关闭电源。
- reboot 命令：reboot 命令实现关闭系统后重新启动。

在弹出的对话框中选择“重新启动”，然后单击“确定”按钮，则重新启动系统。

实验二　Linux 操作基础

一、实验目的

1）掌握 Shell 常用基本命令的操作方法。

2）掌握重定向、管道、通配符、历史记录等的方法。

3）熟悉并掌握 Vi 命令模式、文本编辑模式和最后行模式 3 种工作模式之间的转换方法。

二、实验内容

1. Shell 命令的操作

（1）显示系统时间

【实验要求】显示系统时间，并将系统时间修改为 2000 年 12 月 12 日零点。

【实验步骤】

1）启动计算机，以超级用户身份登录图形化用户界面。

2）选择“主菜单”→“系统工具”→“终端”命令，打开桌面环境的终端工具。

3）输入命令“date”，显示系统的当前日期和时间。

4）输入“date 121200002010”，屏幕显示新修改的系统和时间。

（2）查看 2010 年 12 月 12 日是星期几

【实验要求】查看 2010 年 12 月 12 日是星期几。

【实验步骤】

输入命令“cal 2010”，屏幕上显示出 2010 年的日历，由此可知 2010 年 12 月 12 日是星期日。

（3）查看-s 的帮助信息

【实验要求】查看 ls 命令中的-s 选项的帮助信息。

【实验步骤】

1）输入“man ls”命令，屏幕显示出手册中的 ls 命令相关帮助信息的第一页，介绍 ls 命令的含义、语法结构以及－a、-A、-b 和－B 等选项的意义。

2）使用〈PageDown〉键、〈PageUp〉键以及〈↑〉、〈↓〉方向键找到 -S 选项的说明信息。

3）ls 命令的-s 选项等同于-size 选项，以文件块为单位显示文件和目录的大小。

4）在屏幕上的“：”后输入“q”，退出 ls 命令的手册页帮助信息。

2. 通配符的使用

（1）显示所有文件和目录

【实验要求】显示/bin/目录中所有以 a 为首字母的文件和子目录，显示/bin 目录中所有首字母为 c 或 s 或 h 的文件和目录。

【实验步骤】

1）输入命令“ls /bin/a*”，屏幕将显示/bin 目录中以 a 开头的所有文件和目录。

2）输入命令“ls /bin/[c,s,h]*”，屏幕显示/bin 目录中首字母为 c 或 s 或 h 的文件和目录。

（2）显示指定条件的文件和目录

【实验要求】显示/bin/目录中所有以 a 为首字母，文件名只有两个字符的文件和目录。

【实验步骤】

1）按〈↑〉方向键，Shell 命令提示符后出现上一步操作时输入的命令“ls /bin/a*”。

2）将其修改为“ls /bin/a??”，按〈Enter〉键，屏幕显示/bin 目录中以 a 为首字母，文件名只有 3 个字符的文件和目录。

3. 新建文本文件

（1）创建 file1 文本文件

【实验要求】用 cat 命令在用户主目录下创建一名为 file1 的文本文件，内容：

```
Hello,how are you?
I'm fine ,thank you, and you?
Me too.
```

【实验步骤】

1）输入命令“cat > file1”，屏幕上输入光标处闪烁。

2）输入上述内容。

3）输入完成后，按〈Enter〉键，让光标处于下一行，按〈Crtl+D〉键结束输入。

4）输入命令“ls” 查看文件是否生成。

5）输入命令“cat file1”，查看 file1 文件的内容。

（2）在文件中增加内容

【实验要求】file1 文件增加以下内容：I'm from China.

【实验步骤】

1）输入命令“cat>> file1”，屏幕上输入点光标闪烁。

2）输入“I'm from China.”后，按〈Enter〉键，让光标处于输入内容的下一行，按〈Ctrl+D〉键结束。

3）输入“cat file1”命令，查看 file1 文件的内容，用户会发现 file1 文件增加了一行。

（3）统计 file1 文件的信息

【实验要求】统计 file1 文件的行数，单词数和字符数，并将统计结果存放在 counter 文件。

【实验步骤】

1）输入命令“wc < file1> counter”，屏幕上不显示任何信息。

2）输入命令“cat counter”，查看 counter 文件的内容，其内容 file1 文件的行数，单词数和字符数信息，即 file1 文件共有 4 行，17 个词和 59 个字符。

（4）清除屏幕内容

【实验要求】清除屏幕内容。

【实验步骤】

输入命令“clear”，则屏幕内容完全被清除，命令提示符定位在屏幕左上角。

（5）新建文件 file2

【实验要求】利用 vi 新建文件 file2。

【实验步骤】

1）启动计算机后，以普通用户（student）身份登录字符界面。

2）在 Shell 命令提示符后输入命令“vi”，启动 Vi 编辑器，进入命令模式。

3）按〈I〉键，从命令模式转换为文本编辑模式，此时屏幕的最底边出现“----INSERT ----”字样。

4）输入文本内容。

5）按〈Esc〉键返回命令模式。

6）按〈:〉键进入最后行模式，输入“w file2”，就可以将正在编辑的内容保存为 file2 文件。屏幕底部显示““file2”[new]3L,482C written”字样，表示此文件有 3 行，482 个字符。

7）按〈:〉键后输入“q”，退出 Vi 编辑器。

4. 编辑文件

（1）打开 file2 文件

【实验要求】打开 file2 文件并显示行号。

【实验步骤】

1）输入命令“vi　file2”,启动 Vi 文本编辑器并打开 file2 文件。

2）按〈:〉键切换到最后行模式，输入命令“set　nu”，每一行前出现行号。

3）Vi 自动返回到命令模式，连续两次输入“Z”，就退出 Vi。

（2）在 file2 文件中插入内容

【实验要求】在 file2 文件的第一行后插入如下一行内容：“I’m sorry!”，并在最后一行后添加一行。

【实验步骤】

1）再次输入命令“vi　file2”，启动 Vi 文本编辑器并打开 file2 文件。

2）按〈A〉键，进入文本编辑模式，屏幕底部出现“----INSERT----”字样。

3）利用方向键移动光标到第一行行尾后，按〈Enter〉键另起一行，输入本文内容。

4）将光标移动到最后一行的行尾，按〈Enter〉键另起一行，输入另一些文本内容。

（2）替换文件中的内容

【实验要求】将文本中所有的“become”用“becomes”替换。

【实验步骤】

按〈Esc〉键后输入“：”,进入最后行模式。因为当前 file2 文件中共有 5 行，所以输入命令“1，5　s/eyeballs/eye-balls/g”，并按〈Enter〉键，将文件中所有的“become”替换为“becomes”。

（3）删除文件中内容

【实验要求】把第二行移动到文件的最后，删除第一和第二行并恢复删除，但不保存修改。

【实验步骤】

1）按〈:〉键，再次进入最后行模式，输入命令“2,2　m　5”，将第二行移动到第五行的后面。

2）按〈:〉键，输入“1，2　d”，删除第一和第二行。

3）按〈U〉键，恢复被删除的部分。

4）按〈:〉键，进入最后行模式，输入“q!”退出 Vi，不保存对文件的修改。

（4）修改文件

【实验要求】复制第二行，并添加到文件的最后，删除第二行，保存修改后退出 Vi。

【实验步骤】

1）再次输入命令“vi　file2”，启动 Vi 文本编辑器并打开 file2 文件。

2）按〈:〉键，进入最后行模式，输入“2，2　co　5”，将第二行的内容复制到第五行的后面。

3）移动光标到第二行，输入“dd”命令，原来的第二行消失。

4）按〈:〉键，输入“wq”，存盘并退出 Vi。

实验三　Shell 分支程序设计

一、实验目的

1）理解 Shell 脚本中的分支结构的执行过程及功能。

2）掌握 Shell 脚本的单分支结构语法及应用。

3）掌握 Shell 脚本的双分支结构语句及应用。

4）掌握 Shell 脚本的多分支结构语句及应用。

二、实验内容

1. if 语句

【实验要求】编写一个脚本，判断输入密码是否正确，正确则允许用户通过。

【实验步骤】

参考代码：

```
echo -e "Please input a number:\c"
read password
if [ $password == "123" ]cat
then echo "password is right,please into the room. "
fi
```

2. if...else 语句

【实验要求】编写一个脚本，判断输入密码是否正确，正确则允许用户通过，否则提示重新输入密码。

【实验步骤】

参考代码：

```
echo -e "Please input a number:\c"
read password
if [ $password == "123" ]
then echo "password is right,please into the room. "
else echo "password is wrong,please input a password again. "
fi
```

【案例拓展】编写一个脚本，判断输入的文件是否为目录文件，若为目录文件则显示该目录下的所有文件名，否则显示出错信息。

3. if...else 的嵌套语句

【实验要求】编写一个脚本，利用 if...else 的嵌套结构实现成绩等级分类：100～90 分为“优秀”，89～80 分为“良好”，79～70 分为“中等”，69～60 分为“及格”，其余分数为“不及格”。

【实验步骤】

参考代码：

```
echo -e "Please input a number(0~100):\c"
read num
```

```
if [ $num -ge 90 ]
then echo "优秀"
elif [ $num -ge 80 ]
then    echo "良好"
elif [ $num -ge 70 ]
then    echo "中等"
elif [ $num -ge 60 ]
then    echo "及格"
else    echo "不及格"
fi
```

【案例拓展】编写一个脚本，利用 if...else 嵌套结构实现工人出勤奖的考核（满勤：奖励100 元，少于工作日 2 天：奖励 80 元，少于工作日 5 天：奖励 20 元，其余：0 元）。

4. case 语句

【实验要求】编写一个脚本，利用 case 语句实现成绩等级分类：100～90 分为“优秀”，89～80 分为“良好”，79～70 分为“中等”，69～60 分为“及格”，其余分数为“不及格”。

【实验步骤】

参考代码：

```
echo -e "Please input a number:\c"
read num
score=$(( ($num - $num / 10 ) / 10 ))
case $score in
10)     echo "优秀";;
9)      echo "优秀";;
8)      echo "良好" ;;
7)      echo "中等";;
6)      echo "及格";;
*)      echo "不及格";;
esac
```

【案例拓展】编写一个脚本，利用 case 语句实现分类显示文件名（例如，txt、c、tar 等）。

实验四　Shell 循环程序设计

一、实验目的

1）掌握 Shell 脚本的 for 语句的语法及应用。

2）掌握 Shell 脚本的 while 语句的语法及应用。

3）掌握 Shell 脚本的 until 语句的语句及应用。

4）理解 break 语句、continue 语句以及 exit 语句的应用。

二、实验内容

1. for 语句

【实验要求】编写一个脚本，利用 for 语句实现求 100 以内 5 的倍数之和。

【实验步骤】

参考代码：

```
sum=0
for i in `seq 1 100`
do
    if [ `expr $i % 5` -ne 0 ]
    then
      continue
    fi
      sum=`expr $sum + $i`
done
echo "sum = $sum"
```

【案例拓展】编写一个脚本，利用 for 语句实现求 1～100 既是 3 的倍数又是 5 的倍数之和。

2. while 语句

【实验要求】编写一个脚本，利用 while 语句实现用户输入数值并显示该数值，直到用户输入“end”停止。

【实验步骤】

参考代码：

```
num=0
echo -n "please input a number: "
read num
while [ "$num" != "end" ]
do
    if [ "$num" = "end" ]
    then
      break
    fi
    echo "var is $num"
    echo –n "please input a number: "
read num
done
```

【案例拓展】编写一个脚本，通过参数传递实现任意多个任意数的和。

3. until 的嵌套语句

【实验要求】编写一个脚本，利用 until 语句实现求 100 以内 5 的倍数之和。

【实验步骤】

参考代码：

```
sum=0
i=1
until [ $i -gt 100 ]
```

```
do
    num=`expr $ i % 5`
    if [ $num -ne 0 ]
    then
      i=`expr $i + 1`
      continue
    fi
      sum=`expr $sum + $i`
      i=`expr $i + 1`
done
echo "sum = $sum"
```

【案例拓展】编写一个脚本，求 10 名学生高等数学成绩的平均分，并且显示低于平均分的成绩。

实验五 Linux 文件系统管理

一、实验目的

1）了解常用的 Linux 支持的文件系统。

2）熟悉磁盘分区的命名方式。

3）掌握磁盘操作相关命令。

4）掌握文件系统的挂载和卸载方法。

二、实验内容

磁盘分区与格式化、磁盘管理、文件系统的挂载和卸载。

三、实验步骤

1. 添加虚拟磁盘

【实验要求】在虚拟机软件（以 VMware 为例）中添加一个虚拟磁盘。

【实验步骤】主要操作顺序：编辑虚拟机设置，添加虚拟硬盘，设置硬盘类型，设置硬盘容量。

2. 磁盘分区与格式化

【实验步骤】

1）使用 fdisk-l 命令查看系统中的磁盘信息，记录新增磁盘编号与相关信息，如图 2 所示。

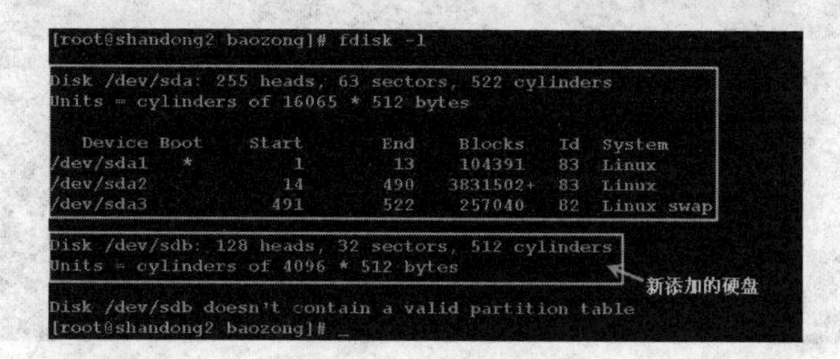

图 2 系统磁盘信息

2）使用 fdisk 命令方式来查看磁盘分区，图 3 为 fdisk 中的常用命令，m 表示显示菜单，p 表示查看分区情况，如图 3 所示。

```
[root@shandong2 baozong]# fdisk /dev/sdb
Device contains neither a valid DOS partition table, nor Sun, SGI or OSF disk
label
Building a new DOS disklabel. Changes will remain in memory only,
until you decide to write them. After that, of course, the previous
content won't be recoverable.


Command (m for help): m
Command action
   a   toggle a bootable flag
   b   edit bsd disklabel
   c   toggle the dos compatibility flag
   d   delete a partition
   l   list known partition types
   m   print this menu
   n   add a new partition
   o   create a new empty DOS partition table
   p   print the partition table
   q   quit without saving changes
   s   create a new empty Sun disklabel
   t   change a partition's system id
   u   change display/entry units
   v   verify the partition table
   w   write table to disk and exit
   x   extra functionality (experts only)

Command (m for help): p

Disk /dev/sdb: 128 heads, 32 sectors, 512 cylinders
Units = cylinders of 4096 * 512 bytes

   Device Boot    Start       End    Blocks   Id  System
```

图 3　系统分区信息

3）创建主分区，如图 4 所示。

```
Command (m for help): n
Command action
   e   extended
   p   primary partition (1-4)
p
Partition number (1-4): 1
First cylinder (1-512, default 1):
Using default value 1
Last cylinder or +size or +sizeM or +sizeK (1-512, default 512): +512M

Command (m for help): p

Disk /dev/sdb: 128 heads, 32 sectors, 512 cylinders
Units = cylinders of 4096 * 512 bytes

   Device Boot    Start       End    Blocks   Id  System
/dev/sdb1             1       257    526320   83  Linux

Command (m for help): _
```


图 4　创建主分区

4）创建扩展分区，如图 5 所示。

```
Command (m for help): n
Command action
   e   extended
   p   primary partition (1-4)
e
Partition number (1-4): 2
First cylinder (258-512, default 258):
Using default value 258
Last cylinder or +size or +sizeM or +sizeK (258-512, default 512):
Using default value 512

Command (m for help): p

Disk /dev/sdb: 128 heads, 32 sectors, 512 cylinders
Units = cylinders of 4096 * 512 bytes

   Device Boot    Start       End    Blocks   Id  System
/dev/sdb1             1       257    526320   83  Linux
/dev/sdb2           258       512    522240    5  Extended
```


图 5　创建主分区

5）创建逻辑分区，如图 6 所示。

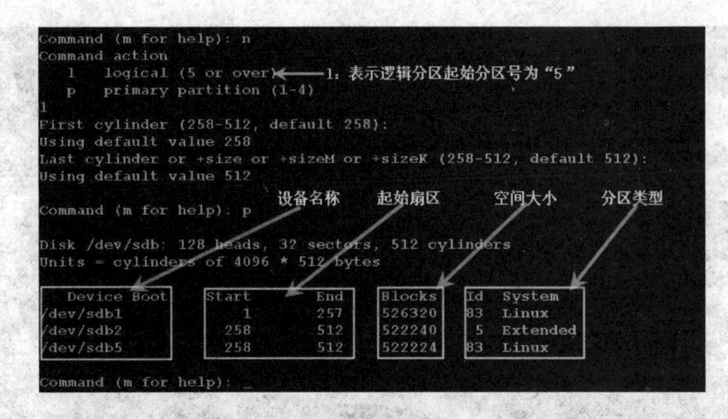

图 6　创建逻辑分区

6）输入“l”查看分区类型，可使用〈T〉键进行更改，如图 7 所示。

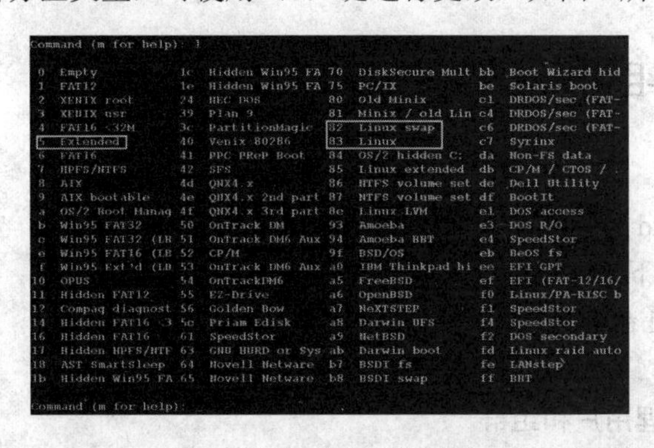

图 7　查看、更改逻辑分区

7）输入“w”进行保存。

8）格式化磁盘。

```
#mkfs  –t  ext3  /dev/ sdb1
```

3. 磁盘挂载

1）创建挂载目录。

```
#mkdir  /mnt/userfile
```

2）挂载新建分区。

```
#mount  /dev/sdb1  /mnt/userfile
```

4. 磁盘卸载

```
#umount  /mnt/userfile
```

5. 自动挂载

修改/etc/fstab 文件如下，重启计算机后该分区将自动挂载，如图 8 所示。

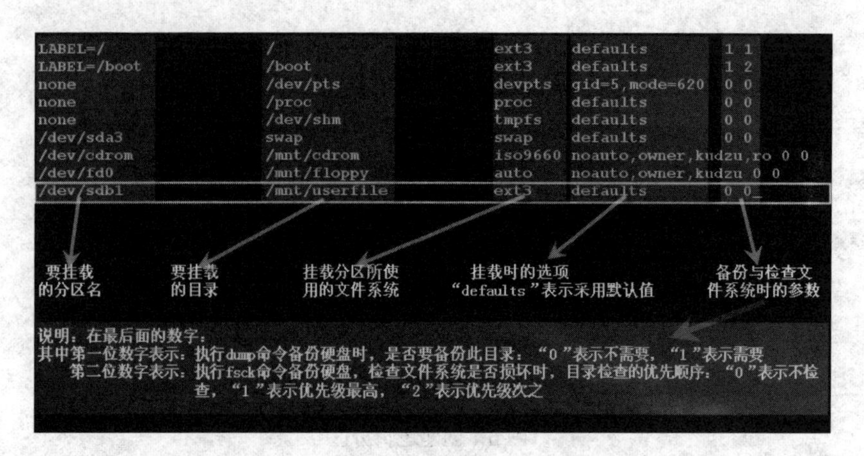

图 8　自动挂载

实验六　用户和组管理

一、实验目的

1）理解/etc/passwd 和/etc/group 文件的含义。

2）掌握桌面环境下管理用户与组群的方法。

3）掌握利用 Shell 命令管理用户与组群的方法。

二、实验内容

1. 桌面环境下管理用户和组群

【实验要求】新建两个用户账号，其用户名为 user1 和 user2，口令为“111111”和“000000”，并且操作完毕后删除 user2 用户。另外，新建两个组群，分别是 myusers 和 tempusers，修改 myusers 组群属性，将 user1 用户加入 myusers 组群。

【实验步骤】

1）以超级用户身份登录 X-Window 图形化用户界面，选择“主菜单”→“系统设置”→“用户和组群”命令，启动 Red Hat 用户管理器。

2）单击工具栏的“添加用户”按钮，出现“创建新用户”对话框，在“用户”文本框中输入用户名“user1”，在“口令”文本框中输入口令“111111”，在“确定口令”文本框中再次输入口令，然后单击“确定”按钮，返回 Red Hat 用户管理器。

3）重复步骤 2)，新建用户 user2。选择“主菜单”→“附件”→“文本编辑器”命令，gedit 文本编辑器，打开/etc/passwd 和/etc/shadow 文件将发现文件的末尾出现表示 user1 和 user2 用户账号的信息。

4）按下〈Ctrl+Alt+F3〉组合键切换到第 3 个虚拟终端，输入用户名 user2 和相应的口令可登录 Linux 系统，说明新建用户操作的确成功。

5）输入“pwd”命令，屏幕显示用户登录后进入用户主目录。

6）输入“exit”命令，user2 用户退出登录。

7）在 Red Hat 用户管理器，选择“首选项”菜单，取消选择“过滤系统用户和组群”，“用户”选项卡中显示包括超级用户和系统用户在内的所有用户。

8）在“搜索过滤器”文本中输入“*2”并按〈Enter〉键，则仅显示以 2 为结束字母的用户。选择 user2 用户，单击工具栏上的“删除”按钮，弹出对话框，单击“是”按钮返回 Red Hat 用户管理器，发现 user2 用户已被删除。

9）在“搜索过滤器”文本框中输入“*”并按〈Enter〉键，则仅显示所有用户。

10）在“Red Hat 用户管理器”窗口中单击“组群”选项卡，显示出所有组群。

11）单击工具栏上的“添加组群”按钮，出现“创建新组群”对话框，在“组群名”文本框中输入“myusers”，单击“确定”按钮，返回 Red Hat 用户管理器。

12）重复步骤 11），新建 tempusers 组群。

13）从“组群”选项卡中选择 myusers 组群，单击工具栏上的“属性”按钮，弹出“组群属性”对话框。

14）选择“组群用户”选项卡，选中 user1 前的复选框，将 user1 用户加入 myusers 组群，单击“确定”按钮，返回 Red Hat 用户管理器。

2. 桌面环境下管理组群

【实验要求】要求同上，只是采用字符终端完成相同的任务。

【实验步骤】

1）按〈Ctrl+Alt+F2〉组合键，切换到第 2 个虚拟终端，以超级用户身份登录。

2）输入命令“groupadd –g myusers”创建新组群，同理创建组群 tempusers。

3）输入命令“useradd user1”，建立新用户 user1。

4）为新用户设置口令，输入命令“passwd user1”，根据屏幕提示输入两次口令。

5）同理创建用户 user2 及 user2 及口令。

6）输入命令“cat /etc/passwd”，查看/etc/passwd 文件的内容，发现文件的末尾增加了 user1 和 user2 用户的信息。

7）输入命令“cat /etc/group”，查看/etc/group 文件的内容，发现文件内容增加两个组群，名字为 myusers、tempusers。

8）输入命令“userdel -r user2”。

9）输入命令“cat /etc/passwd”，查看/etc/passwd 文件的内容，发现 user2 的相关信息已消失。

10）输入命令“useradd -g myusers user1”，将用户 user1 加入 myusers 组。

11）输入命令“groupdel -r tempusers”，输入“cat /etc/group”观察显示结果看到 tempusers 消息已经没有。

实验七 进程管理

一、实验目的

1）了解进行系统性能监视的基本方法。

2）掌握手工启动前后台作业的方法。

3）掌握进程与作业管理的相关 Shell 命令。

4）掌握 at 调度和 cron 调度的设置方法。

二、实验内容

1. 作业和进程的基本管理

（1）查找文件

【实验要求】先在前台启动 vi 编辑器并打开 file1 文件，然后挂起，最后在后台启动一个 find 作业，查找 inittab 文件。

【实验步骤】

1）以普通用户（student）身份登录到 Linux 字符界面。

2）输入命令“vi　file1”，在前台启动 Vi 文本编辑器并打开 file1 文件。

3）按〈Ctrl+Z〉组合键，暂时挂起“vi　file1”作业，屏幕显示该作业的作业号。

4）输入命令“find / -name inittab > file2 &”，启动一个后台作业。

（2）查看当前作业

【实验要求】查看当前作业、进程和用户信息，并对作业进行前后台切换。

【实验步骤】

1）输入命令“jobs”，查看当前系统中的所有作业。由此可知“vi file1”作业的作业号为 1，已经停止。“find　/　-name　inittab　>　file2　&”作业的作业号为 2，正在运行。

2）输入命令“fg 2”，将“find / -name inittab > file2 &”作业切换到前台。屏幕显示出“find　/-name　inittab >　file2”命令，并显示其执行结果。

3）输入命令“cat　file2”，查看“find / -name inittab > test”命令的执行结果。

4）再次输入命令“jobs”，可发现当前系统中只有一个已停止的作业“vi　file2”。

5）终止“vi file2”作业，输入命令“kill　%1”。

6）输入命令“ps　-1”，查看进程的相关信息。

7）输入命令“who　-H”，查看用户信息。

2. 进程调度

（1）设置一个 at 调度

【实验要求】设置一个 at 调度，要求在 2min 后向所有用户发送系统即将启动的信息，并在 5min 后重新启动计算机。

【实验步骤】

1）按〈Alt+F4〉组合键，切换到第 4 个虚拟终端，以超级用户身份登录。

2）首先输入命令“at　now+1 minutes”，设置 1min 后执行 at 调度的内容。

3）屏幕出现 at 调度的命令提示符“at>”，输入“wall please logout;the computer will restart.”，向所有用户发出信息。

4）在“at>”提示符的第二行输入“shutdown　-r　+2”，系统 2min 后将重新启动。

5）光标移动到“at>”提示符的第 3 行，按〈Ctrl+D〉组合键结束输入。

6）1min 后系统将自动运行这一 at 调度内容。先向所有用户发送信息，然后等 2min 重新启动。

（2）设置 crontab 调度

【实验要求】设置 crontab 调度，要求每天上午 8:00 检查系统的进程状态。

【实验步骤】

1）超级用户输入命令“crontab　-e”，新建一个 crontab 配置文件。

2）屏幕出现 Vi 编辑器，按〈I〉键，进入输入模式，输入“00 8* * * ps”。

3）按〈Esc〉键退出 Vi 的文本输入模式，并按〈:〉键切换到最后行模式，输入“wq”，保存并退出编辑器。

4）查看执行结果。

5）超级用户输入命令“mail”，屏幕显示超级用户的邮件列表。

6）在 mail 提示符“&”后输入邮件的编号，可查看相关的邮件，获取 cron 调度的执行结果。

7）最后在 mail 提示符“&”输入“q”退出 mail 工具。

3. 系统性能监视

（1）利用 shell 命令监视

【实验要求】利用 Shell 命令监视系统性能。

【实验步骤】

1）输入命令“top”，屏幕就可以动态显示 CPU 利用率、内存利用率以及进程状态等相关信息。

2）按〈M〉键，按照内存使用率排列所有进程。

3）按〈T〉键，按照执行时间排列所有进程。

4）按〈P〉键，恢复按照 CPU 使用率排列所有进程。

5）按〈Ctrl+C〉组合键结束 top 命令。

（2）利用桌面环境监视

【实验要求】利用桌面环境图形化工具监视系统性能。

【实验步骤】

1）输入“startx”命令，启动 X Window 图形化用户界面。

2）超级用户选择“主菜单”→“系统工具”→“系统日志”命令，打开“系统日志”窗口，可分别查看各类系统日志。

实验八　Linux 网络配置基础

一、实验目的

1）掌握 Linux 下网络参数的查看方法并理解网络参数的含义。

2）掌握 Linux 下网络参数的配置。

二、实验内容

1. 配置网络参数

【实验要求】用命令行配置网络参数。

【实验步骤】

1）查看网络运行情况，在终端直接输入命令：ifconfig，该命令在屏幕上显示当前系统中网络参数的配置情况，如图 9 所示。

2）为网络接口 eth0 配置 IP 地址，设网卡 eth0 配置 IP 地址：192.168.1.1/24（24 表示 24 位网络号）。在命令行输入：

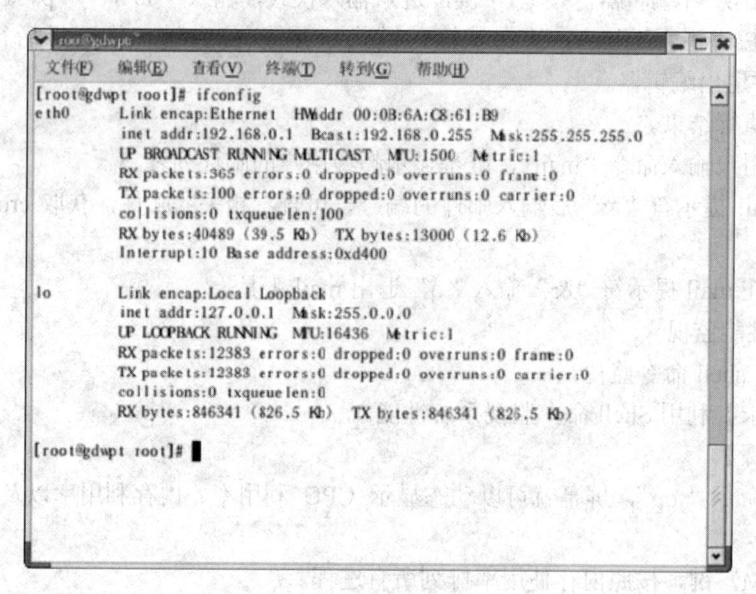

图 9　网络参数的配置情况

```
ifconfig eth0   192.168.1.1 或
ifconfig eth0 192.168.1.1/24
```

3）激活网络接口 eth0，在命令行输入：

```
ifup eth0
```

4）关闭网络接口 eth0，在命令行输入：

```
ifdown eth0
```

5）将网络接口 eth0 设置为动态获取 IP 地址，在命令行输入：

```
ifconfig   eth0   dynamic
```

6）为系统添加默认网关 192.168.1.254，在命令行输入：

```
route   add   default   gw   192.168.1.254
```

2. 直接修改配置文件

【实验要求】直接修改配置文件/etc/sysconfig/network、/etc/sysconfig/network-scripts/ifcfg-eth0、文件/etc/resolv.conf，完成上述配置任务。

【实验步骤】

1）使用 Vi 编辑器对网络配置文件进行编辑配置/etc/sysconfig/network，内容如下：

```
NETWORKING=yes
HOSTNAME=localhost.localdomain
```

2）使用 Vi 编辑器对网络配置文件/etc/sysconfig/network-scripts/ifcfg-eth0 进行编辑配置，内容如下。

```
DEVICE=eth0
BOOTPROTO=none
ONBOOT=yes
USERCTL=no
PEERDNS=no
TYPE=Ethernet
IPADDR=192.168.1.1
NETMASK=255.255.255.0
GATEWAY=192.168.0.254
NETWORK=192.168.1.0
BROADCAST=192.168.1.255
```

3）使用 Vi 编辑器对网络配置文件/etc/resolv.conf 进行配置，内容如下。

```
search abc.com.cn
nameserver 192.168.1.1
nameserver 192.168.1.252
```

3. 在图形界面配置网络参数

【实验要求】在图形界面下配置网络参数。

【实验步骤】

在主菜单中选择“系统设置→网络”命令，弹出“网络配置”对话框，如图 10 所示。这里配置的参数实际上是直接对以上介绍的配置文件进行修改。因此，从本质上来说，对文件的配置与图形的配置相同。

图 10 “网络配置”对话框

上述无论用哪种方法配置网络参数，都应重新启动网络服务，以使所做的改动生效。在图形界面中可以选择“主菜单→系统设置→服务器设置→服务”命令，如图 11 所示，也可以用命令/etc/rc.d/init.d/network restart 控制。

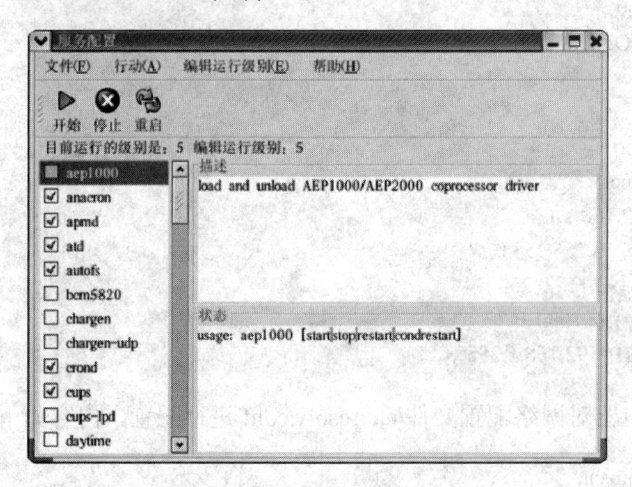

图 11 “服务配置”对话框

参 考 文 献

[1] 柳青，孔宪君．操作系统-Linux 篇［M］．北京：人民邮电出版社，2005．

[2] 罗文村，等．Linux 实践及应用［M］．北京：清华大学出版社，2006．

[3] 谢蓉，巢爱棠．Linux 基础及应用［M］．北京：清华大学出版社，2005．

[4] 李成大．操作系统-Linux 篇［M］．北京：人民邮电出版社，2005．

[5] 潘光洋，蔡娜．Linux 从入门到精通［M］．北京：电子工业出版社，2014．

[6] 吴艳，等．Linux 基础及应用［M］．北京：清华大学出版社，2012．

[7] 文东戈，孙昌立，王旭．Linux 操作系统实用教程［M］．北京：清华大学出版社，2010．

精品教材推荐目录

序号	书　号	书　名	作　者	定价	获奖情况
1	978-7-111-44718-4	大学计算机基础(Windows 7+Office 2010) 第3版	刘瑞新	39.00	
2	978-7-111-49429-4	新编计算机导论（第2版）	周　苏	39.00	
3	978-7-111-43012-4	新编C语言程序设计教程	钱雪忠	39.90	
4	978-7-111-38149-5	C#程序设计教程	刘瑞新	39.00	
5	978-7-111-33365-4	C++程序设计教程—化难为易地学习C++	黄品梅	35.00	十二五
6	978-7-111-48279-6	Visual Basic程序设计教程(第3版)	刘瑞新	39.90	
7	978-7-111-31223-9	ASP.NET程序设计教程(C#版)第2版	崔　淼	49.00	
8	978-7-111-54291-9	Java程序设计及应用开发	宋　晏	49.90	
9	978-7-111-45858-6	数据库系统原理及应用教程 第4版	苗雪兰 刘瑞新	49.00	十二五、十一五
10	978-7-111-45454-0	数据库原理及应用(Access版)第3版	吴　靖	45.00	北京精品教材
11	978-7-111-48219-2	Visual FoxPro程序设计教程(第3版)	刘瑞新	39.90	
12	978-7-111-39525-6	多媒体技术应用教程(第7版)	赵子江	49.00	十二五、十一五、全国优秀畅销书奖
13	978-7-111-42690-5	数据结构与算法(Java版)	罗文劼	43.00	
14	978-7-111-45795-4	数据结构与算法(第3版)	张小莉	42.00	
15	978-7-111-50970-7	软件开发技术基础(第3版)	赵英良	45.00	十二五、十一五
16	978-7-111-50308-8	计算机软件技术基础（第2版）	李　平	39.90	北京精品教材立项
17	978-7-111-44520-3	计算机网络——原理、技术与应用(第2版)	王相林	49.90	浙江精品教材
18	978-7-111-36023-0	无线移动互联网——原理、技术与应用	崔　勇	52.00	十二五、北京精品教材立项
19	978-7-111-41218-2	网页设计与制作教程（HTML+CSS+JavaScript）	刘瑞新	45.00	
20	978-7-111-40995-3	单片机原理及应用教程(第3版)	赵全利	39.00	
21	978-7-111-48266-6	微型计算机原理及应用技术(第3版)	朱金钧	55.00	
22	978-7-111-53541-6	计算机组装、维护与维修教程 （第2版）	刘瑞新	45.00	
23	978-7-111-40461-3	汇编语言与接口技术(第2版)	叶继华	39.90	
24	978-7-111-46103-6	Android应用程序开发	汪杭军	49.00	
25	978-7-111-48501-8	物联网技术概论（第2版）	马　建	49.00	